DESIGN A BETTER BUSINESS

DESIGN A BETTER BUSINESS

NEUE WERKZEUGE, FÄHIGKEITEN UND MINDSETS FÜR STRATEGIE UND INNOVATION

Von Patrick van der Pijl, Justin Lokitz und Lisa Kay Solomon

Gestaltet von Erik van der Pluijm und Maarten van Lieshout

Deutsche Ausgabe bearbeitet von Daniel Schallmo

Verlag Franz Vahlen München

Die Originalausgabe erschien 2016 unter dem Titel „Design A Better Business" bei John Wiley & Sons, Inc., Hoboken, New Jersey

Cover und Design von Erik van der Pluijm & Maarten van Lieshout.

ISBN 978 3 8006 5213 6

Satz: Fotosatz Buck, Zweikirchener Str. 7, 84036 Kumhausen

Druck und Bindung: Neografia, a. s., Printed in Slovakia

Umschlaggestaltung: Ralph Zimmermann, Bureau Parapluie in Anlehnung an die Originalausgabe

Gedruckt auf säurefreiem, alterungsbeständigem Papier (hergestellt aus chlorfrei gebleichtem Zellstoff)

Macht dich diese Buchseite unsicher oder wütend? ☐ JA ☐ NEIN

WIE DU **DI**

INHALT

8 | KAPITEL

48 | FALLSTUDIEN

20 | WERKZEUGE

7 | CORE-SKILLS

29 | DESIGNER

36 | HACKS

>**150** | ILLUS

ES BUCH NUTZEN KANNST

Wir haben dieses Buch für dich geschrieben. Anders als die meisten Bücher kannst du dieses Buch in wenigen Tagen lesen. Die Kapitel bauen aufeinander auf. Du kannst aber auch gezielt nach Dingen suchen, die dich interessieren, wie neue Werkzeuge und Methoden. Wir haben Fast Passes in dieses Kapitel eingefügt (Seite 22), für den Fall, dass es etwas bestimmtes gibt, das du schnell lernen möchtest.

BEGINNE ZU LESEN! »

UNSICHERHEIT: DEINE GEHEIMWAFFE

Dein persönliches Umfeld und das Umfeld deines Unternehmens sind durch Unsicherheit geprägt. Doch innerhalb dieser Unsicherheit gibt es zahlreiche Gelegenheiten, um ein „Game-Changing-Business" (neu) zu gestalten. Diese Gelegenheiten sind da, um sie zu nutzen, wenn du weißt, wie du nach ihnen suchst.

Die Welt hat sich verändert. So gefährden nicht nur das Konsumentenverhalten, Technologien und andere Trends einst florierende Unternehmen; ganze Märkte verschieben sich und entstehen aus der Unsicherheit und Unvorhersagbarkeit der heutigen Netzwerkökonomie. Interessanterweise (und zum Ärgernis mancher) haben viele der Unternehmen, die heute eine federführende Rolle einnehmen und auch für die Veränderung verantwortlich sind, vor zwei Jahrzehnten noch gar nicht exisitiert. Dabei ist es nicht so, dass diese neuen Player einfach Glück haben oder smartere, fähigere Menschen beschäftigen. Wie haben diese Unternehmen es also geschafft, an unwahrscheinlichen Orten Gold zu finden? Die Antwort heißt: Design.

Design ist fundamental, wenn es darum geht, den eigenen Blick auf die Welt zu verbessern. Es ist ein lernbarer, wiederholbarer und strukturierter Prozess, den jeder einsetzen kann, um einzigartigen und geeigneten Nutzen zu stiften. Design heißt nicht, alle Prozesse und Instrumente, die man hat, über Bord zu werfen. Tatsächlich ist das Gegenteil der Fall. So wie Design zahlreiche Emporkömmlinge dazu befähigt hat, neue Geschäftsmodelle und Märkte zu schaffen, wird Design dich darin unterstützen, zu entscheiden, wann du welches Instrument einsetzt, um etwas neues zu lernen, andere davon zu überzeugen, einen neuen Kurs einzuschlagen und zuletzt bessere (Unternehmens-) Entscheidungen zu treffen.

Es geht darum, die Gegebenheiten zu schaffen, durch die Unternehmen in Zeiten der Unsicherheit und des Wandels gedeihen, wachsen und sich weiterentwickeln können. Insofern sind diejenigen Unternehmen die besseren Unternehmen, die Problemen mit einer neuen systematischen Art begegnen, bei der es mehr um das TUN geht als um Planung und Vorhersage. Bessere Unternehmen kombinieren Design und Strategie und nutzen Gelegenheiten, um Wachstum und Wandel in einer Welt der Unsicherheit und Unvorhersagbarkeit zu gestalten.

Dieses Buch wird dir neue Werkzeuge, Fähigkeiten und ein Mindset vermitteln, um Gelegenheiten zu nutzen, die aus der Unsicherheit entstehen, um ein besseres Business zu gestalten. Wir haben dazu zahlreiche Beispiele von Menschen aufgeführt, die die Grundlagen des Designs gemeistert haben. Wir haben ebenso Fallstudien von Unternehmen integriert, die den Wandel gestaltet haben, indem sie Design als Basis für ihre Entscheidungsfindung einsetzten. Und genau wie Design ein wiederholbarer Prozess ist, soll dieses Buch dich nicht nur bei deiner Design-Reise begleiten, sondern eine ständige Quelle sein, um das Design für ein Produkt oder Projekt auf ein ganzes Unternehmen anzuwenden. ■

DU HAST ALLES, UM ZU GEWINNEN

WERDE EIN DESIGNER

WAS SOLL DIE GANZE AUFREGUNG (UM DESIGN)

Ähnlich wie Innovation hat das Wort Design einen großen Hype erlebt. Es hat für unterschiedliche Menschen verschiedene Bedeutungen. Letztlich ist Design ein Ansatz, der es ermöglicht, die Welt zu betrachten und Gelegenheiten zu nutzen, die Verbesserungen ermöglichen.

Design ist beides: ein Prozess und ein Mindset. Es ist ein Set an Praktiken, um bewusst aus dem Wandel und der Unsicherheit heraus neue nachhaltige Werte zu schaffen. Design erlaubt Individuen und Organisationen, flexibler und robuster zu sein – gerade in Zeiten des permanenten Wandels. Die Kehrseite von Design beschreibt die Situation, in der wir uns oft selbst befinden, wenn unvorhergesehene Veränderungen eintreten. Wir sind hilflos.

MIT ALLER MACHT ...

Die gute Nachricht ist, dass du schon längst ein Designer bist; zumindest ab und zu. Jedes Mal, wenn du gezielt eine Strategie entwickelst oder eine Entscheidung auf Basis von Erkenntnissen triffst, arbeitest du als Designer. Die weniger gute Nachricht ist, dass viele der Werkzeuge, die du bislang verwendet hast, nicht so hilfreich sind, wie sie es einmal waren, zumindest nicht, wenn sie alleine eingesetzt werden. Was tun also Designer und welche Werkzeuge setzen sie ein, um bessere Entscheidungen zu treffen?

ITERATION

Der Schlüssel zu Design und seinen Werkzeugen ist, dass es ein iterativer Prozess ist, bei dem Designer zunächst mit der Definition eines Standpunkts beginnen, die Welt beobachten, Optionen ableiten, sie validieren und die Optionen umsetzen, die es ermöglichen, Gelegenheiten am besten auszuschöpfen. Am wichtigsten ist, dass Designer sich nie darauf fokussieren, die ausgewählten Optionen umzusetzen bzw. nur zu skalieren. Design ist kontinuierlich und iterativ; es ermöglicht langfristig, mit Mehrdeutigkeit und Wandel umzugehen. ■

DESIGN IST EIN STRUKTURIERTER ANSATZ, UM WERT ZU SUCHEN, ZU IDENTIFIZIEREN UND ZU SICHERN.

REBELLEN MIT EINEM ZIEL

DIE 7 ESSENZIELLEN FÄHIGKEITEN EINES DESIGNERS

ALLES BEGINNT MIT **DEM KUNDEN.**

Kunden beobachten, um diese zu verstehen, wird dir neue Einblicke in deren Bedürfnisse geben. Du musst die richtigen Fragen stellen, um die Antworten zu finden, nach denen du suchst.

DENKE UND ARBEITE **VISUELL!**

Visuell zu arbeiten hilft dir, das große Ganze zu sehen, Klarheit zu komplexen Themen zu bekommen, einen visuellen Anker für strategische Gespräche zu erstellen und dich mit deinem Publikum zu verbinden.

SEI KEIN ALLEINGÄNGER. DU BIST NICHT SMARTER ALS DIE ANDEREN.

Gewinne unterschiedliche Einblicke, indem du mit anderen zusammenarbeitest. Wenn Gedanken in einem Raum und in deinem Markt verknüpft werden, wirst du versteckte Möglichkeiten erkennen.

ERZÄHLE GESCHICHTEN UND TEILE DIE ERFAHRUNG.

Geschichten haben einen Anfang und ein Ende, meist auch einen Helden, mit dem sich dein Publikum identifiziert. Coole Geschichten bleiben hängen. Sie werden von anderen erzählt und verbreiten sich.

HALTE ES **EINFACH.**

Fange einfach an. Versuche nicht, das fertige Produkt zu erstellen. Baue keine Funktionen ein, die keine echten Probleme lösen.

FÜHRE KLEINE EXPERIMENTE DURCH UND LERNE.

Jede kleine Iteration und jeder Versuch wird neue Einblicke hervorbringen – Dinge, die du niemals lernen würdest, wenn du an dem perfekten Produkt gearbeitet hättest. Die Realität sieht anders aus, als du denkst.

UMARME UNSICHERHEIT. **SIE STIMULIERT DEINE GEDANKEN.**

Außer dem ständigen Wandel ist für Unternehmen nichts gewiss. Akzeptiere das und nutze Gelegenheiten, die sich aus der Unsicherheit ergeben.

DESIGN A BETTER

VERKNÜPFUNG VON INNOVATION, BUSINESS UND STRATEGIE

Du bist nun also ein Designer, der das Ziel hat, ein besseres Business zu gestalten. Wie sieht das aus? Wie würde man vorgehen, um ein Better Business zu gestalten?

Viele bestehende und etablierte Unternehmen fokussieren sich nur darauf, Produkte in den Markt zu bringen, Kosten zu reduzieren und Margen zu erhöhen. In diesen Unternehmen wird Strategie auf eine lineare Art umgesetzt: vorbereiten und umsetzen. Oft fehlen hierbei die Sicht des Kunden und die Person, die die Produkte und Dienstleistungen zur Erfüllung von Kundenbedürfnissen gestaltet. Designer denken dagegen immer an den Kunden. Sie tasten sich an Menschen und Probleme aus einer speziellen Perspektive heran,

POINT OF VIEW S. 46

die durch Design-Werkzeuge, wie Ideengewinnung, Prototyping und Validerung, entstehen. Designer setzen nutzerorientierte Werkzeuge, Fähigkeiten und ein Mindset ein, um nach neuen Nutzenversprechen und Geschäftsmodellen zu suchen, diese zu gestalten und umzusetzen. Designer tun dies kontinuierlich und iterativ, um Gelegenheiten in einem unsicheren Umfeld zu entdecken. In diesem Buch findest du eine neuartige Darstellung der Reise eines Designers. Dein Point of View (Standpunkt) ist das Zentrum

BUSINESS

des Design-Prozesses, das immer wieder durch Understand (Verstehen), Ideate (Ideengewinnung), Prototype (Prototyping) und Validate (Validieren) beeinflusst und angereichert wird. Dieser Prozess ist iterativ und zyklisch.

Zurück zu der Frage, was ein besseres Business ist. Es stellt Menschen in das Zentrum und verbindet Design-Werkzeuge, Praktiken und Prozesse.

Werkzeuge, Fähigkeiten und ein Mindset einsetzt, um Unternehmensentscheidungen und Ergebnisse zu ermöglichen, anstatt Tagesgeschäft zu betreiben.

Damit werden deine zukünftigen Möglichkeiten wesentlich klarer sein. Als Designer wirst du viele Chancen innerhalb der Unsicherheit erkennen.

»

UNDERSTAND S. 82 — **IDEATE** S. 124 — **PROTOTYPE** S. 152 — **VALIDATE** S. 180

Es ist eine ständige Suche nach neuen Kunden, Nutzenversprechen und Business Models – gepaart mit der Umsetzung und Skalierung. Das ist deine Aufgabe als Designer. Du musst neue Chancen erkennen, um die Nachhaltigkeit deines Unternehmens und des Wachstums sicherzustellen. Es ist deine Aufgabe, die Person zu betrachten, für die du etwas gestaltest; die Person, die es dir ermöglicht, deinen einzigartigen Standpunkt zu bestimmen. Um das zu tun, musst du Design konsequent anwenden, indem du neue

DIE DOUBLE LOOP

EINE DESIGN JOURNEY

Das Prinzip der Double Loop (Doppelschleife bzw. Doppelschlinge) basiert auf einer simplen Beobachtung: Jedes Projekt, jedes Produkt, jedes Unternehmen, jede Veränderung und jede Idee beginnt von einem Point of View aus. Er basiert vielleicht auf Fakten, vielleicht auf Annahmen, erfordert aber eine Menge Arbeit und eine Ausrichtung auf dein Ziel, um eine nachhaltige Veränderung zu ermöglichen.

Die Double Loop berücksichtigt deinen Point of View und gestaltet den Design-Prozess auf strikte und kontinuierliche Weise. Das heißt, dass dein Point of View immer Informationen aus dem Understanding (Verstehen) erhält, was wieder neue Ideen hervorbringt, die deinen Point of View verbessern.

Diese Ideen werden mit einem Prototyp umgesetzt, validiert und getestet, um deren Wirksamkeit zu messen. Diese Informationen fließen in deinen Point of View ein und ermöglichen es dir, deine Ideen erfolgreich umzusetzen.
Wie bei jeder Reise hat auch die Design Journey einen Anfang und … ein Ziel. Unsere Design Journey beginnt mit der besonders wichtigen Preparation (Vorbereitung) von dir, deinem Team, deinem Umfeld und den Werkzeugen, die du einsetzen möchtest. Sie endet mit dem Ziel: Scale, also der Skalierung. In diesem Buch dreht sich die Skalierung um zwei Dinge. Zum einen geht es um die Skalierung deiner Ideen. Wir sprechen aber auch davon, den Design-Prozess zu skalieren. Und darum geht es im Kern, nämlich das Design zu skalieren. ■

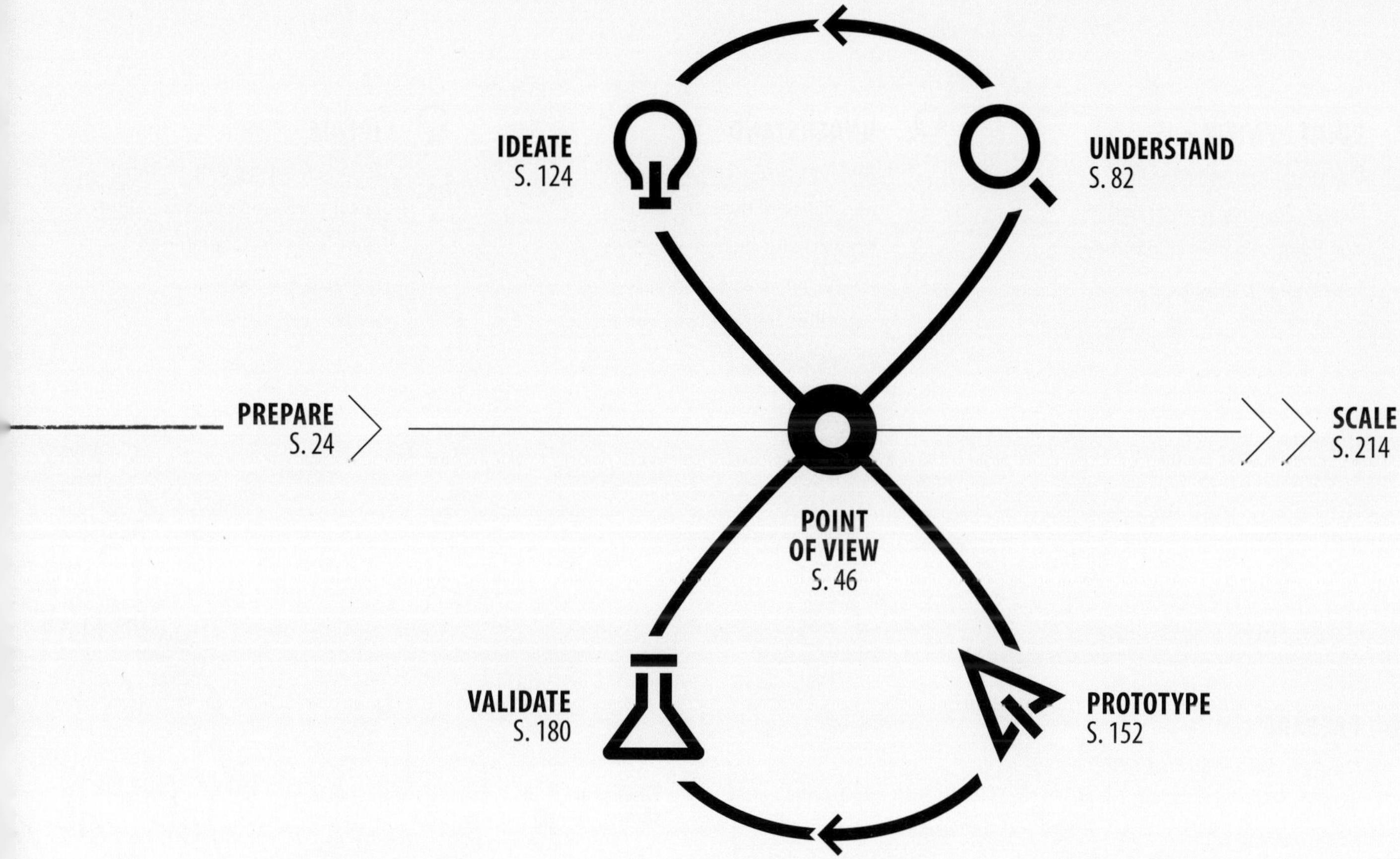
IDEATE
S. 124
UNDERSTAND
S. 82
PREPARE
S. 24
SCALE
S. 214
POINT
OF VIEW
S. 46
VALIDATE
S. 180
PROTOTYPE
S. 152

DIE DOUBLE LOOP LANDSCHAFT

POINT OF VIEW S. 46

Design ist menschlich. Die Design Journey wird dir helfen, den Point of View mit Informationen zu versorgen.

UNDERSTAND S. 82

Alle Design Journeys beginnen mit dem Kunden, dem Kontext und deinem Business vor Augen. Diese Punkte zu verstehen, heißt, etwas besser zu gestalten.

IDEATE S. 124

Es gibt nicht die eine richtige Lösung. Ideation wird dich und dein Team dazu befähigen, Potenziale zu heben und Ideen weiterzuentwickeln.

PREPARE S. 24

Design ist ein Teamsport, der eine Vorbereitung erfordert, um erfolgreich zu sein.

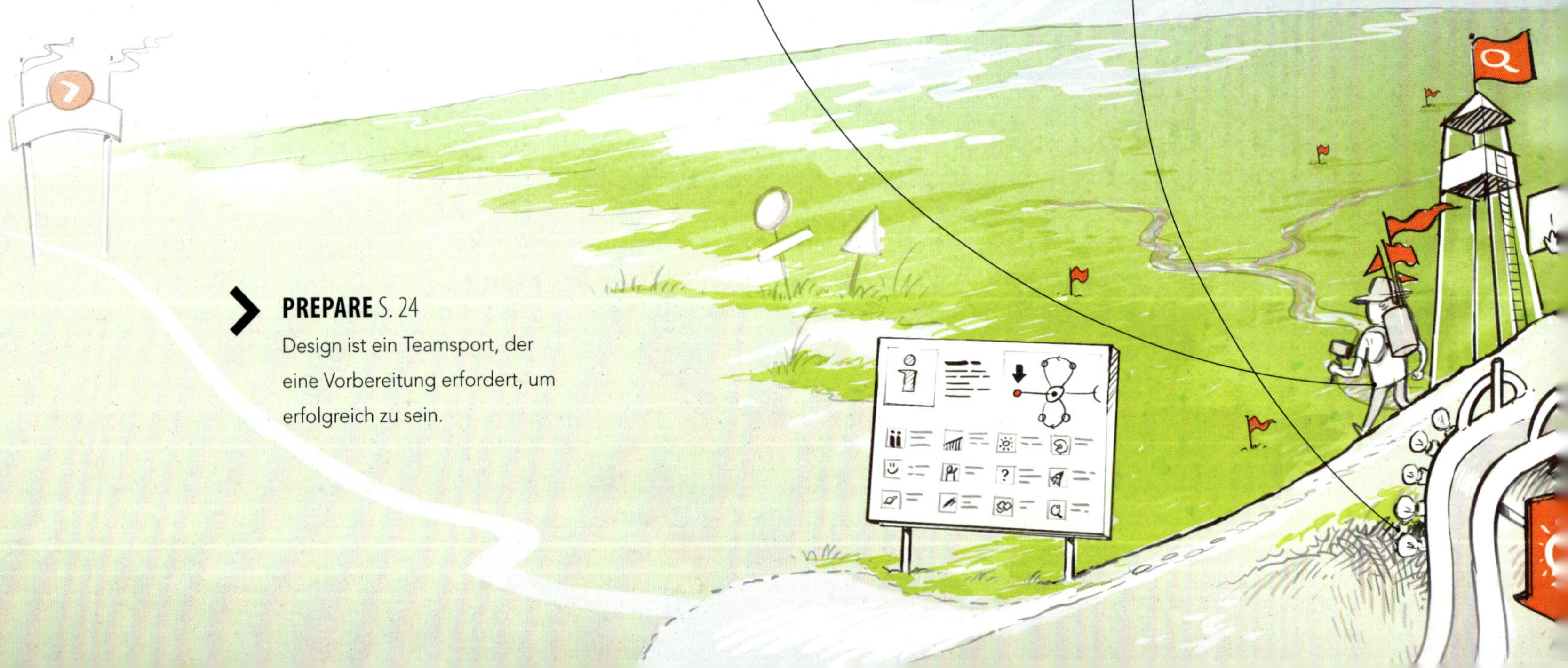

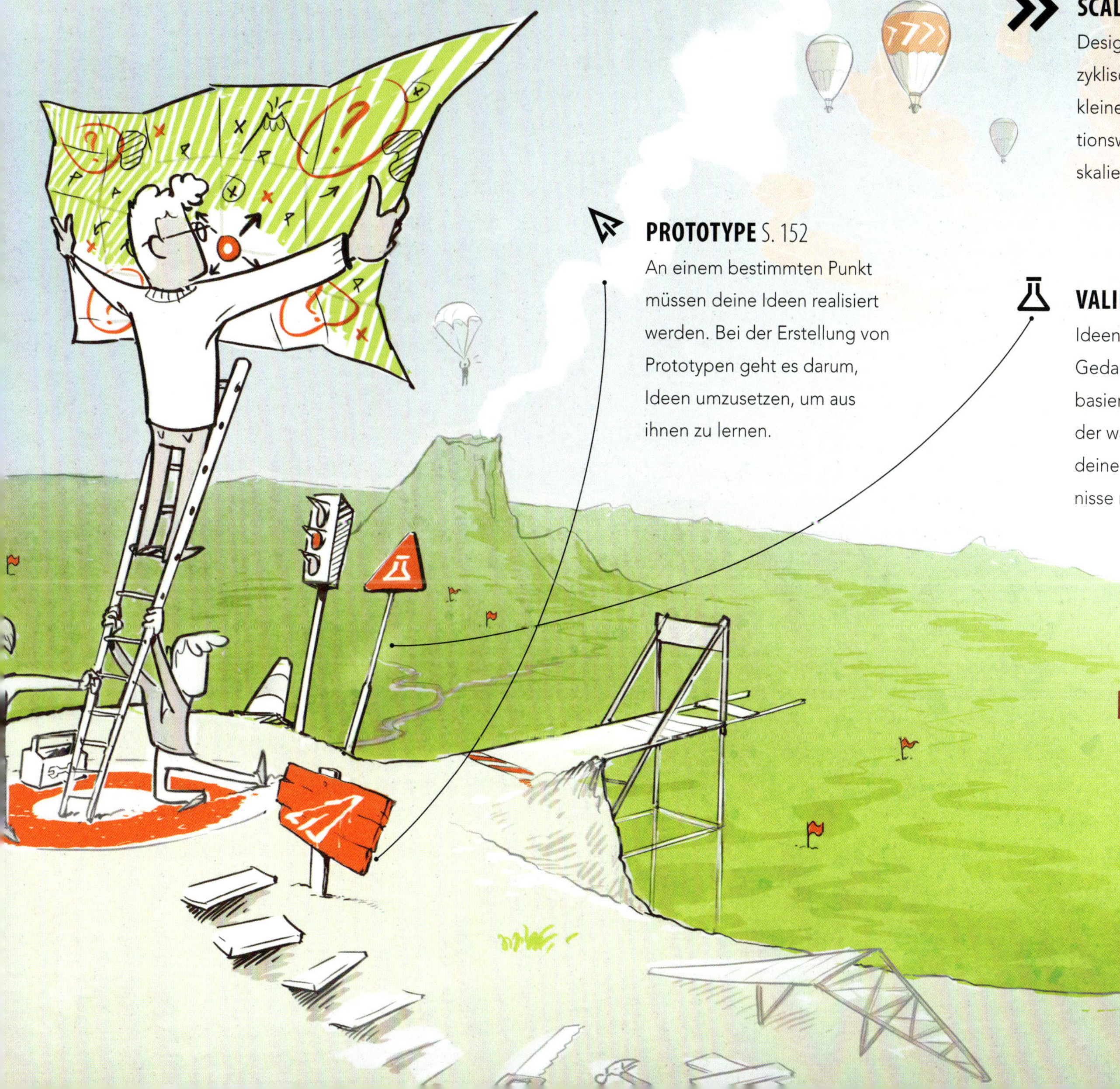

SCALE S. 214

Design Journeys sind iterativ, zyklisch und so gestaltet, dass kleine Projekte zu organisationsweiten Veränderungen skaliert werden können.

PROTOTYPE S. 152

An einem bestimmten Punkt müssen deine Ideen realisiert werden. Bei der Erstellung von Prototypen geht es darum, Ideen umzusetzen, um aus ihnen zu lernen.

VALIDATE S. 180

Ideen sind zunächst nur Gedanken, die auf Annahmen basieren. Um zu verstehen, wo der wahre Wert liegt, musst du deine Ideen testen und Ergebnisse messen.

DU BIST HIER, UM ETWAS NEUES ZU SCHAFFEN.

DEINE WERKZEUGE

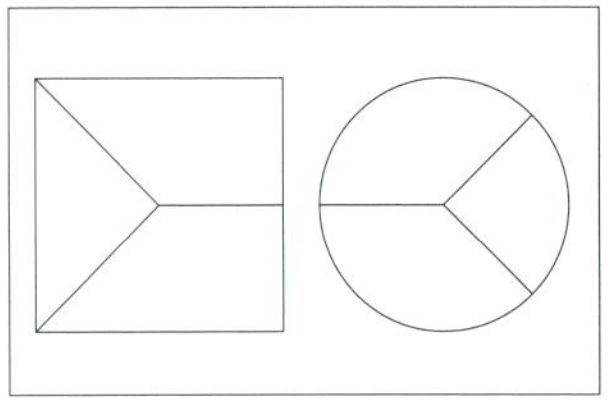

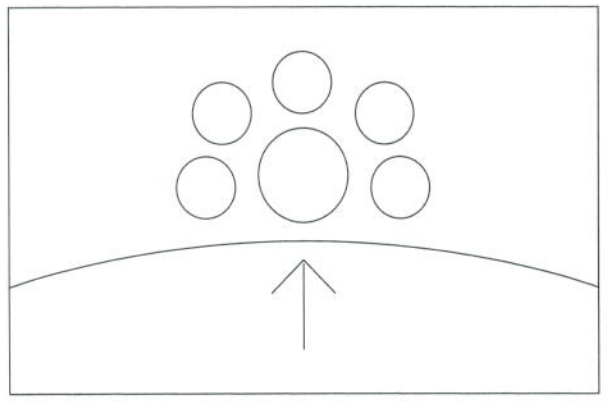

Als Designer ist es deine erste Aufgabe, einfach anders zu denken, als du es bisher getan hast, und die Welt sowie die Welt deiner Kunden in ihrem ursprünglichen Zustand zu beobachten. Beginne nicht mit vorgefassten Ansichten darüber, was deine Kunden erreichen möchten oder wie die Welt geregelt ist. Beobachte einfach und höre zu.

Das erste Werkzeug basiert auf einer Fähigkeit, die wir bereits haben – Beobachtung. Wann bist du das letzte Mal einen Schritt zurückgetreten und hast einfach deine Kunden betrachtet und ihnen zugehört? Versuche es. Wir sind sicher, dass du etwas Neues lernen wirst.

WIRKUNG ERZEUGEN

Halte nach Mustern und interessanten, unerwarteten Handlungen, Ereignissen oder Begebenheiten Ausschau, während du beobachtest und zuhörst. Dies ermöglicht es dir, Ideen für Anekdoten zu gewinnen, um deinen Manager oder andere Teammitglieder in Geschichten mit deinen Produkten zu involvieren. Solltest du noch nie Geschichten in einer Präsentation eingesetzt haben, dann mache dich auf eine Überraschung gefasst.
Menschen lieben Stories und werden interessierter sein als bei einer rein datenbasierten Präsentation. Im nächsten Kapitel wirst du ein Werkzeug kennenlernen, das dazu gedacht ist, Geschichten zu entwickeln, um die Wirkung zu erzielen, die du benötigst.

NICHT ÜBERFLÜSSIG

Während du es dir bequem machst und einfach nur Kunden beobachtest und ihnen zuhörst, wird es Zeit, neue Werkzeuge zu verwenden: Design-Werkzeuge. Sei gewiß, du musst und sollst nicht aufhören, die Werkzeuge einzusetzen, mit denen du bereits gut vertraut bist. Fakt ist, dass du nicht darauf hoffen kannst, dein Unternehmen über Nacht zu verändern; zudem ist es unwahrscheinlich, dass du deine Kollegen dazu bringen wirst, zu glauben, dass die bisherigen Werkzeuge überflüssig sind, was wahrscheinlich auch nicht stimmt. Beginne stattdessen, ein paar neue Design-Werkzeuge in dein Repertoire aufzunehmen.

HILFREICHE DESIGN-WERKZEUGE

Setze zunächst Werkzeuge zur Beobachtung ein. Diese Werkzeuge helfen dir, Wünsche, Bedürfnisse, Beschwerden und Ziele von Menschen zu erkennen. Du kannst ebenso Werkzeuge zur Befragung und Problemformulierung einsetzen, denn du kannst nicht erwarten, alles über deine Kunden zu lernen, indem du sie

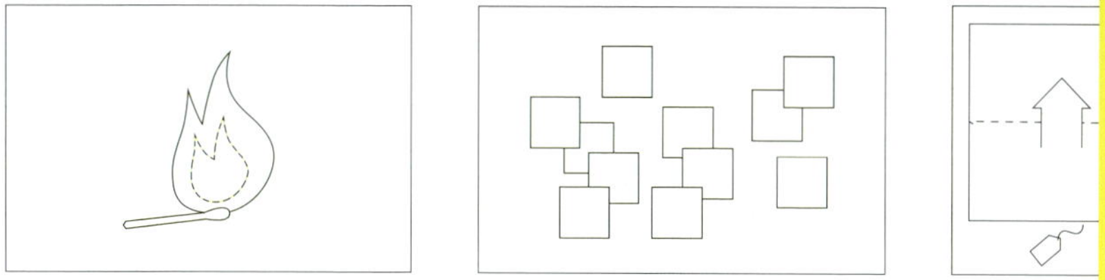

nur beobachtest. Hier unterstützen dich Werkzeuge zur Ideengewinnung, zum Prototyping, zur Validierung und zur Entscheidungsfindung. Wir werden in diesem Buch einige sehr hilfreiche Werkzeuge vorstellen, damit du in die Lage kommst, das Geschäftsdesign deines Unternehmens auf eine neue Ebene zu heben.

VERTRAUE UND WACHSE

Während du dich mit einigen dieser Werkzeuge vertraut machst, wirst du merken, dass deine herkömmlichen Werkzeuge zusätzlich oder unterstützend eingesetzt werden können. Vielleicht wirst du sogar deine alten Werkzeuge mit deinen neuen (Design-) Werkzeugen kombinieren, damit diese sich gegenseitig ergänzen. Du kannst zum Beispiel Marktdaten einsetzen, um deine Anekdoten, die du zu einem Gebiet gewonnen hast, zu untermauern. Stelle dir die Möglichkeiten vor! Der Schlüssel zum Erfolg liegt darin, dass du klein anfängst und langsam die neuen Werkzeuge und Praktiken beherrschen lernst, was sich zunächst vielleicht unbequem anfühlt. Nachdem du die Design-Werkzeuge einige Male verwendet hast, wirst du sie mit großer Selbstverständlichkeit einsetzen. Und du wirst durch deine neue designorientierte Sichtweise die Welt mit anderen Augen sehen – da sind wir uns sicher. ■

ES GIBT (NOCH) KEINE **WERKZEUG-KULTUR**

Buchhalter, Ärzte und Chirurgen sind darin ausgebildet, Werkzeuge einzusetzen; Geschäftsleute sind hingegen gut darin ausgebildet, Abläufe einzuhalten. Sie denken, dass sie innovieren können, haben aber nicht die richtigen Fähigkeiten und Werkzeuge, um dies zu tun.

Unternehmen wie Apple und Amazon erfinden ihre Business-Modelle ständig neu und haben Erfolg dabei, wohingegen andere Unternehmen hilflos sind. Ihre traditionelle Unternehmensstruktur steht in Konflikt zu Design-Prozessen und Innovation. Natürlich innovieren Unternehmen ihre Produkte. Es fällt ihnen aber schwer, über Produktinnovation und traditionelle Forschung und Entwicklung hinauszugehen. Heutzutage lehren immer mehr Business Schools Business Model Innovation und die Werkzeuge für Design und Innovation.

Wir stehen erst am Anfang. Ich bin gespannt darauf, mehr darüber zu lernen, wie andere ihre Werkzeuge für Design, Innovation und Strategie als neue Treiber für Unternehmen entwickeln und einsetzen.

Alexander Osterwalder
Co-Gründer von Strategyzer, Autor von *Business Model Generation* und *Value Proposition Design*

FAST PASSES

BM 1106 03.21 J30 18E
FLIGHT NO. START BOARDING GATE SEAT NO.
FAST FREQUENT FLYER

SCHNELLE ANTWORTEN GEFÄLLIG?

Wir haben einige Schnelldurchläufe für dich vorbereitet, damit du zügig mit der Gestaltung deiner Zukunft beginnen kannst. Schnelldurchläufe führen dich zu den relevanten Werkzeugen, Fähigkeiten oder Case Studies. Lerne von der Erfahrung anderer und starte!

BM 1106 03.21 J30 18E
FLIGHT NO. START BOARDING GATE SEAT NO.

ICH MÖCHTE EINE STRATEGIE ENTWICKELN

Ich brauche einen Maßnahmenplan, um mit meinem Team unsere Strategie umzusetzen.

SCHRITTE:	SEITEN:
» Verstehe dein(e) aktuellen Business Model(le) und deine Kunden, indem du beobachtest und Fragen stellst.	86
» Entwickle einen Point of View, indem du deine 5-Bold-Steps-Vision erarbeitest. Packe deine Vision in eine Geschichte und prüfe, ob sie ankommt.	58
» Gewinne Ideen für neue Geschäftsmodell-Optionen.	142
» Erstelle Erstversionen von neuen Nutzenversprechen.	152

ICH MÖCHTE MEIN UNTERNEHMEN PLANEN

Ich möchte weitergehen als reine Berechnungen, sondern Unternehmensplanung mit meinem Team erkunden.

SCHRITTE:	SEITEN:
» Bilde den derzeitigen Kontext ab, in dem du arbeitest.	110
» Verstehe deine derzeitigen Geschäftsmodelle.	114
» Verstehe deine (zukünftigen) Kunden.	98
» Überdenke deine Unternehmensvision.	56

FLIGHT DB BIZ8 TIME 05MAR GATE G13 SEAT 19B
FAST PA BOARDING

4.11 TIME 20:00 SCREEN 03 ROW 15 SEAT 21

ICH MÖCHTE EINE STARKE & GEMEINSAME VISION

Ich möchte einen Ankerpunkt mit meinem Team entwickeln, damit wir wissen, in welche Richtung wir gehen.

SCHRITTE: **SEITEN:**

» Entwickle deinen Point of View und erstelle eine Cover Story Vision mit deinem Team. 64
» Validiere deine Cover Story inner- und außerhalb deines Unternehmens. 180

360 DEGREES 3D VISION Cinematic View

ICH MÖCHTE WIE EIN START-UP ARBEITEN

Hier kannst du schlank und kostengünstig arbeiten, um deine Idee in den Markt zu bringen. Lerne von Start-ups!

SCHRITTE: **SEITEN:**

» Bereite deinen Point of View vor. 48
» Beobachte und stelle Fragen. 86
» Gewinne Ideen für deine Geschäftsmodell-Optionen. 142
» Entwerfe einen (detailgetreuen) Prototyp. 172
» Validiere, validiere, validiere. 180
» Erzähle auf deiner Reise Geschichten. 72

Class Economy · Ticket type Fast&Cheap · Price £9,90 · Issue date 02AUG17 · CHEAP AND FAST

ICH MÖCHTE EINE SWOT FÜR MEIN UNTERNEHMEN

Was sind die Stärken, Schwächen, Chancen und Risiken für mein Unternehmen?

SCHRITTE: **SEITEN:**

» Verstehe den Kontext deines Unternehmens. 110
» Verstehe deine Geschäftsmodelle. 86
» Bestimme Stärken und Schwächen. 116

•UNIQUE OFFERING! -FAST PASS-•

ICH MÖCHTE INNOVIEREN BZW. WACHSEN

Hier gibt es keine Abkürzungen, aber wir haben einige Schnelldurchläufe für dich, damit du gleich mit der Gestaltung deiner Zukunft beginnen kannst.

SCHRITT: **SEITE:**

» Durchlaufe die Double Loop. 16

GRAB **YOUR** PASS!

NUTZE EINEN FAST PASS ODER BEREITE DICH FÜR DIE GESAMTE JOURNEY VOR »

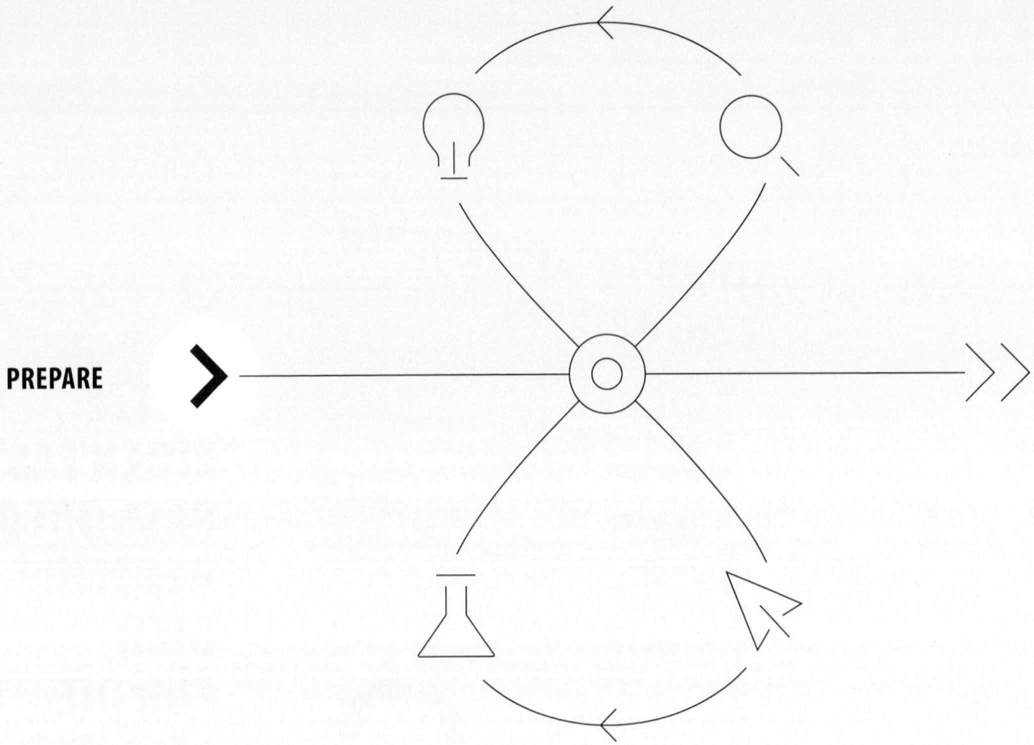
PREPARE

DIE DESIGN JOURNEY **PREPARE**

BEREITE DEIN **TEAM** VOR

BEREITE DEIN **UMFELD** VOR

BEREITE DEINE **ARBEITSWEISE** VOR

JEDE REISE BEGINNT MIT DER **VORBEREITUNG**

Ob du dich auf eine Reise begibst, um Kunden besser zu verstehen oder neue Business-Modelle für die Zukunft zu gestalten: Vorbereitung ist der Schlüssel. Du würdest keinen Wettkampf antreten, ohne dich zuerst vorzubereiten. Ebenso musst du eine Design- oder Redesign-Initiative vorbereiten.

DESIGN IST VORBEREITUNG

Der Design-Prozess benötigt eine Vorbereitung, um erfolgreich zu sein. Du musst dich vorbereiten, um deine Kunden, dein Business und deinen Kontext zu beobachten. Du musst dich vorbereiten, um Ideen zu gewinnen, Prototypen zu entwickeln und diese zu validieren. Auf den Punkt gebracht heißt das, dass du dein Team, dein Umfeld und deine Werkzeuge vorbereiten musst, um erfolgreich zu sein und die besten Ergebnisse zu erzielen.

RÜSTE DICH FÜR DEN ERFOLG

Der Design-Prozess unterscheidet sich vielleicht von vielen anderen Prozessen, die du gewohnt bist. Zum einem ist er nicht wirklich linear; er ist zyklisch und iterativ. Es geht darum, Unsicherheit zu umarmen. Nicht alles kann geplant oder kontrolliert werden. Der Design-Prozess ist auch ein Vollkontakt-Teamsport. Teams, die sich Zeit für die Vorbereitung nehmen, erzielen oft bessere Ergebnisse. Design erfordert außerdem Platz zum Arbeiten; nicht nur Menschen, die am Computer sitzen.

Die Menschen, die ein besseres Business designen sollen, benötigen Platz, um Ideen zu gewinnen, Prototypen zu bauen und diese zu validieren. Es ist auch nötig, neue Werkzeuge einzusetzen, die ebenfalls eine Vorbereitung brauchen, um die besten Ergebnisse zu erreichen. Schließlich erfordert Design, dass du dich an eine neue Arbeitsweise und Projektstruktur gewöhnst. Es geht nicht um Planung. Es geht um die Maximierung der Chance, ein besseres Ergebnis zu erzielen und andere zu befähigen, Dinge zu verändern. Es gibt Dinge, die du verändern kannst, und Dinge, die du nicht verändern kannst. Rüste dich und dein Team für den Erfolg, indem du das beherrscht, was du kannst; überlasse nichts dem Zufall.

BEREITE DEIN TEAM VOR

Babe Ruth, ein beliebter amerikanischer Baseballspieler, hat einmal gesagt: „Die Art, wie ein Team insgesamt spielt, bestimmt seinen Erfolg. Vielleicht hast du die besten Stars der Welt, wenn diese aber nicht zusammenspielen, ist dein Verein keinen Cent wert." Dasselbe gilt für die Gestaltung von großartigen

> **TIPP!** Nicht jedes Team wird funktionieren. Die Mitglieder deines Design-Teams müssen dabei sein *wollen*. Sonst werden sie ihren gewohnten Gang gehen.

Businesses: Die besten Geschäfte sind das Ergebnis von großartigen Teams. Es wird nicht irgendein Team erfolgreich sein. Ein Team, das die nützlichsten Ideen gewinnt, Prototypen erstellt und Ideen validiert, besteht aus einer diversifizierten Gruppe von „unüblichen Verdächtigen" (denke an das *A-Team*, nicht an *Friends*). Sie werden dort Diamanten finden, wo niemand danach gesucht hat. Sie werden ihr Umfeld herausfordern. Und wegen ihrer Unterschiedlichkeit werden sie ein Netzwerk, bestehend aus anderen Menschen und Ressourcen, einbringen. Dies ist nützlich, wenn es darum geht, Dinge anzupacken und sich die Hände schmutzig zu machen.

SUCHE NACH DEM REBELL

Wenn es um große, schwierige Fragen oder Initiativen geht, sind die meisten von uns nicht bereit, einen Schritt zu machen und etwas Neues zu probieren. Um das zu tun, benötigen wir einen Rebellen. Ein Rebell ist jemand, der bereit ist, aufzustehen und zu verkünden, dass es an der Zeit ist, einen neuen Ansatz zu wählen, um ein Problem zu lösen. Diese Person hat die Fähigkeit, Zeit freizuschaufeln und Ressourcen für die Design Journey zu beschaffen. Der Rebell ist derjenige, der sicherstellen wird, dass du etwas Neues versuchst, statt Dinge auf die herkömmliche Art zu tun.

BEREITE DEIN UMFELD VOR

Bis jetzt bist du dir im Klaren darüber, dass Design nicht linear verläuft. Es ist ein iterativer Prozess, in dem du dich permanent auf Ergebnisse beziehst, die erarbeitet wurden. Wenn du diese Ergebnisse im Büro verteilst und sie an Wänden anbringst, wirst du einen ständigen Druck verspüren und weniger Zeit für die Gestaltung haben. Dies verringert deine Gesamtproduktivität. Richtest du aber eine „Einsatzzentrale" ein, in der das Team zusammenkommen kann und den Fortschritt sieht, wirst du die Produktivät und die Effizienz extrem steigern.

BEREITE DEINE ARBEITSWEISE VOR

Werkzeuge wie das Drehbuch – wird später vorgestellt – helfen dir, deine Meetings (oder Design-Sprints) zu gestalten, um die gemeinsame Zeit zu maximieren. Visuelle Ergebnisse wie die Customer Journey und das Business Model Canvas werden deinem Team helfen, zielgerichtete strategische Unterhaltungen zu führen. Sich die Zeit zu nehmen, darüber nachzudenken, wie Werkzeuge eingesetzt werden, hilft dir, deren Nutzen zu maximieren. Das ist nicht schwer – aber entscheidend. »

WO SOLLTEST DU ANFANGEN?

Think Big, aber sei bereit, klein anzufangen! Die meisten Menschen gehen große Projekte und neue Prozesse an, indem sie die Zustimmung der Geschäftsführung oder des Vorstands suchen. Das ist in Ordnung und wird sicherlich in einigen Fällen funktionieren. Design erfordert kein spezielles Ergebnis. Stattdessen geht es um die Reise, die Erkenntnisse, die du auf dem Weg erhältst, und die Optionen, die du erarbeitest und validierst. Hier sind einige Wege, wie andere ihre Design Journeys begonnen haben.

HIER SIND EINIGE WEGE, WIE ANDERE IHRE DESIGN JOURNEYS BEGONNEN HABEN.

Natürlich kannst du auch gleich groß beginnen und direkt zum Vorstand gehen. Wenn du dich dazu entscheidest, dann frage nach einem Budget, um dein Team in Design Thinking für Strategie und Innovation zu schulen. Innerhalb deiner Organisation gibt es auf jeden Fall Bedarf für Design. Deine Kollegen werden Fähigkeiten entwickeln und Reisen antreten, die bessere Ergebnisse erzielen, die jedoch klein oder inkrementell sind.

1 FINDE DEINEN FUNKEN

Veränderung beginnt mit einem Funken. In der Welt verändert sich etwas, und jemand reagiert auf diese Veränderung. Ob es für dich oder für dein Unternehmen ist: Um eine Design Journey zu beginnen, benötigst du zunächst einen Grund, eine Legitimation.

2 FINDE BOTSCHAFTER

Die Gewohnheit lässt normalerweise wenig Raum für Design-Prozesse zu, wenn du keine Botschafter an deiner Seite hast. Teile deine Idee mit einigen potenziellen Botschaftern. Wenn du sie an Bord bekommst, dann wird deine Reise um einiges angenehmer verlaufen.

3 GEWINNE DAS RICHTIGE TEAM

Design ist keine Reise, die man alleine antritt. Im Design stellt sich der Erfolg ein, wenn ein ganzes Team von Menschen involviert ist, das bereit ist, den Prozess gemeinsam durchzuziehen. Du benötigst unterschiedliche Standpunkte, Fähigkeiten und ein gutes Netzwerk, das du nutzen kannst. Baue dein Team anhand dieser Kriterien auf, und du kannst gar nicht scheitern.

4 WECKE INTERESSE

Organisiere eine spezifische (nicht generische) Schulung oder lade einen Vordenker ein, um Interesse für Business

Model Innovation oder Strategieentwicklung zu wecken. Schulungen sind ideal, um neue Arbeitsweisen kennenzulernen und sich mit neuen Werkzeugen, Fähigkeiten und Mindsets vertraut zu machen. Oftmals wirst du erfahren, wie andere Organisationen Design erfolgreich eingesetzt haben. Verwende diese Erkenntnisse, um zu bewerten, wo und wie du Design in deiner Organisation einführen möchtest.

5 GESTALTE EINEN WORKSHOP

Organisiere einen Design-Workshop, der sich auf Business Model Innovation oder Strategie konzentriert, um in den Design-Prozess einzutauchen. Lege für dich und dein Team das Ziel fest, um gemeinsam ein konkretes Ergebnis zu erarbeiten. Dies kann die Entwicklung einer Vision, eines Geschäftsmodells oder eines Nutzenversprechens für ein neues Konzept sein.

6 FINDE DIE NACHZÜGLER

Wähle ein bestehendes Produkt oder eine bestehende Dienstleistung aus, das bzw. die wenig Umsatz (oder Gewinn) erzielt. Führe einen Workshop mit einem Team durch, um neue Ideen für Business Models zu gewinnen.

7 GEHE NACH DRAUSSEN

Gehe nach draußen und unterhalte dich mit Kunden, um zu verstehen, was sie beschäftigt. Was sagen sie? Was denken sie? Teile deine Erkenntnisse mit anderen aus deiner Organisation. ■

FINDE DEINE **BOTSCHAFTER**

Die Vorbereitung für ein kleines Team ist eine Sache. Die Vorbereitung für ein großes Unternehmen ist etwas anderes.

Wie bereitest du dich als etabliertes Unternehmen am besten auf eine Innovationsreise vor? Wir haben Organisationen wie 3M, Lufthansa, SAP, ING Bank, MasterCard, GE, Philips und Toyota gefragt, wie diese eine Kultur von Innovation und Design Thinking unterstützen. Sie haben ihre Erkenntnisse während eines Kongresses geteilt, der im Februar 2015 in New York stattfand.

Ihre größte Erkenntnis: Um sich für Design Thinking und Innovation vorzubereiten, ist es ein absolutes Muss, dass Unternehmen Schlüsselanwender von Design-Werkzeugen identifizieren. Dazu gehören z.B. das Business Model Canvas, das Vision Canvas und andere kundenzentrierte Werkzeuge. Die Schlüsselanwender oder Botschafter müssen mit dem „Lean-Ansatz" vertraut sein, um das Mindset eines Designers in sich zu tragen. Für diese Botschafter ist kein Problem zu groß oder zu klein.

Wenn es dein Ziel ist, Design in deinem gesamten Unternehmen zu skalieren, dann ist es wichtig, mehr als einen Botschafter zu finden und zu schulen. Eigentlich musst du eine ganze Mannschaft an Botschaftern aufbauen, die mit neuen Arbeitsweisen vertraut sind und eine Leidenschaft dafür haben. Sie müssen Design-Ansätze anwenden und diese im Unternehmen verteilen. ■

BEREITE DEIN **TEAM** VOR

Du wirst kein Fußballspiel mit 11 Stürmern gewinnen. Dasselbe gilt für Unternehmen. Egal ob im sportlichen oder geschäftlichen Bereich: Es ist entscheidend, Spieler mit unterschiedlichen Fähigkeiten einzusetzen – das Team muss multidisziplinär sein.

Vergiss nicht, gemeinsam Spaß zu haben!

Unübliche Verdächtige: der neue Absolvent, den du gerade eingestellt hast, ein Energiebündel oder jemand Junges, der interessante Ideen hat.

Vertriebs- und Marketingspezialisten, die die Kunden kennen.

BAUE EIN MULTIDISZIPLINÄRES TEAM AUF

Das ideale Team wird verschiedene Aufgaben erledigen können. Soll ein Angebot geschrieben werden? Suche eine passende Person für dein Team. Wie wäre es mit jemandem, der ein Pitch Deck gestaltet? Und vielleicht benötigst du jemanden, der coden kann . . . Du verstehst, worum es geht. Je mehr Standpunkte das Team einbringt, desto mehr Optionen können von dem Team abgeleitet werden. Es gibt nicht die eine richtige Lösung im Design, Business oder sonstwo.

FINDE DIE UNÜBLICHEN VERDÄCHTIGEN

Wenn jedes Teammitglied genau dieselbe(n) Lebenserfahrung, Fähigkeiten, Wissensbasis und Standpunkte hat, dann wird die Fülle an Optionen sehr beschränkt sein. Um dies zu vermeiden, solltest du ein Team aufbauen, das aus Personen aus unterschiedlichen Abteilungen – und mit unterschiedlichen Fähigkeiten, Hintergründen, Kulturen und Mindsets – besteht.

ROLLEN: SIE STEHEN NICHT AUF DEINER VISITENKARTE

Wenn du eine Visitenkarte betrachtest, was siehst du unter dem Namen der Person? Sicherlich einen Titel, und dieser Titel ist bestimmt nicht die Rolle der Person. Rollen beschreiben die Verantwortlichkeiten, die jemand übernimmt, entweder formell oder informell, als Teil des Teams. Rollen tragen einen wesentlichen Teil dazu bei, dass wir Dinge erledigt bekommen. Rollen, nicht Titel sind für unseren Erfolg entscheidend. Es ist wichtig, dass sich jedes Teammitglied des Designs annimmt; einmal, während am Design gearbeitet wird, und einmal, wenn

Ein Stratege oder Produktmanager, der immer das finale Ziel vor Augen hat.

Ausgezeichnete visuelle Moderatoren, um das Projekt voranzubringen und die gesamte Energie zu nutzen.

Laterale Denker, Rebellen Hacker, Entwickler und Designer.

Ein Unterstützer aus der Geschäftsleitung übernimmt die Verantwortung, wenn etwas schief läuft.

Botschafter und Fans, um die Akzeptanz zu erhöhen.

es darum geht, anderen Stakeholdern Ideen zu präsentieren. Die richtigen Rollen zu gestalten, hilft den Teammitgliedern dabei, zu verstehen, wie sie am besten zu dem finalen Ergebnis beitragen können. Die Rollen, die Menschen innerhalb deines Design-Teams einnehmen, variieren von Botschaftern über Vertrieb bis hin zu visuellen Denkern und Ingenieuren.
So wie du bewusst planst, wer Teil deines Teams ist, musst du auch bewusst planen, wer welche Rolle übernimmt. Wenn dein Team seine Rollen nicht kennt, dann kannst du nicht gewinnen.

WANN DU EIN TEAM ZUSAMMENSTELLEN SOLLST

Wenn du ein Design-Team aufbaust, solltest du darauf achten, die richtigen Menschen mit der richtigen Einstellung zur richtigen Zeit zusammenzustellen. Du wirst das Team für Design-Workshops, Brainstorming und die Feldarbeit benötigen, um zu verstehen, was Kunden möchten, benötigen und tun. Dein Team ist auch für die Gestaltung und Erstellung von Prototypen verantwortlich. Anders als in Konzernen solltest du kein Team für ein Projekt oder einfach nur für die Teilnahme an Meetings und Diskussionen rekrutieren. Stelle kein Team zusammen, das sich nur um die Planung, nicht aber um die Anwendung des Design-Prozesses kümmert. Stelle kein Team für die Projektkommunikation zusammen; das ist die Aufgabe des Moderators. Das Ziel deines Design-Teams ist es, aktiv zu sein, zu machen, zu lernen und Ergebnisse zu liefern. ■

BEREITE DEIN **UMFELD** VOR

Design hat nichts mit dem üblichen Arbeiten zu tun. Die Räume, in denen dein Team arbeitet, müssen eine neue Arbeitsweise zulassen.

RAUM FÜR MENSCHEN

Wenn Design ein Kontaktsport ist, dann ist das Umfeld, in dem gespielt wird, die ständige Interaktion. Beim Design geht es nicht darum, sich zu treffen, dazusitzen und sich zu unterhalten, um anschließend wieder E-Mails zu schreiben. Es geht darum, im Stehen zu arbeiten, zu interagieren, Klebezettel zu beschreiben, hinauszugehen, Zahlen zu verarbeiten und zusammenzustellen und sich gegenseitig auf den aktuellen Stand zu bringen, um weiterzuarbeiten. In einem passenden Umfeld wird die Art, wie Menschen interagieren, berücksichtigt. Nicht nur während sie sitzen, sondern während sie stehen und über ein Canvas diskutieren. Diese Art von Umfeld ermöglicht es, zusammenzuarbeiten und Konzepte zu präsentieren. Das beste Umfeld richtet sich an einem speziellen Projekt aus; alle Ergebnisse werden sichtbar hinterlegt, damit das Team schnell den Fortschritt sehen kann.

BASISSTATION

Wenn du dein Umfeld vorbereitest, dann ist dein Ziel, dass du eine Basisstation aufbaust, in der dein Team kreativ sein, Informationen aufnehmen und wertvolle Diskussionen

WÄNDE
Jedes Design-Umfeld benötigt viele Wände, um Vorlagen und Skizzen sichtbar anzubringen.

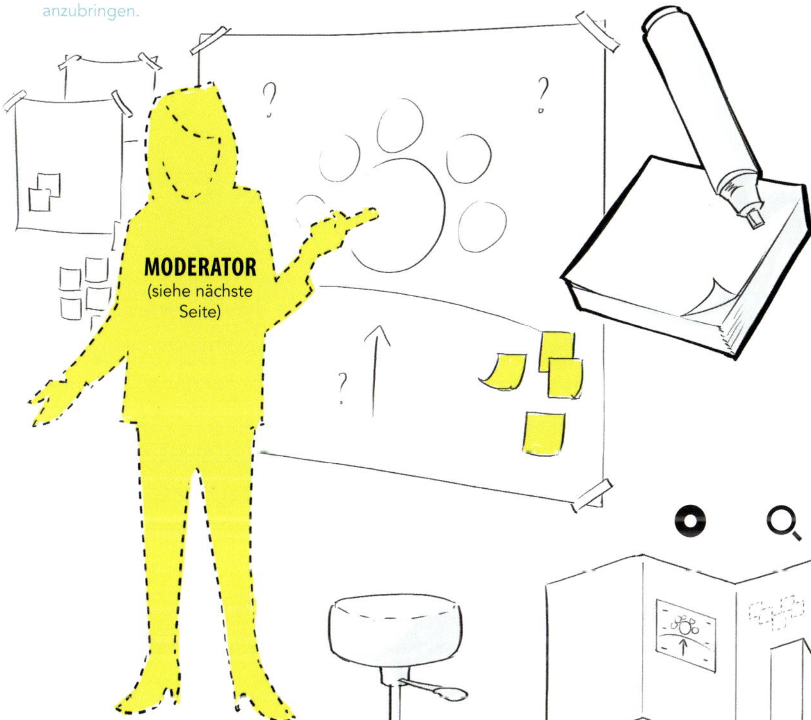

WERKZEUGE
Hast du alle notwendigen Design-Werkzeuge wie Klebezettel, Papier, Filzstifte, Vorlagen etc.?

BLEIB AM BALL
Idealerweise bleiben alle deine Ergebnisse während des Projekts in der Einsatzzentrale.

Einkaufsliste

- Sitzsack (Schau nach Fatboy)
- Ungewöhnliche Möbel (Schau nach Steelcase)
- Klebeband (Achte auf deine Wände)
- Marker bzw. dicke Filzstifte
- Klebezettel (Stelle sicher, dass diese auch haften – www.3m.com)
- Flipcharts oder großformatiges Papier
- Großformatige Vorlagen bzw. Canvases
- Flexible Stellwände (www.neuland.com)
- Stelle sicher, dass eine Kaffeemaschine und ein Kühlschrank in der Nähe sind!

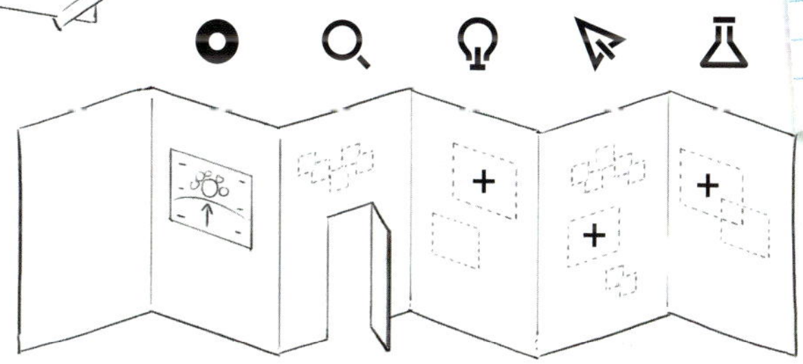

Während du dich auf deiner Design Journey befindest, sollte die Einsatzzentrale das Herz der Entwicklung sein.

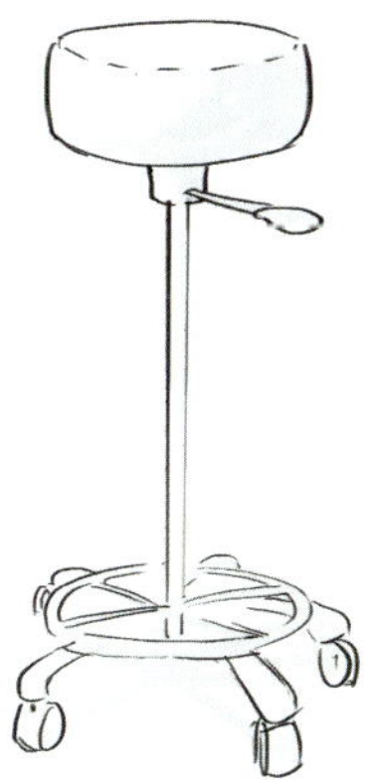

FLEXIBLE MÖBEL
Es muss möglich sein, die Tische und Stühle zu bewegen, um unterschiedliche Arbeitsweisen zu moderieren.

führen kann. Sofern es möglich ist, solltest du eine Einsatzzentrale aufbauen: einen Raum, in dem sich Menschen treffen, arbeiten und den Fortschritt sehen können. Alternativ kannst du einen temporären Raum einrichten. Du wirst sehen, dass dein Team anders arbeiten und denken wird. ■

MODERATION MEISTERN

Bei der Design Journey geht es zunächst um Vorbereitung. Das ist die Aufgabe der Moderators, um die bevorstehende Reise für alle so angenehm wie möglich zu gestalten. Ein fähiger Moderator ist zugleich der Spielleiter und der Hüter des Lichts – der Energie und Zielrichtung im Raum. Es liegt am Moderator, das Team darin zu unterstützen, die erwarteten Ergebnisse effizient und effektiv zu erzielen.

—Emmanuel Buttin, Business Line CFO, BNP Paribas

SPIELLEITER

Ein Moderator (du oder jemand anders) muss die Meetings anhand eines Drehbuchs abhalten und gleichzeitig genügend Raum zulassen, dass das Team diskutieren und Entscheidungen treffen kann. Dabei muss immer die Zeit im Auge behalten werden (ebenso der Bedarf an Pausen, Kaffee und Essen). Der Moderator muss währenddessen auch Standpunkte, Ideen und Entscheidungen erfassen. Sicherlich gibt es hier viele Wege, das zu tun. Dabei können ein Whiteboard, eine Tafel oder große Flip- charts eingesetzt werden, um das Gesagte festzuhalten.

MODERATOR WERDEN

Wenn dein Design-Prozess für Strategie und Innovation rundlaufen soll, dann musst du dich mit deinem Team beschäftigen und Führungsqualitäten entwickeln; du benötigst also Moderationsfähigkeiten. Je besser du weißt, wie du einen guten Lernprozess gestaltest und durchführst, desto fähiger werden sich die Teammitglieder bzgl. ihrer Ideen und Teilnahme fühlen. Sie werden sich der Sache annehmen und Verantwortung übernehmen, was sich in besseren Ergebnissen widerspiegelt.

1 LERNE ENERGIE ZU MANAGEN

Bei der Moderation geht es in erster Linie darum, Energie zu managen, sie zu steuern. Um den Output zu maximieren, muss das Team aktiviert und energetisiert werden. Mit Energie ist in diesem Kontext gemeint, wie willig und fähig Menschen einen Beitrag leisten. „Gute" Energie unterstützt den Prozess. Eine Diskussion zur richtigen Zeit tut genau das. Führst du aber eine Diskussion zur falschen Zeit, dann wird sich schnell eine Erschöpfung einstellen. Die Kernfähigkeit des Moderators ist es, detaillierte Diskussionen und den Energieaufbau in der Waage zu halten.

2 ES GEHT UM MEHR ALS MEETINGS

Bei der Moderation geht es nicht nur darum, Diskussionen oder Meetings zu leiten: Es geht um die Moderation des gesamten Prozesses. Du musst das Genie der gesamten Mission werden. Es geht nicht darum, Recht zu haben; es geht darum, darin effektiv zu sein, Teams zu unterstützen, indem du den Prozess gestaltest und führst. Bei der Moderation geht es um das Umfeld, die Information, das Netzwerk, das Team und die Energie. Das beinhaltet die Kommunikation jeden Schrittes, den das Team nehmen wird.

3 NIMM DIE RICHTIGE ROLLE ZUR RICHTIGEN ZEIT EIN

Es gibt Zeiten, in denen man optimistisch sein sollte, und es gibt Zeiten, in denen es angebracht ist, kritisch zu sein. Innerhalb der Ideengewinnung wird zum Beispiel 90 Prozent der Zeit für die Ableitung und Weiterentwicklung von Ideen verwendet; 10 Prozent der Zeit wird für die Evaluation und Auswahl verwendet. Es ist also wichtig, dass jedes Teammitglied zu mindestens 90 Prozent der Zeit optimistisch eingestellt ist. Wenn es allerdings um die Evaluation und Auswahl von Ideen geht, dann ist es in Ordnung, kritisch zu sein. In beiden Fällen ist es die Aufgabe des Moderators, sicherzustellen, dass Optimismus und Kritik an der richtigen Stelle und zur richtigen Zeit zum Einsatz kommen.

4 VISUELLE MODERATION

Das gesprochene Wort ist nicht greifbar. Was vor fünf Minuten gesagt wurde, existiert nur noch in Gedanken. Dies drängt Teilnehmer dazu, ihre Argumente ständig zu wiederholen. David Sibbet, der Pionier der visuellen Moderation, hat herausgefunden, dass der Drang nach Wiederholung abnimmt, wenn Argumente auf einem großen Flipchart aufgeführt und für alle sichtbar sind. Nimm einen Marker und schreibe auf, was gesagt wurde, um die Diskussion weiterzuführen. ■

DEN **ABWASCH** MACHEN

In einem Meeting hast du zwei Kategorien von Menschen: die einen mit „fokussiertem Blick" und die anderen mit „zerstreutem Blick"; Geschäftsleute versus Designer. Sie spielen in einem Meeting unterschiedliche Rollen, sind in einem Team aber beide unentbehrlich. Die Erstgenannten werden oft als kurzsichtig und voreingenommen verurteilt, wenn sie Dinge (von sich aus) offen ansprechen. Sie sprechen ihre Meinung offen aus und haben für alle Fragen schnelle Antworten. Der verschwommene Blick der Zweitgenannten ist sicherlich kein Zeichen von Desinteresse. Sie bauen in ihren Gedanken auf Ideen auf und visualisieren Ideen, bevor sie sie aussprechen.
Als Außenstehender ist es schwer zu erkennen, wie diese Menschen erfolgreich zusammenarbeiten können.
Tatsächlich benötigst du beide Kategorien von Menschen in einem Team: Macher und Denker. Meine Aufgabe ist es, diese beiden Welten zu verbinden: sie dazu zu bringen, ihre Gehirnleistung zu kombinieren und dieselbe Vision zu teilen. Wenn ich so eine Situation aufkommen sehe, dann biete ich einen Impuls an, um ihnen zu helfen, in die richtige Richtung zu steuern. Dann gehe ich hinaus, um den Abwasch zu machen, während sie zusammen wahre Wunder vollbringen.

Markus Auerbach
Leiter Audi Innovation Research

ENERGIE LENKEN

ZEITMANAGEMENT

Wie jeder Prozess ist auch der Design-Prozess zeitlich limitiert. Wenn du ein bestimmtes Ziel verfolgst, dann tust du dies mit einem Enddatum im Blick; du würdest nicht fortlaufend Ideen gewinnen und evaluieren, ohne einmal auf die Uhr zu schauen. Als Moderator ist es deine Aufgabe, das Zeitmanagement des Prozesses im Auge zu behalten. Um alle Beteiligten auf dem aktuellen Stand zu halten, wenn ihr zusammenarbeitet, solltest du eine Agenda auf einem Flipchart erstellen und diese an der Wand anbringen. Halte dich an die Zeiten und lasse keine Pausen aus. Du wirst sehen, wie sich die Menschen an diese Struktur gewöhnen und bessere Ergebnisse erzielen.

DETAIL VS. ÜBERSICHT

Obwohl es immer große und strategische Denker in Gruppen gibt, stecken diese Menschen mit ihren großen und strategischen Gedanken häufig in der operativ ausführenden Maschinerie fest. Natürlich ist es wichtig, diese Menschen an Bord zu haben. Oftmals stellt es aber für den Moderator eine Herausforderung dar, das Team in das weite Feld der strategischen Optionen zu steuern. Dies trifft vor allem auf große Unternehmen zu, wenn eine ständige Ausgewogenheit zwischen „Lass uns weitermachen“ und „Lass uns sicherstellen, die richtigen Dinge zu tun“ vorherrscht. Das erfordert, dass der Moderator und alle Teilnehmer fähig sind, schnell zwischen dem großen Ganzen

TIPP! **SETZE „PUSH“ UND „PULL“ EIN, UM DIE ENERGIE ZU LENKEN.**

ZEITMANAGEMENT
Der beste Trick für Zeitmanagement ist, Teilnehmer in die Verantwortung zu nehmen. Sie werden so arbeiten, dass sie effizient sind.

PUSH
Aktivitäten, die „pushen“: die Gruppe bewegen, die Gruppe dazu bringen, formale Strukturen zu verlassen und zu debattieren.

PULL
Aktivitäten, die „pullen“, also ziehen: einen Schritt zurückgehen, keine Antwort parat haben, still sein, offene und ehrliche Fragen stellen.

DEN STIFT HALTEN
Den Stift zu halten bedeutet, dass du die Macht hast, die Diskussion zu leiten und weiterzuführen – die Argumente werden aufgenommen und müssen nicht wiederholt werden.

und den Details zu wechseln. Aus diesem Grund ist es so wichtig, ein Kernteam aufzubauen, sich auf eine Satzung zu einigen und während des gesamten Design-Prozesses transparent zu sein. Hier findet Moderation statt!

VISUALISIERE

Wir Menschen sind visuell und räumlich denkende Geschöpfe. Um tatsächlich eine Wirkung zu erzielen, Diskussionen und Entscheidungen zusammenzufassen, damit diese Ergebnisse nicht vergessen werden, solltest du das tun, was David Sibbet empfiehlt, und das Gesagte (zumindest einiges davon) visuell festhalten.

Das Sprichwort „Ein Bild sagt mehr als tausend Worte“ ist treffender denn je, wenn es darum geht, den wichtigen Kontext eines Meetings oder eines Design-Sprints aufzunehmen und diesen wiederzugeben.

Wenn du einen Stift in der Hand hältst, dann hast du einen zusätzlichen Nutzen, da du die Aufmerksamkeit auf das Whiteboard oder Flipchart lenkst.
Was du auch entscheidest, es ist wichtig, dass du Momente und Entscheidungen, die zu Ergebnissen führen, festhältst. ■

Weitere Informationen zur visuellen Moderation findest du hier: *Visual Meetings* von David Sibbet

ES IST WIE **JAZZ**

David Sibbet sagt, dass visuelle Moderation wie Jazz auch gleichmäßigen Takt und das Spiel mit formalen Strukturen ermöglicht.

Genauso wie die Töne beim Live Jazz fließen gesprochene Wörter im Meeting nur so heraus. Dies führt oft zu einer Wiederholung des Gesagten. Sibbet ist der Meinung, dass das Festhalten dieser Wörter auf großen Charts das Gehörte untermauert. Der Bedarf, etwas zu wiederholen, verblasst dann mit der Zeit und ein Gruppengedächtnis entsteht. Dies wiederum ermöglicht die Diskussion und das Erreichen neuer Gesprächsebenen.

Sibbet ist einer der Pioniere der visuellen Moderation und setzt diese seit den 1970-er Jahren ein, als er „The Grove®“ gründete. Visuelle Moderation ist der Schlüssel, um Guppen zu inspirieren, das große Ganze im Auge zu behalten und das Ergebnis des Gruppengedächtnisses zur Verfügung zu haben.
Einige dieser Werkzeuge wie der „Cover Story Vision Graphic Guide®“ und der „Context Map Graphic Guide®“ werden in diesem Buch vorgestellt.

David Sibbet
Autor, Gründer und Vorstand von The Grove Consultants International

BEREITE DEINE **ARBEITSWEISE** VOR

Du hast ein Team zusammen- und ein Umfeld für die Zusammenarbeit hergestellt. Nun ist es an der Zeit, effizient und effektiv zusammenzuarbeiten. Um als Team die besten Ergebnisse zu erzielen und das gemeinsame Verständnis zu fördern, benötigst du nun Design-Werkzeuge.

DIE MATERIALIEN EINES DESIGNERS

Es gibt einen guten Grund dafür, dass Designer und kreative Menschen Klebezettel und große Stifte mit sich herumtragen. Klebezettel sind erweiterbar, kleben überall und bieten den zusätzlichen Vorteil, dass sie in ihrer Größe limitiert sind. Große Stifte bieten die Möglichkeit, dass das auf den Klebezetteln Dargestellte besser lesbar ist. Teile diese Werkzeuge an jeden aus und lass Ideen entstehen. Am Ende des Tages solltest du eine Wand voller Ideen haben. Du wirst zusätzliche Einblicke erhalten, wenn jeder seinen Standpunkt (visuell) auf Klebezettel zeichnet. Einige Zeichentipps findest du in dem Profil von Dan Roam, das in dem Prototyping-Kapitel aufgeführt ist.

Mehr über Skizzen und visuelles Denken
SEITE 172

GESTALTE DISKUSSIONEN MIT EINEM CANVAS

In fast jedem Kapitel dieses Buches wirst du Vorlagen (Canvases) finden, z.B. das Business Model Canvas, das Value Proposition Canvas und weitere, die eingesetzt werden können, um zu visualisieren, zu validieren etc. Diese visuellen Ergebnisse helfen dabei, interessante Unterhaltungen zu entfachen und darauffolgende Diskussionen zu gestalten.

Diese Vorlagen sollen nicht ausgefüllt und beiseite gelegt werden. Als wichtige Design-Werkzeuge sind die bereitgestellten Canvases lebende und atmende Aufnahmen, die deine Design-Journey dokumentieren. Wenn du Menschen, Klebezettel, Stifte und Zeichnungen kombinierst, dann wird nicht nur dein Design-Prozess schneller und einfacher sein, du wirst auch bessere Ergebnisse erzielen und lernen, in einer neuen, gemeinsamen Sprache zu sprechen.

VERBESSERE MEETINGS MIT EINEM DREHBUCH

Meetings sind für viele große Organisationen zu einer (schlechten) Angewohnheit geworden. Diese wirkt sich sogar auf unsere Arbeitsweise aus. Wir sitzen an unserem Schreibtisch und arbeiten unabhängig von anderen. Wir verschicken viele E-Mails. Wir tätigen ein paar Anrufe. Und wenn wir nicht an unserem Schreibtisch sitzen, dann verbringen wir die Zeit in Meetings. Meetings sind nicht zwangsläufig schlecht; sie sind aber häufig einfach nur geplant – nicht gestaltet. Folglich passiert in den Meetings, an denen wir teilnehmen, auch nicht viel. Es gibt keine klare Struktur. Was ist der Zweck dieses Meetings? Wer ist anwesend? Wie stellen wir sicher, Dinge in

TIPP! Meetings im Gehen. Wenn du gehst oder stehst, dann ist nicht nur dein Körper mobiler, sondern auch dein Geist. Es ist viel schwieriger, an einem Argument festzuhalten, wenn du mobil bist.

der vorgegebenen Zeit umzusetzen? Woher wissen wir, was von uns in dem Meeting erwartet wird? Diese Fragen werden selten gestellt – und so haben wir oft Räume voller Menschen, die ihre Zeit und Energie verschwenden. Das Teilen von Informationen in Meetings ist ebenso eine Zeitverschwendung. Meetings sind oft politisch. Wir fühlen uns schlecht, wenn wir Kollegen bei der Einladung zu einem Meeting auslassen. Anstatt darüber nachzudenken, wer die richtigen Teilnehmer in dem Raum sind, überlegen wir, wen wir nicht ausschließen möchten. Nicht die richtigen Teilnehmer dabei zu haben oder zu viele Teilnehmer zu haben, führt zu einem langsamen Fortschritt. Das verschwendet die Zeit von jedem. Der Schlüssel für gute Meetings – und bessere Workshops – ist ein Drehbuch, keine Agenda. Führe in einem Drehbuch detailliert aus, wer woran und wann arbeiten wird. Es hilft dir dabei, ein Meeting in Hinblick auf die gewünschten Ergebnisse zu gestalten. ■

IMPROVISIERE WIE EIN **MEISTER**

Wenn ich auf der Bühne, im Fernsehen oder in Radioshows gesprochen habe, kommen danach oft Menschen zu mir und sagen: „Du lässt es so leicht aussehen, als würdest du genau im richtigen Moment improvisieren! Wie machst du das?" Die Antwort ist einfach. Es braucht Zeit. Ich investiere viel Zeit in mein Drehbuch. Warum? Weil ich für den reibungslosen Ablauf einer Veranstaltung verantwortlich bin. Wenn du sie Schritt für Schritt durchgehst, dann weißt du, an welchen Stellen du mehr Energie investieren und langsamer oder schneller sein musst und an welchen Stellen du mehr ins Detail gehen kannst. Sobald du eine klare Richtung und ein klares Ziel im Kopf hast, kannst du andere Wege einschlagen. Anders gesagt: Sobald du deine Hausaufgaben gemacht hast, wirst du Stellen finden, an denen du improvisieren kannst. Ein Drehbuch zwingt dich dazu, darüber nachzudenken, wie du dich auf die Zuschauer einstellst. Eine gut verschickte Botschaft wird gut empfangen. Moderiere und arbeite mit einem Drehbuch!

Rens de Jong
Moderator, Radio- und Fernsehsprecher, Entrepreneur

WERKZEUG **DREHBÜCHER**

FOKUS
Erstelle ein Drehbuch

± 45 MIN
Arbeitssession

1–2
Teilnehmer

Wie bei einem Filmdreh liefert dir ein Drehbuch eine effiziente und effektive Möglichkeit, ein Meeting zu gestalten. Je vollständiger das Drehbuch, desto besser das Meeting.

DEIN GESTALTUNGSWERKZEUG FÜR DIE MODERATION

Drehbücher helfen dir dabei, ein Meeting oder einen Workshop für Projektbeteiligte und Moderatoren zu gestalten. Gut gestaltete Drehbücher ermöglichen es uns, Klarheit über das zu bekommen, was in einem Workshop erledigt werden kann, um Entscheidungen über Zeiten, Aktivitäten und Themen zu treffen. Ein Drehbuch ist ein visuelles Werkzeug, um Ergebnisse zu erzielen und alle Informationen in einem einfachen Dokument zu vereinen.

GESTALTE FLEXIBEL

Es ist ein Missverständnis, dass ein Drehbuch festgeschrieben und deshalb nicht anpassbar ist. Das stimmt nicht. Das Drehbuch sollte mit dem Kernteam erarbeitet werden, um gemeinsam einen ergebnisorientierten Workshop zu gestalten. Somit wird dir ein Drehbuch helfen, flexibel zu bleiben.

Wenn du deine Drehbücher in Blöcken für Zeiten/Aktivitäten planst, kannst du Blöcke aufgrund von unerwarteten Verspätungen überspringen.

ICH LIEBE ES, WENN EIN PLAN FUNKTIONIERT.

// Hannibal, *A-Team*

SEI FRÜH DRAN
Sei mindestens eine Stunde vor Beginn des Workshops anwesend, um sicherzustellen, dass Getränke verfügbar sind und die Technik funktioniert.

AGENDA, ROLLEN, REGELN
Beginne immer mit der Agenda, den Rollen, den Regeln und den Ergebnissen. Hol dir das Einverständnis des Teams.

ZEITEN
Die kleinste Planungseinheit sind 15-minütige Einheiten. Aber präferiere 30 Minuten.

STRATEGISCHE VISION
Du kannst eine strategische Vision gestalten. Weitere Informationen findest du auf S. 58.

KAFFEEPAUSEN
Lass niemals eine Kaffeepause aus. Und ja, sie dauern wirklich 30 Minuten. Menschen brauchen eine Pause!

ZUSAMMENFASSUNG
Betrachte hier nochmals die Ziele und stelle sicher, dass alles abgedeckt ist.

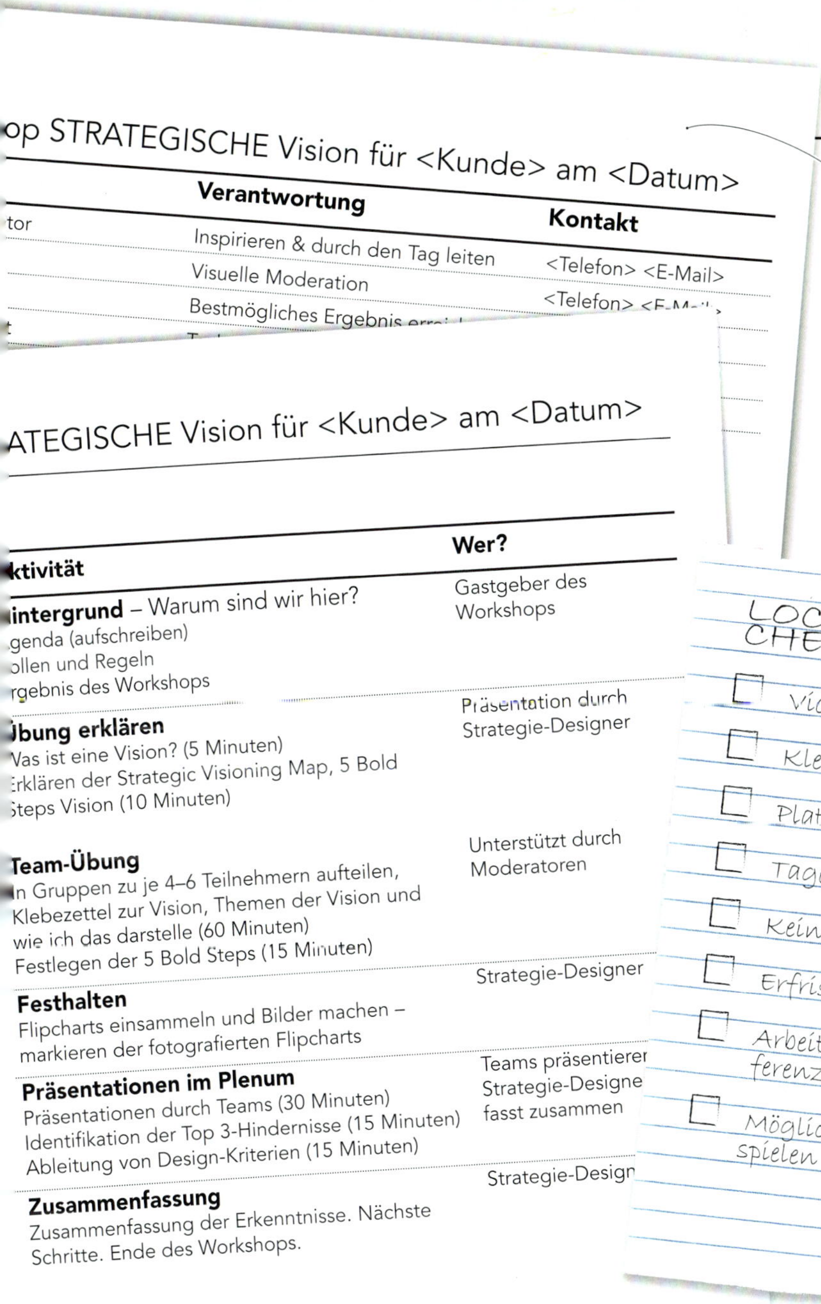

op STRATEGISCHE Vision für <Kunde> am <Datum>

	Verantwortung	Kontakt
tor	Inspirieren & durch den Tag leiten	<Telefon> <E-Mail>
	Visuelle Moderation	<Telefon> <E-M…
t	Bestmögliches Ergebnis errei…	

ATEGISCHE Vision für <Kunde> am <Datum>

ktivität	Wer?
intergrund – Warum sind wir hier? genda (aufschreiben) ollen und Regeln rgebnis des Workshops	Gastgeber des Workshops
Übung erklären Was ist eine Vision? (5 Minuten) Erklären der Strategic Visioning Map, 5 Bold Steps Vision (10 Minuten)	Präsentation durch Strategie-Designer
Team-Übung In Gruppen zu je 4–6 Teilnehmern aufteilen, Klebezettel zur Vision, Themen der Vision und wie ich das darstelle (60 Minuten) Festlegen der 5 Bold Steps (15 Minuten)	Unterstützt durch Moderatoren
Festhalten Flipcharts einsammeln und Bilder machen – markieren der fotografierten Flipcharts	Strategie-Designer
Präsentationen im Plenum Präsentationen durch Teams (30 Minuten) Identifikation der Top 3-Hindernisse (15 Minuten) Ableitung von Design-Kriterien (15 Minuten)	Teams präsentieren Strategie-Designe… fasst zusammen
Zusammenfassung Zusammenfassung der Erkenntnisse. Nächste Schritte. Ende des Workshops.	Strategie-Design…

DISPOSITION
Erstelle eine Einsatzplanung mit den wichtigsten Menschen, die du an dem Tag benötigst. Stelle sicher, dass du dich mit den Technikern vor Ort gut verstehst – die können deinen Tag retten.

LOCATION CHECK
Prüfe immer eine Location, bevor du dort einen Workshop durchführst. Böse Überaschungen können das Ergebnis ruinieren.

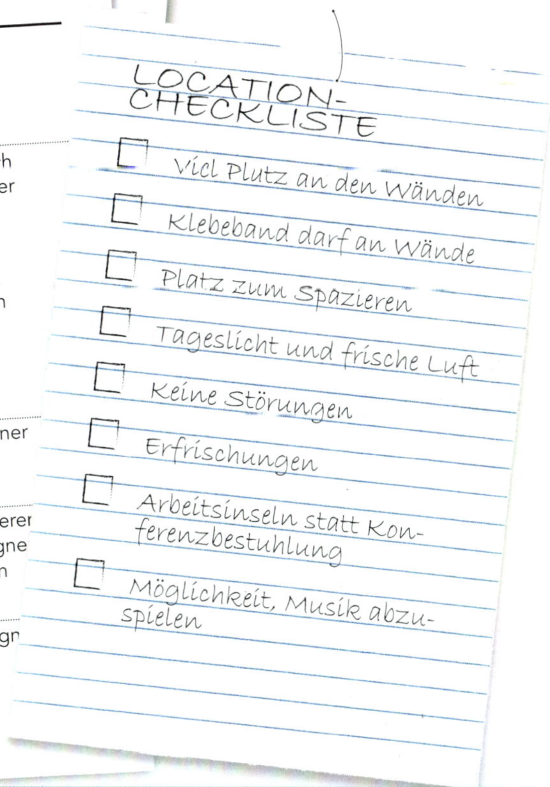

LOCATION-CHECKLISTE

- [ ] Viel Platz an den Wänden
- [ ] Klebeband darf an Wände
- [ ] Platz zum Spazieren
- [ ] Tageslicht und frische Luft
- [ ] Keine Störungen
- [ ] Erfrischungen
- [ ] Arbeitsinseln statt Konferenzbestuhlung
- [ ] Möglichkeit, Musik abzuspielen

DOWNLOAD
Ein Beispiel für ein Drehbuch kannst du hier herunterladen:
www.designabetterbusiness.com

CHECKLISTE

- [ ] Prüfe die Länge der Zeiteinheiten und Pausen.
- [ ] Klare Aktivitäten je Zeiteinheit.
- [ ] Disposition.

NÄCHSTER SCHRITT

› Führe deinen Workshop oder dein Meeting durch.

WERKZEUG **TEAM-SATZUNG**

PERSÖNLICH

Lerne dein Team kennen

± **30** MIN

Einheit

3–5

Teilnehmer je Gruppe

Nachdem du die unüblichen Verdächtigen und unterschiedlichen Charaktere in einem Raum zusammengebracht hast, stellt sich nun die Frage nach euren Zielen, Erwartungen und Werten. Wie werdet ihr mit herausfordernden Situationen umgehen? Gestaltet gemeinsam eine Team-Satzung!

UNTERSCHREIBE DIE SATZUNG

Du wirst nicht immer selbst entscheiden können, mit wem du zusammenarbeitest. Selbst wenn, dann gibt es keine Garantie dafür, erfolgreich zu sein. Interessenskonflikte und unterschiedliche Werte oder Ziele hindern Teams oft daran, voranzukommen.

Eine Team-Satzung wird dir dabei helfen, eine Blaupause für den Motor hinter dem Projekt zu schaffen: ein gut ausgeglichenes Team. Als ein gemeinsam erstelltes Dokument wird dir die Team-Satzung dabei helfen, die Richtung des Teams aufzuzeigen und Grenzen zu etablieren.

Die Team-Satzung erfüllt zwei Zwecke. Einmal kann sie als nach innen gerichtetes Dokument eingesetzt werden, um aufzuzeigen, weshalb das Team aufgebaut wurde, wo der Fokus liegt und welche Richtung das Team einschlagen wird, um die gesetzten Ziele zu erreichen. Dann kann die Team-Satzung als nach außen gerichtetes Dokument eingesetzt werden, um Manager und Führungskräfte der Organisation über den Fokus und die Richtung des Teams zu informieren.

ES IST GUT ZU WISSEN, MIT WEM DU REIST!

TEAM-WERTE

Gemeinsam mit dem Team wirst du darüber entscheiden müssen, welche Werte für die Zusammenarbeit gelten. Diese Werte helfen dabei, die Basis für ein erfolgreiches Team zu legen, was es einfacher macht, das Ziel zu erreichen und Verwirrungen bzgl. der Zielsetzung zu verringern. Viel wichtiger ist aber, dass die Satzung klare Richtlinien über die Zusammenarbeit und den Beitrag jedes Einzelnen enthält. Dies stellt sicher, dass sich das Team vorwärts und nicht rückwärts bewegt.

Einige Dinge, die du in deine Team-Satzung aufnehmen solltest, sind folgende: Team-Mitglieder, Team-Ziele, Erwartungen, Zweck des Teams, Team-Werte, wie das Team mit Ärger und Hindernissen umgeht und wer die Teamleiter sind. Habe keine Bedenken, solche Dinge wie „Freude haben!" und Energiequellen wie „Team-Essen einmal die Woche" aufzunehmen. Diese Dinge helfen dabei, dass das Team zusammenwächst.

Egal welche Form die Team-Satzung annimmt, stelle sicher, dass alle der gleichen Meinung sind.

Am Ende möchtest du ein Team von Menschen haben, die sich aufeinander verlassen können; nicht eine Gruppe von Menschen, die einfach nur einen Job machen.

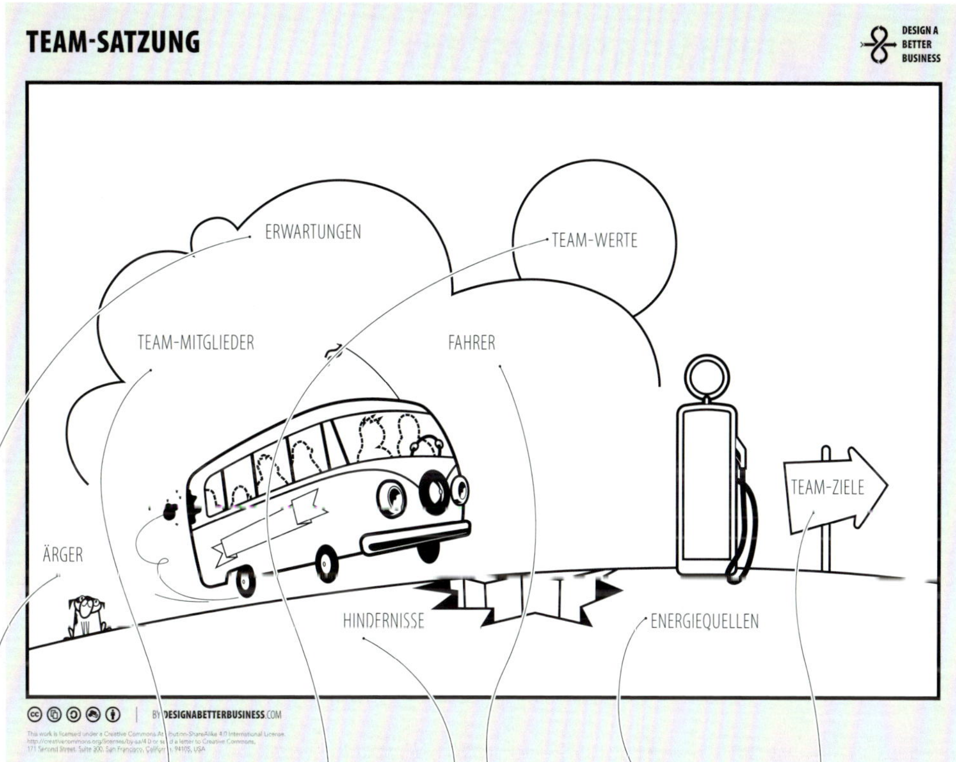

ÄRGER
Was wirst du tun, wenn es eine Panne gibt?

ERWARTUNGEN
Welche Erwartungen stellen die Team-Mitglieder an sich, um (gemeinsam) erfolgreich zu sein?

TEAM-MITGLIEDER
Wer sitzt im Bus und was wird jeder Einzelne für das Team einbringen, z.B. Rolle, persönliche Stärken, Charaktereigenschaften?

TEAM-WERTE
Anhand welcher Werte handelt das Team? Sind diese Werte von allen Team-Mitgliedern akzeptiert?

FAHRER
Wer ist der Fahrer? Wer navigiert?

HINDERNISSE
Was könnte das Team daran hindern, erfolgreich zusammenzuarbeiten und sein Ziel zu erreichen?

ENERGIEQUELLEN
Was erzeugt innerhalb des Teams Energie? Was bewegt jeden dazu, nach dem besten Ergebnis zu streben?

TEAM-ZIELE
Was sind die Ziele, die das Team erreichen möchte? Wann sind die Anstrengungen erfolgreich?

DOWNLOAD
Das Teamplate für die Team-Satzung kannst du hier herunterladen: www.designabetterbusiness.com

CHECKLISTE

- ☐ Du hast ein Team-Ziel definiert.
- ☐ Du hast den Fahrer, Team-Mitglieder und Werte definiert.
- ☐ Du hast Hindernisse und Energiequellen definiert.
- ☐ Alle haben die Team-Satzung unterschrieben.

NÄCHSTE SCHRITTE

> Beginne mit dem Point of View!

NUN HAST DU ...

- **DEIN TEAM** VORBEREITET S. 30
- **DEIN UMFELD** VORBEREITET S. 32
- **DEINE TEAM-SATZUNG** ERSTELLT S. 42

NÄCHSTE SCHRITTE

- **ENTWICKLE DEN POINT OF VIEW** S. 46
  Er wird dir helfen, deine Design Journey anzugehen.
- **GESTALTE EINE VISION** S. 58
  Fomuliere eine verfolgbare Vision mit deinem Team.
- **SETZE DESIGN-KRITERIEN EIN** S. 68
  Welche Prinzipien und Benchmarks gibt es für die Veränderung, die du verfolgst?

WIEDERHOLUNG

FLIEGE NICHT ALLEINE. **DAS EINSAME GENIE IST TOT.**

BEREITE DICH VOR. RICHTE DICH FÜR DEN **ERFOLG** EIN.

BAUE EIN MULTIDISZIPLINÄRES TEAM AUF. DIVERSITÄT IST DER SCHLÜSSEL.

FINDE EINE FÜHRUNGSKRAFT ALS SPONSOR. BAUE BOTSCHAFTER AUF.

ARBEITE VISUELL. DEIN GEIST WIRD ES DIR DANKEN.

LENKE DIE ENERGIE.

LASS UNS LOSLEGEN!

«

POINT

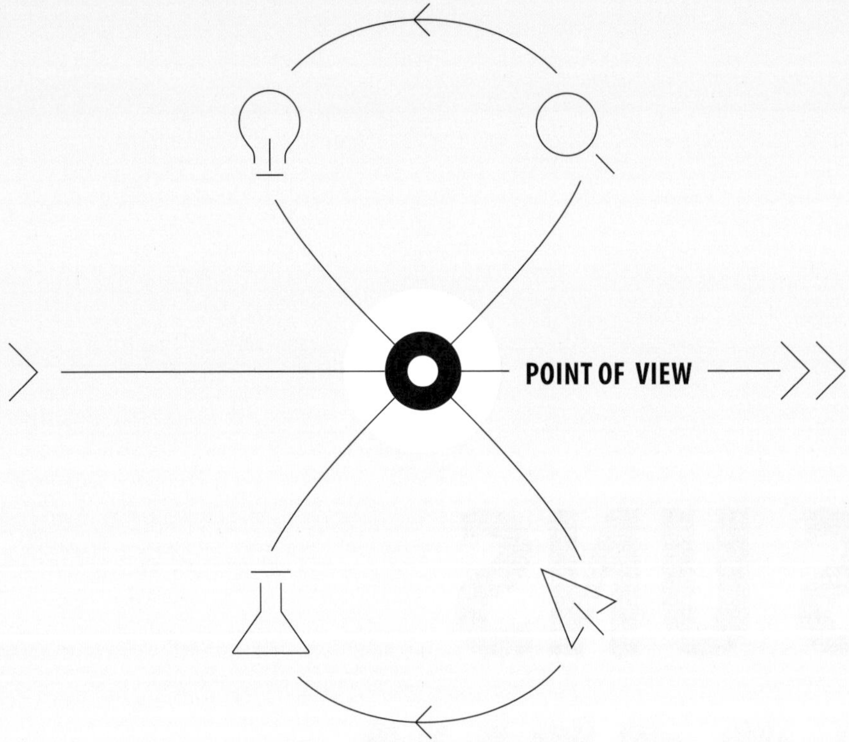

DIE DESIGN JOURNEY **POINT OF VIEW**

SEI EIN **REBELL**

ENTWICKLE **DEINE VISION**

GESTALTE **DEINE STORY**

SCHAFFE **DESIGN-KRITERIEN**

DEIN **POINT OF VIEW**

Jede Design Journey hat einen Anfang. Vielleicht ist es ein neues Unternehmen, das ein nachhaltiges (profitables) Geschäftsmodell entwickeln möchte. Oder ein bestehendes Unternehmen, das nach neuen Möglichkeiten sucht, um zu wachsen und wettbewerbsfähig zu bleiben. In jedem Fall wird die Reise mit einem Point of View beginnen.

Ob es um einen Markt, einen Kunden, ein Produkt, eine Dienstleistung oder um einen Wettbewerber geht: Wir alle haben einen Point of View. Er steht im Zentrum der Design Journey und ist somit sehr wertvoll. Er liefert den Lackmustest für das, was Wirklichkeit ist, und für das, was nur eine Vorstellung ist. Als Designer bist du für die aktive Gestaltung deines Point of View verantwortlich, basierend auf dem, was du auf dem Weg gelernt hast.

DER ERSTE SCHRITT IST AM SCHWIERIGSTEN

Eine neue Geschäftsidee aus dem Nichts zu entwickeln scheint wie eine gewaltige Aufgabe. Wenn du ein Start-up führst, dann trägst du die Hoffnung in deinem Herzen, dass dein Unternehmen eine richtig große Sache wird. Du arbeitest hart daran, ein Produkt zu entwickeln und es zu verkaufen – oft ist es aber so, dass, je härter du arbeitest, deine Träume in die Ferne rücken. Wenn du ein etabliertes Unternehmen bist, dann hast du dieselbe Strategie über viele Jahre verfolgt. Die Gesellschafter genießen die Früchte deiner Arbeit, indem die Anteilspreise und Dividenden steigen, und deine Geschäftsleitung schaut auf vergangenes Wachstum zurück, um die zukünftige Strategie festzulegen. Allerdings können diese vergangenen Erfolge ein Hindernis darstellen, wenn du versuchst, das Unternehmen in eine neue Richtung zu steuern. Um den Wandel zu gestalten, musst du mit deinem Point of View beginnen, auch wenn es zunächst chancenlos erscheint. Vielleicht denkst du: „Aber das ist ja nur mein Point of View! Welche Veränderungen kann ich schon auf Basis von dem, was ich denke, bewirken?!" Da liegst du nicht falsch – oder bist nicht die erste Person, die so denkt. Wenn du aber deinen Point of View mit speziellen Werkzeugen, Fähigkeiten und einem bestimmten Mindset kombinierst, dann kannst du sehr wohl die Veränderung bewirken, nach der du suchst.

Um einen starken Point of View zu nutzen und ein Better Business zu gestalten, lies: *Zero to One* von Peter Thiel

SEI EIN REBELL

Wenn du jemanden beeinflussen möchtest, insbesondere jemanden, den du in deinem Team benötigst, um deinen Point of View in eine erfolgreiche Strategie zu verwandeln, dann klingt es zunächst unlogisch zu sagen, dass du ein Rebell sein sollst. Es sind aber genau der Rebell und sein Point of View, die den Wandel ermöglichen. Ein Rebell zu sein heißt nicht, gegen alles zu sein, wofür dein Unternehmen oder die Geschäftsführung stehen. Ein Rebell zu sein heißt vielmehr, mit einem starken Point of View die Zukunft anzugehen. Du musst das Etablierte nicht über Bord werfen – du musst es infrage stellen und die großen Ideen aufgreifen, von denen du denkst, dass sie sich lohnen.

LASS DEINE VISION DEINE ROADMAP SEIN

Ein starker Point of View wird dein Verstärker für den Wandel sein. Deine Vision für die Zukunft dient dir als Roadmap für den Wandel, nach dem du suchst. Menschen diskutieren ihren Point of View. Visionen geben die Richtung vor. Unsere Definition von „Vision" unterscheidet sich von dem, was du in anderen Büchern oder Artikeln findest. Sie ist nicht nur eine Aussage: Sie ist eine Parole. Das Konzept der Vision ist allumfassend; sie beinhaltet alle unterstützenden Faktoren, die die Vision real werden lassen, die Schritte, die notwendig sind, und die Herausforderungen und Möglichkeiten, denen du auf deinem Weg zu Erreichung deiner Vision begegnen wirst. Um deine Vision greifbar und nutzbar zu machen, stellt dieses Kapitel Kreativwerkzeuge vor, die du mit deinem Team einsetzen kannst – und sollst.

GESTALTE DEINE STORY

Wenn du die Räume der Geschäftsführung, an einem Strategiemeeting, oder einem Risikokapital-Pitch teilnimmst, was wirst du sagen? Wie wirst du die Menschen mit deinem Point of View beeinflussen oder wenigstens davon überzeugen, deine Vision mit dir zu teilen? Hier machen Stories den großen Unterschied. Hast du jemals beobachtet, wie die besten Speaker, sei es auf einem TED-Talk oder auf einer Konferenz, Anekdoten und Stories einsetzen, um Dinge mitzuteilen? Speaker mit einem angeborenen Talent machen dies vielleicht instinktiv. Jeder andere muss darüber nachdenken, welche Geschichte er wie, wem und wann erzählt. Um zu punkten und den Zuschlag zu erhalten musst du deinen Point of View ableiten. Mit anderen Worten: Du musst deine Story gestalten. Aber keine Sorge. Genau so, wie wir dir Werkzeuge an die Hand geben, um deine Vision zu entwickeln, stellen wir dir großartige Werkzeuge zur Verfügung, um deine Story zu gestalten.

DESIGN-KRITERIEN

Deine Vision zeigt einen Zukunftszustand auf. Es ist aber nicht nur irgendein Zukunftszustand. Die Veränderungen, die du auf deiner Design Journey durchführen möchtest, müssen eine Reihe von Kriterien erfüllen. Kriterien, die etwas darüber aussagen, was du tun musst, kannst, sollst oder auf keinen Fall tun wirst, während du zukünftige Optionen untersuchst und bewertest. Das sind Design-Kriterien. Sie liefern dir eine Basis und eine klare Begrenzung, um deine Entscheidungen auf dem Weg zu lenken. Deine Design-Kriterien werden von deiner Vision und von deinem organisatorischen Umfeld beeinflusst. Ähnlich werden die Optionen, die du untersuchst, von den Design-Kriterien beeinflusst. ■

5 Bold Steps Vision® Canvas, Seite 58 (in diesem Kapitel)

Design Criteria Canvas, Seite 68 (in diesem Kapitel)

Cover Story Vision® Canvas, Seite 64 (in diesem Kapitel)

Storytelling Canvas, Seite 74 (in diesem Kapitel)

RISKIERE ETWAS

Jeder hat einen Point of View, aber nur wenige riskieren etwas. Sie denken, nicht die richtige Person zu sein, da darüber nichts in ihrer Stellenbeschreibung steht. Laut meiner Stellenbeschreibung bin ich der Finanzvorstand. Dennoch habe ich mich dazu entschlossen, meine Komfortzone zu verlassen – der einzige Weg, um etwas zu verändern.

WIR WAREN HUNGRIG NACH EINER VISION

Unsere Organisation hatte in der Vergangenheit schwierige Zeiten. Das konnte man in der Dynamik der Organisation spüren. Die Finanzkrise hat ihren Tribut gefordert, und ein Zusammenschluss von zwei Unternehmen (BNP Paribas und Fortis Bank) hat eine kulturelle Trennung geschaffen. Ich habe gemerkt, dass unsere Diskussionen zu sehr auf das fokussiert waren, was in der Vergangenheit passiert ist. Die Menschen haben die Identität unseres Unternehmens infrage gestellt. Natürlich stimmte ich mit meinen Kollegen überein, doch selbst diese Unterhaltungen waren sehr schwer und sogar spaltend.

TIPP 1

BLEIBE DIR TREU. NUR DANN KANNST DU DAS AUCH VON ANDEREN ERWARTEN!

Ähnlich einem großen Schiff, das vorwärts segelt, denken wir oft, dass wir nicht genügend Zeit zur Selbstreflektion haben. Aber ich merkte, dass ich einen Schritt zurückmachen musste, um unsere Situation beschreiben und weitermachen zu können. Das heißt nicht, Probleme unter den Teppich zu kehren – wir mussten darüber sprechen und daraus lernen. Und wir mussten nach vorne schauen und uns bewegen.

GESTALTE DIE ZUKUNFT NEU

Trotz aller Ängste, Unsicherheiten und Zweifel merkte ich, dass es an der Zeit war, den Fokus neu auszurichten. Obwohl das als Finanzvorstand nicht zwingend meine Rolle war, entschied ich mich, es zu riskieren. Tatsächlich denke ich, dass jeder in unserer Organisation etwas riskieren und eine Reihe neuer und umfassender Verantwortlichkeiten übernehmen sollte. Als Finanzvorstand war ich jedoch etwas perplex: Wie könnte ich mich auf die Zukunft und nicht nur auf Prognosen konzentrieren? Wie würde die Zukunft aussehen? Welche Veränderungen treten in unserer Welt (der Bankenwelt) ein? In einer Sache war ich mir sicher: Zahlen würden uns nicht die Geschichte erzählen, die wir benötigten. Zahlen bringen

TIPP 2

SEI DU SELBST: VERHALTE DICH IN DEINEM JOB SO, WIE DU DICH AUCH PRIVAT VERHÄLTST.

Menschen nicht dazu, an unsere Zukunft zu glauben. Mir wurde klar, dass unsere Zukunft nicht von den Zahlen, sondern von unserer Story abhängt. Und um die neu zu schreiben, benötigte ich nicht nur zahlengetriebene Intelligenz, sondern auch emotionale Intelligenz. Ich musste Menschen dazu bringen, ihre negativen Emotionen beiseitezulegen und unsere Zukunft auf Basis von positiven Emotionen aufzubauen. Wir mussten daran denken, wo wir herkamen, was wir wurden, wer wir sind und was in unserer DNA enthalten ist.

SCHREITE VORAN

Ich war derjenige, der voranschritt. Das war außergewöhnlich, wenn man bedenkt, dass ich die Rolle des Finanzvorstandes innehatte. Ich war ein Zahlenmensch. Zum ersten Mal während meiner Karriere riskierte ich etwas. Ich hatte für viele Jahre Führungspositionen inne. Aber diese Bank ist in meiner DNA, und ich wollte eine nachhaltige Zukunft gestalten.
Ich denke, dass Menschen aus ihrer Komfortzone treten »

POINT OF VIEW » FÄHIGKEIT » **RISKIERE ETWAS**

ICH BIN MEINES GLÜCKES SCHMIED

Ich habe nie daran gedacht, der Gastgeber unserer externen Managementveranstaltung zu sein. Aber da stand ich nun, schwarz gekleidet, auf einer 360-Grad-Bühne, um meine Kollegen vorzustellen, die ihre Vision Stories einem inspirierten Publikum vorstellten. Das war eine Vision, die von uns gestaltet und erzählt wurde. Kein langweiliger Strategieplan, der von Beratern erstellt wurde. Wir haben diese Erfahrung ermögicht, um 250 weitere Kollegen zu begeistern und zu beteiligen. Unsere Bank hat so etwas noch nie getan. Wir ermutigten Menschen, einen Schritt in die Zukunft zu gehen. Musik und Szenen des Films *Invictus* haben unsere Vision unterstützt, Menschen zu ermutigen, ihres Glückes und ihrer Zukunft Schmied zu sein. Es war eine aufregende Reise, und viele haben sich daran beteiligt, das Unerforschte zu untersuchen. Es war nicht einfach. Aber der Plan ging auf. Ich tat das, was ich sagte. Ich bin meines Glückes und meiner Zukunft Schmied.

Emmanuel Buttin
Finanzvorstand,
BNP Paribas

TIPP 3

WACHSE JEDEN TAG ÜBER DICH HINAUS. NUR DANN VERPFLICHTEN WIR UNS, ZU WACHSEN.

und etwas riskieren müssen; gleichzeitig sollte man sich dabei aber wohlfühlen. Das heißt nicht, dass du beim ersten Mal, wenn du etwas riskierst, nicht aufgeregt sein wirst. Ich war es. Aufgeregt zu sein bringt dich dazu, offener gegenüber einem neuen Umfeld zu empfinden. Du wirst wachsam für äußere Einflüsse. Und dort findest du deine Vision, so wie ich sie gefunden habe.

KEINE AHNUNG, WIE ES GEHT

Während ich im operativen Geschäft tätig war, hatte ich keine Ahnung, wie ich unseren Blick auf die nahe Zukunft lenken konnte. Keiner in unserem Team wusste das. Ich merkte aber, dass wir nach dem ersten Schritt wissen würden, wie wir fortfahren werden. In diesem Moment realisierte ich, dass ich eine Bewegung lostreten würde. Die Menschen, die dazukamen, waren voller Energie; Energie, die wir für die weiteren Schritte benötigen würden. Und so schlossen sich uns noch mehr Menschen an. Wir hatten keinen klaren Weg vor uns, als wir die ersten Schritte gingen, waren aber voller Optimismus, unseren eigenen Weg zu gehen. Mir war klar, dass die meisten Menschen in großen Organisationen wie unserer, Schwierigkeiten hätten, sich unserer Bewegung anzuschließen. Es ist nicht so, dass sie nicht wollen. Es ist einfach so, dass es meistens bequemer ist, die bestehende Strategie umzusetzen und vorhandene Informationen zu nutzen. Das ist das, was wir auch in der Schule lernen. Aber veraltete Informationen einzusetzen, um eine veraltete Strategie umzusetzen, ist eine schreckliche Ausrede dafür, sich nicht vorwärts zu bewegen. Sämtliche Informationen dieser Welt zu haben ist keine Erfolgsgarantie, wenn sie veraltet sind. Natürlich kannst du eine dritte Partei engagieren, um eine Vision und Strategie für dich zu entwickeln. Doch dann wirst du nicht in der Verantwortung stehen, diese auch erfolgreich umzusetzen.

ARBEITET ZUSAMMEN

Als ich voranging, schlossen sich mir andere Menschen an, um mich bei der Gestaltung unserer Zukunft zu unterstützen. Während der ersten gemeinsamen Schritte merkte ich, dass die interessantesten Ideen dadurch zustande kamen, dass Menschen aus unterschiedlichen Abteilungen mit ihren Ideen zusammenfanden. Wir wollten etwas anderes schaffen als das, was wir bislang geschaffen haben. Dabei wollten wir nicht einfach unsere Ideen aufschreiben, nur damit sie in wenigen Tagen in Vergessenheit gerieten. Um unsere Vision zu leben, mussten wir sie gemeinsam entwickeln und nicht auf den Vorstand warten. Wir wollten Menschen aus allen Hierarchieebenen dabei haben, um unsere Geschichte zu schreiben und sie zu erzählen.

WIE MAN EINE VISION MIT 250 MENSCHEN ENTWICKELT

Wir begannen, unseren Weg mit unterschiedlichen Menschen aus der Organisation zu ebnen, die zudem verschiedene Verantwortlichkeiten hatten. Wir sammelten Informationen, sprachen mit Kunden und fassten unsere Geschichten auf einer Landkarte zusammen. Das fühlte sich für mich nach dem Startpunkt für eine starke Vision an.

In diesem Jahr veranstalteten wir eine „Zwei-Tages-Management-Universität“: eine gute Gelegenheit, um unsere gesammelten Geschichten zu präsentieren. Das war keine kleine Veranstaltung. Die Management-Universität brachte 250 Menschen aus der ganzen Organisation und Welt zusammen, um über die Zukunft der Bank zu sprechen. Ich dachte, dass dies die richtige Zeit sei um die Vision, die ich und mein 35-köpfiges Kernteam im letzten Jahr entwickelt haben, vorzustellen und zu validieren. Wir alle riskierten etwas, um höhere Ziele zu erreichen. Jedes Mitglied unserer Bewegung musste einen Teil unserer Geschichte den anderen 250 Menschen im Publikum erzählen. Um es noch aufregender zu gestalten, setzten wir keine normale Bühne ein. Wir entschieden uns für eine 360-Grad-Bühne mit den Präsentatoren in der Mitte – im Herzen der Diskussion. Wir verwendeten auch keine Folien, sondern hielten Keynotes im Stile von TED-Talks, um unsere Teams zu inspirieren.

AUFGABE: WER SIND WIR ALS BANK?

Die Geschichte unserer Vision kam gut an. Um aber alle zu integrieren, starteten wir den Tag mit einer gemeinsamen Aufgabe und der Frage: „Wer sind wir als Bank?“ Wir setzten Scheren, Bilder von Autoteilen, Stifte und Klebeband ein, um die Bank zu gestalten, die wir derzeit waren. Die Aufgabe muss sehr ungewöhnlich für viele Beteiligte gewesen sein; dennoch waren wir überrascht, mit welcher Bereitschaft die Menschen die Werkzeuge einsetzten, um ein Auto zu gestalten – es dauerte rund 20 Minuten. Wir hatten Spaß und teilten Geschichten zu der DNA unseres Unternehmens. Jeder war stolz darauf, diesen Schritt gewagt zu haben.

NACHHALTIGE WIRKUNG FÜR DIE BANK

Die Bank und die Führungsmannschaft haben viel gelernt. Ich hatte das Gefühl, dass wir den ersten großen Schritt getan haben, um auf eine neue Weise zu arbeiten. Diese neue Arbeitsweise basiert auf Vertrauen in andere, um das Unternehmen in die richtige Richtung zu steuern. Dabei werden keine Berater eingesetzt. Wir packten selbst mit an und fanden neue Talente, die etwas wagten und andere inspirierten. Wir wissen nun, dass wir anders denken und arbeiten können. ■

Beispiel einer Vorlage, die die Teams entworfen haben, um ihr Bild unserer Bank mit der Auto-Metapher darzustellen.

STORIES DES **POINT OF VIEW**

GREIFBARE STRATEGIE

Es gab einen „Homer-Simpson-D'oh-Moment", bei dem wir alle merkten, dass vieles von dem, was wir taten, vollkommen perfektionistisch war. Die 5 Bold Steps waren dagegen ein wirklich einfacher Weg, um greifbare Folgeschritte aufzunehmen, die sowohl mutig als auch überzeugend waren. Statt einer abstrakten Strategie waren wir alle willig, diese Schritte zu gehen!

// Vicky Seeley – COO – Sheppard Moskau LLC

Bleibe deiner Vision treu – verändere nichts, nur um anderen zu gefallen.

// Sue Black, Universität Dundee

Siemens Healthcare, Türkei

Als Vertriebs- und Marketing-Vorstand von Siemens Healthcare, Türkei, diskutierte ich unsere Vision und Geschäftsstrategie nach einer Zeit der Restrukturierung und Repositionierung. Alle Diskussionen über unser Geschäftsmodell bezogen sich auf unsere Vision. Das 5 Bold Steps Vision® Canvas wurde zu einer Quelle für die meisten Aktivitäten, auf die wir uns einigten.

// Enis Sonemel – Siemens Healthcare, Türkei – Landesvertreter, Diagnostische Bildgebung

Eine verknüpfte Vision

SallyAnn Kelly kam als CEO mit einem klaren Auftrag zum Aberlour Childcare Trust: die Implementierung einer Strategie. Als sie sich darum bemühte, einen wirklichen Wandel einzuleiten, wurde ihr klar, dass sie die gesamte Organisation mobilisieren müsste.

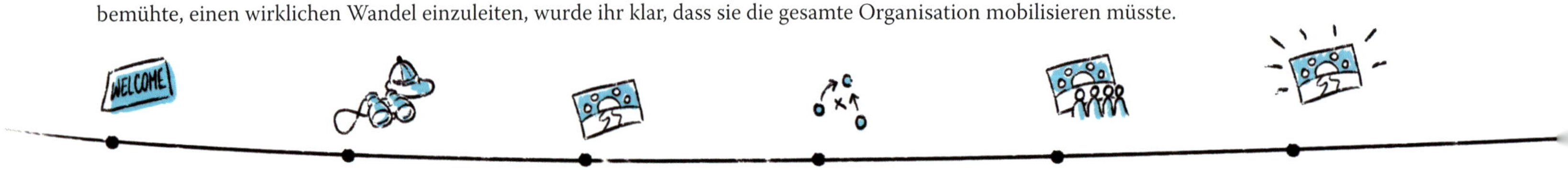

Juni 2014: SallyAnn Kelly übernimmt die Führung und findet den Bedarf für eine klare Ausrichtung der Organisation vor.

Juli-Aug. 2014: SallyAnn geht durch die Organisation, um einen Point of View zu entwickeln.

Dez. 2014: 5 Bold Steps Vision und Strategie-Arbeit mit dem Vorstand.

Jan. 2015: Verknüpfung der 5 Bold Steps, um die Strategie zu entwerfen und dem Vorstand zu präsentieren.

Jan.-Feb. 2015: Gespräche mit > 300 Mitarbeitern (13%), um Feedback einzuholen und Praktikabilität sicherzustellen.

Feb. 2015: Integration von Änderungen im finalen Entwurf der Strategie & Konzernplan für das 1. Jahr der 3-Jahres-Strategie.

Mindpearl

Bei Mindpearl mussten wir die Art und Weise, wie wir uns vermarkteten und über uns sprachen, verändern. Unsere Sprache wurde zu komplex und zu distanziert. Wir entwickelten eine klare Vision auf Basis unserer Herkunft. Unsere Mitarbeiter können sich nun mit unserer globalen Identität verknüpfen. Wir richteten unsere Maßnahmen und unsere Geschichte neu aus.

// Karin Dale, Geschäftsführerin, Mindpearl

Nun kann ich meine Strategie auf einer Seite präsentieren!

// Craig Mohan, Geschäftsführer, Markt-Technologie und Datendienste, CME Gruppe Chicago

KUGELSICHERE VISION

Während wir an der Titelstory arbeiteten, hatte das Team eines Produzenten von Aramidfasern (die Ballistik-Einheit) die Idee für folgende Story: „Obama kauft seiner Frau ein kugelsicheres Dolce & Gabbana-Kleid zu Weihnachten". Das gesamte Team lachte. Niemand verstand, was dies zu bedeuten hatte. Als wir uns aber besannen, verstanden wir, dass es um modische und kugelsichere Kleidung ging. Keine hässlichen Jacken und Westen. Bei reichen und berühmten Menschen in bestimmten Ländern gibt es einen Bedarf dafür.

EINE VISION JE ABTEILUNG

Unsere Abteilungen für Orthopädie, Dermatologie, Onkologie sowie Mutter und Kind nahmen sich der Verantwortung an, eine separate Vision zu erstellen. Wir lernten schnell, dass es interessanter, produktiver und besser war, einen Design-Prozess einzusetzen. Bei der Vision geht es um Orientierung. Es war für uns wichtig, eine Vision zu entwickeln und dabei den Kunden im Hinterkopf zu haben.
Dies war ein großer Schritt für unsere Klinik; zuvor hatten wir eine Sichtweise, die Expertise und exzellente Behandlungen berücksichtigte, weniger eine kundenzentrierte Perspektive. Nachdem wir unsere neue Vision entwickelt hatten, wollten wir diese nach innen und außen kommunizieren. Dabei setzten wir Bilder ein, um einen Schritt in Richtung einer klaren Story zu gehen.

// Frits van Merode, Mitglied der Geschäftsleitung, Medizinisches Zentrum der Universität Maastricht

DEINE VISION DER ZUKUNFT

Das Erste, was Menschen tun, wenn sie das Wort „Vision“ im Unternehmenskontext hören, ist, zu gähnen. Das liegt daran, dass die meisten Visionen vage formuliert, unklar und nicht begeisternd sind. Gut gestaltete Visionen sollten Schlagworte enthalten, die zu Handlungen, Invention und Innovation anregen.

VISION ALS DEIN KOMPASS

Wenn du deinen Point of View mit Blick auf die Zukunft formuliert hast, dann ist es die Vision, die dich und dein Team leitet. Eine klare Vision schafft Fokus und liefert dir einen Ankerpunkt, um mutige strategische Entscheidungen zu treffen. Sie regt die Suche nach neuen Geschäftsmodellen an. Eine klare und überzeugende Vision gibt dir eine Richtung für alles vor, was du und deine Kollegen tun. Stellt euch jeden Tag diese Frage: Tragen diese Maßnahme, dieses Experiment, dieses Projekt dazu bei, unsere Vision zu verwirklichen? Wenn die Antwort nein ist, dann verschwende dafür keine Zeit, keine Energie und kein Geld. Eine Vision ist ein Kompass, der sicherstellt, dass dein Team an Dingen arbeitet, die für Kunden und andere Interessensgruppen relevant sind. Sie wird Menschen inspirieren, einnehmen und aktivieren, damit sie eine bessere Arbeit machen.

EINE VISION IST KEIN VISION STATEMENT

Eine Vision ist die Überschrift für eine viel stärkere Story über deine Zukunft. Es ist der Ankerpunkt für eine große Geschichte. Während ein Vision Statement eine Beschreibung dessen ist, was dein Team (oder deine Organisation) mittel- oder langfristig erreichen oder fertigstellen möchte. Damit es nützlich ist, muss ein Vision Statement nicht nur aufzeigen, wo du wann hin möchtest, sondern auch, wie du dort hinkommst.

EINE VISION JENSEITS VON VISION STATEMENTS!

Der erste Schritt bei der Gestaltung einer Vision ist, über das Vision Statement hinauszudenken. Ja, die Vision soll sich am Vision Statement ausrichten, den zugrunde liegenden Themen und Beispielen, bei denen die Vision auftaucht. Wenn die Vision eine Parole für die Zukunft ist, dann muss sie von der gesamten Organisation gestaltet oder wenigstens verkörpert werden. Die Vision, die du mit deinem Unternehmen (oder deinem Team) entwickelst, muss die Hauptziele und die wichtigsten Maßnahmen skizzieren; ebenso werden die Bestandteile und Werte deines Unternehmens aufgelistet, die zur Erfüllung deiner Vision beitragen. Dies wird die vielen Teams deines Unternehmens dazu bringen, Strategien zu entwickeln, die dazu dienen, die genannten Ziele deiner Vision zu erreichen. Mit einer einzigen verbindenden Vision sind alle Mitarbeiter auf demselben Stand und gehen in dieselbe Richtung.

DREI PUNKTE FÜR EINE PRAKTIKABLE VISION

Eine praktikable und inspirierende Vision für jede Organisation sollte drei Hauptcharakteristika beinhalten: Wo das Unternehmen in naher Zukunft sein möchte (2–5 Jahre); eine Parole, die zur Inspiration und Begeisterung beiträgt; und die Detaillierung der Bold Steps (mutige Schritte), durch die die Vision erreicht wird.

WO SOLLEN WIR BEGINNEN?

Um eine Vision zu einer Parole zu formen, solltest du ein Team zusammenbringen und es dazu ermutigen, die Zukunft zu gestalten. Es geht um die Verbindung von Energie, Spaß, Kreativität und Zielen. Habe am Anfang große Träume. Kümmere dich nicht um dein Tagesgeschäft. Brainstorme mit deinem Team, um darzustellen, wo ihr euch mittel- bzw. langfristig seht. Frage dich, welche Probleme dein Team (oder deine Organisation) in Zukunft lösen möchte. Was möchtest du erreichen? Wer ist dein Zielkunde, und was möchtest du für ihn tun? Wie wird dein zukünftiges Geschäftsmodell aussehen?

WAS UNTERSTÜTZT UNSERE VISION?

Wenn du mit deinem Team beginnst, Ideen für eure Zukunft zu entwickeln, müsst ihr auch die wichtigen Aspekte eurer Organisation, eure Strategie und den weiteren Kontext erfassen. Der Schlüssel ist, dass ihr alle Stützen eurer Vision festhaltet und euch fragt: „Warum wir? Warum jetzt?" Welche Werte hat deine Organisation und wie wird das deine Vision unterstützen? Welche Teile deiner Organisation und im Kontext stehende Dinge – vielleicht sogar Trends – werden deine Vision tragen? ■

KEINE **SCHLAFLOSEN NÄCHTE**

Aart Roos, Geschäftsführer von Auping, ein niederländisches Bettendesign- und Produktionsunternehmen, entschied sich dazu, die Gestaltung der Unternehmensvision auf eine andere Art vorzunehmen. Anstatt die Vision in der Führungsebene fernab von seinen Kunden zu gestalten, wandte sich Aart seinen Kunden zu, um mit und für sie die Vision von Auping zu gestalten. Kunden sagten: „Schlaf ist für mich das wichtigste Mittel, um mich gesund und fit zu fühlen, um wirklich anwesend zu sein!"

Heute kommuniziert Auping weniger die Produktionsweise ihrer Betten. Auping geht mehr auf das ein, was Kunden bei ihren Betten wichtig ist: ein fitter Tag. Ihr Motto: „Nächte mit Auping, bessere Tage."

Aart J. Roos
Geschäftsführer, Auping

WERKZEUG **5 BOLD STEPS VISION CANVAS®**

Ursprünglich entwickelt von David Sibbet, The Grove Consultants International

PERSÖNLICH
Entwickle deine Vision

± 90 MIN
Schnellkochtopf

3–5
Teilnehmer je Gruppe

Wenn du einen zukunftsorientierten Wandel in deinem Unternehmen gestalten möchtest, dann musst du mehr tun, als langwierige Visionen auf Papier zu verfassen. Du musst zu einer gemeinsamen Vereinbarung kommen, die aussagt, wofür ihr gemeinsam kämpfen wollt und welche Schritte ihr gehen werdet. Das 5 Bold Steps Vision® Canvas ist ein Werkzeug, um deine Teams im Unternehmen zu vereinen.

DIE SCHRITTE

Das Vision Canvas wird dir helfen, gemeinsam die Vision und die notwendigen Schritte (5 Bold Steps), um die Vision zu erreichen, zu bestimmen. Zusätzlich wird dein Team in der Lage sein, klarzustellen, was deine Vision unterstützt und herausfordert. Das Beste ist aber, dass dir das Vision Canvas dabei hilft, Gestaltungskriterien für dein Geschäftsmodell und deine Strategie abzuleiten.

GEMEINSAME ERKLÄRUNG

Ein Vision Statement wird manchmal als Zukunftsbild des Unternehmens genannt. Es ist aber mehr als das. Dein Vision Statement ist deine Inspiration, dein Rahmen für deine strategische Planung. Wenn du dein erstes Vision Statement formulierst, dann drückst du damit deine Träume für dein Unternehmen aus. Dies erinnert dich daran, was ihr gemeinsam erreichen möchtet. Dein Vision Statement gilt vielleicht für dein ganzes Unternehmen oder für eine einzelne Unternehmenseinheit. Ob für die ganze Organisation oder nur einen Teil, es beantwortet die Frage: „Wohin möchten wir?"

KONKRETE RICHTLINIEN

Der wahrscheinlich wichtigste Aspekt eines Vision Canvas ist, dass deine gesamte Vision mit Maßnahmen, Unterstützern, Herausforderungen und Möglichkeiten auf einem Blatt Papier dargelegt ist – nicht in einem Buch! Es ist einfach mit anderen zu teilen und in konkrete Richtlinien für Entscheidungsträger (und Ausführende) zu übersetzen, damit diese ihre Arbeit tun können. Am besten ist aber, dass dir eine Visualisierung der Vision in dieser Form helfen wird, sich herumzusprechen.

AUF DIE PLÄTZE, FERTIG ... LOS!

Ungeachtet, welchen Ansatz du wählst, um deine Vision zu erstellen, musst du die richtigen Menschen involvieren. Dazu gehören Entscheidungsträger und alle anderen! Eine Vision ohne Maßnahmen oder Botschafter, um die Nachricht zu verbreiten, ist so viel wert, wie das Papier, auf dem sie gedruckt ist, egal wie gut sie erarbeitet wurde. ■

WIE DIE THEMEN AUFTAUCHEN
Wie werden die Themen in deinem Unternehmen auftauchen? Wie werden sie konkretisiert? Und wie können sie andere inspirieren?

VISION STATEMENT
Wie sieht unser Unternehmen in Zukunft aus? Wie helfen wir unseren Kunden?

WICHTIGE THEMEN
Was sind die wichtigen Themen, die unsere Vision unterstützen? Beschreibe sie mit 1 bis 2 Wörtern.

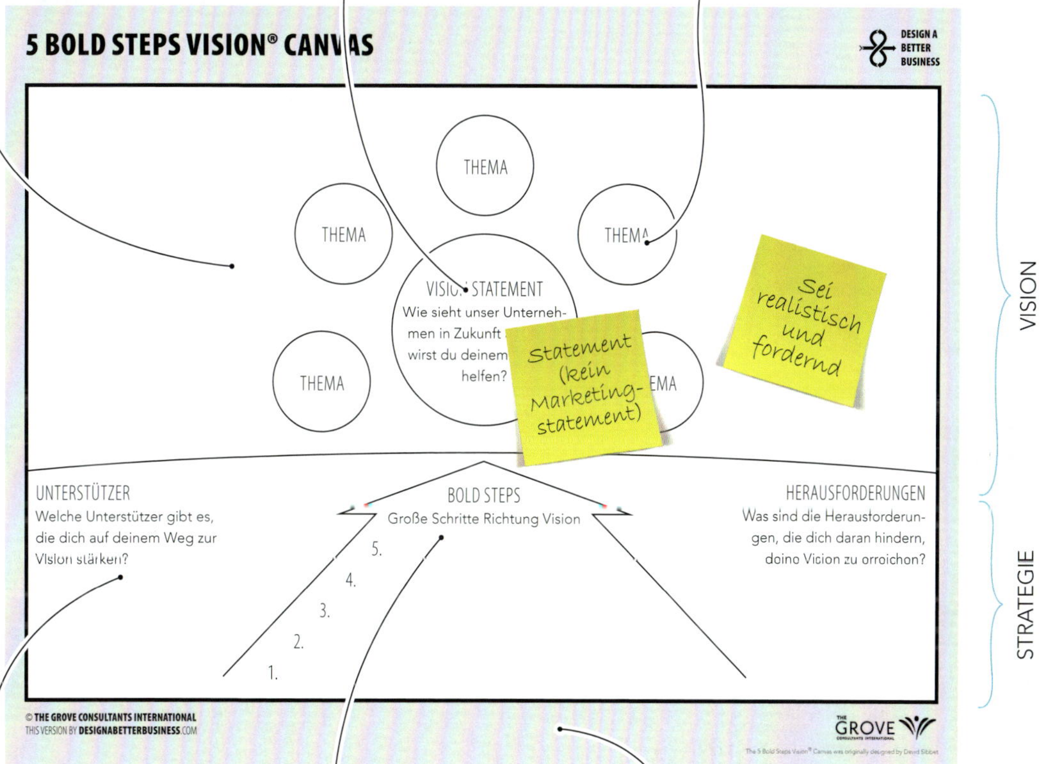

UNTERSTÜTZER UND HERAUSFORDERUNGEN
Was sind die Stützen und Herausforderungen, die uns befähigen bzw. daran hindern, unsere Zukunft zu erreichen?

5 BOLD STEPS
Welches sind die 5 mutigen Schritte, die wir gehen müssen, um unsere Vision zu erreichen?

HAUPTWERTE
Was sind unsere wichtigsten Werte, die die Basis für unsere Vision und Schritte darstellen? Wie können wir diese Werte angleichen?

DOWNLOAD
Lade das 5 Bold Steps Vision® Canvas hier herunter: www.designabetterbusiness.com

CHECKLISTE

- ☐ Du hast fünf Schritte identifiziert, um deine Vision zu erreichen.
- ☐ Dein Vision Statement wird durch eindeutige Themen und realistische Wege unterstützt.
- ☐ Du hast die Gestaltungskriterien für dein Business Model und deine Value Proposition abgeleitet.

NÄCHSTE SCHRITTE

> Prüfe nun, wie diese Vision auf andere wirkt.

CASE **5 BOLD STEPS VISION®** ING BANK

Die ING Bank hatte ein Strategiepapier, um die Vision neu zu entwickeln. Wertvolle Informationen, doch wie übersetzen wir diese in eine greifbare Vision?

Die Teams entschieden sich dazu, die Überschriften der wichtigen Seiten auszuschneiden und diese zu verwenden, um die Themen aufzuführen.

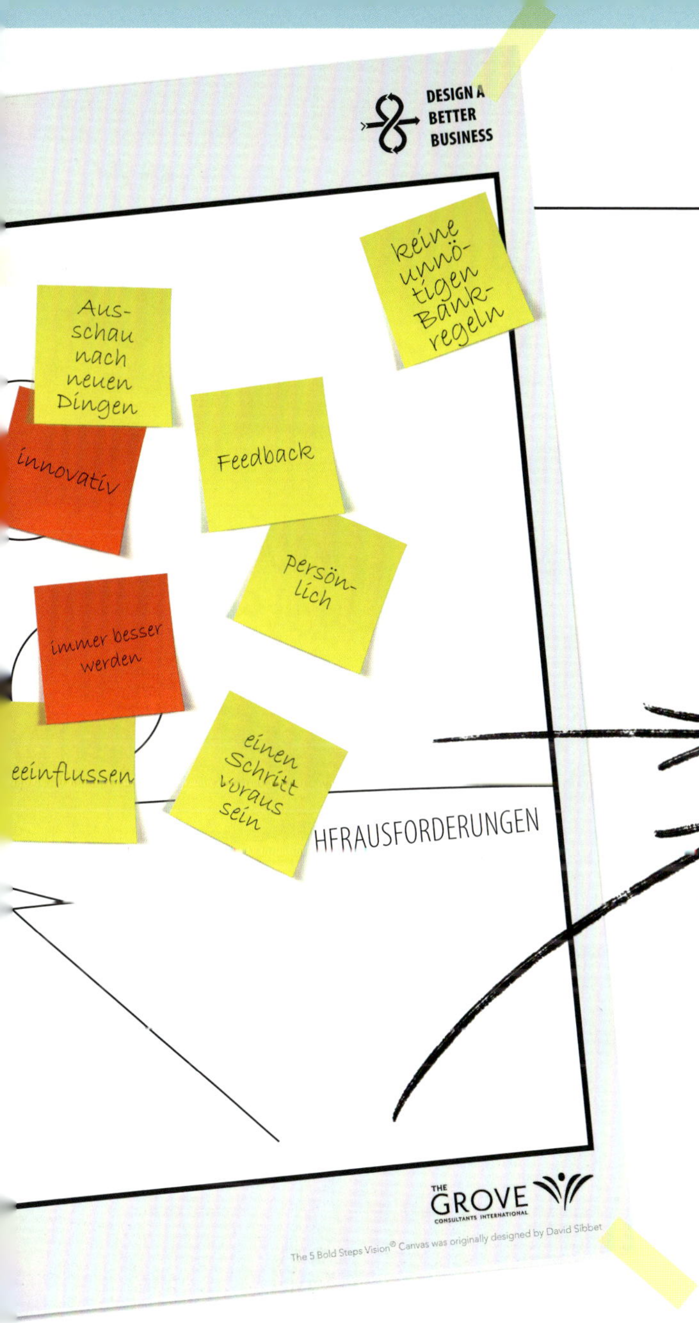

ING verwendete die 5 Bold Steps als Basis für die Kunden-kommunikation

BEISPIEL EINER VISUELLEN **VISION**

Parallel zur Erarbeitung des ersten Entwurfs der Vision wurden während des Meetings Visual Notes erstellt. Sie sind heute gut sichtbar im Büro angebracht, damit jeder inspiriert wird.

EINE VISION **AUF EINER SEITE**

Als der neue Vorstand, Ralph Hamers, in unser Unternehmen kam, waren wir bereit für eine neue, mutige Strategie. Banken fanden sich nach der Finanzkrise in einem neuen Umfeld mit Fintech-Unternehmen als Wettbewerber. Zur selben Zeit machten Kunden digitale Erfahrungen mit Unternehmen wie Amazon und Spotify. Die Kunden erwarteten ähnliche Dinge von Banken. Nach einer gründlichen Analyse der Strategie hatten wir einen Plan mit 250 Seiten. Doch wie können wir ihn so herunterbrechen, damit Mitarbeiter in der ganzen Bank inspiriert werden? Wie können wir sicherstellen, dass jeder das gleiche Verständnis über die Strategie hat? Wir stellten ein Team mit Mitarbeitern der Strategieabteilung, der internen und externen Kommunikation, der Investor Relations und der Personalabteilung zusammen. Mittels des 5 Bold Steps Vision® konnten wir unsere „Strategie auf einer Seite" erstellen und den Zweck sowie die Vision den strategischen Prioritäten zuordnen. Wir hatten eine klare Richtung, und jeder innerhalb der Bank würde die Strategie in gleicher Weise interpretieren und erklären. Diese „Strategie auf einer Seite" leitet uns noch heute.

Dorothy Hill
Direktorin Strategie,
ING Bank

WERKZEUG **COVER STORY VISION**

Ursprünglich entwickelt von David Sibbet, The Grove Consultants International

PERSÖNLICH

Erkunde deine Vision

± 45 MIN

Schnellkochtopf

3–5

Teilnehmer je Gruppe

Wie sieht eine faszinierende Zukunft für dein Unternehmen (und für dich) aus? Wer hat die mutigste Vision? Stelle dir vor, wie du auf dem Cover von Zeitschriften auftauchst. Was wird auf der Straße gesprochen? Eine Cover Story zu erstellen hilft dir dabei, einen Zukunftszustand vorzustellen.

WAS WERDEN SIE ÜBER DICH SCHREIBEN?

Das Cover Story Vision® Canvas fordert dich und dein Team heraus, in die Zukunft zu denken: Wie wird die Welt auf das reagieren, was du erreichen möchtest? Beachte, dass dieses Werkzeug dir (wahrscheinlich) keine schlüsselfertige Vision bereitstellen wird. Aber es wird dich dazu bringen, fernab des sicheren und bekannten Hafens zu denken. Warum sollte es sonst in einem weltweit bekannten Magazin eine Geschichte über dein Unternehmen geben? Dieses Canvas wird dir viele Informationen zur Verfügung stellen, die du verwenden kannst, wenn du deine eigentliche Vision formulierst. Das Vision Canvas ist greifbar und visuell und wird deshalb zahlreiches Feedback hervorrufen.

ZEITSCHRIFT

Zu Beginn kannst du in deinem Team (besser in mehreren Teams) darüber diskutieren, welche Zeitschrift über euch berichten soll, wenn ihr eure Vision erreicht habt. Es ist wichtig, diese Diskussion zu führen, da die Tonalität, die Sprache und Leserschaft der speziellen Zeitschrift einen großen Unterschied ausmachen. Unabhängig davon auf was ihr euch einigt, ihr werdet die Diskussion als lustig und stimulierend empfinden.

ÜBERSCHRIFTEN

Sobald ihr euch über die Zeitschrift einig geworden seid, könnt ihr mit den Überschriften weitermachen. Welches sind die größten und inspirierendsten Überschriften, an die ihr denkt? Wie werdet ihr die Welt (oder wenigstens eure Organisation) mit eurer Idee verändern? Dieser Artikel wird über eure größten Errungenschaften, über die Geschichte und euren Startpunkt berichten. Was sind die Endergebnisse, die Zahlen und Fakten, die die Überschrift untermauern? Halte all das fest. Wie in jedem Zeitschriftenartikel gibt es auch hier einen Interview-Teil. Welche Fragen werden gestellt? Wie werdet ihr antworten? Wie werden die Zweifler in Erscheinung treten? Worüber sprechen die Menschen in sozialen Medien? Nun kommt der lustige Teil! Male deine Geschichte auf. Zeitschriften sind sehr visuell. Gestalte deine Titelstory so ansprechend wie möglich. Wer oder was ist auf dem Titelblatt? Wie wird das den Leser begeistern (z.B. in deinem Team)? ■

Weitere Information zur Titelstory findest du hier: *Visual Meetings* von David Sibbet

TITEL
Gestalte den Titel so, dass er hervorsticht. Beschränke dich nicht auf Klebezettel. Male oder schneide Bilder aus Zeitschriften aus, die du nutzt.

ÜBERSCHRIFTEN
Halte einige ansprechende Überschriften fest. Was würde Menschen dazu animieren, den Artikel zu lesen?

ENDERGEBNIS
Worum geht es im Endeffekt? Was wurde letztlich erreicht?

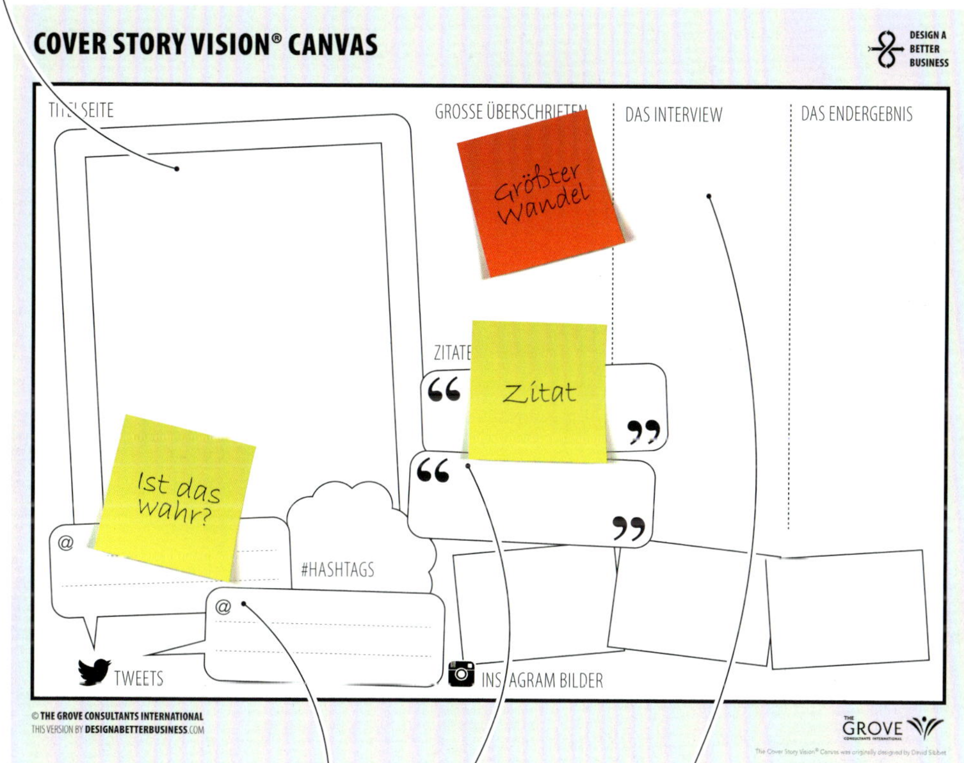

SOCIAL MEDIA
Setze Social Media und Instagram-Bilder ein, um deine Geschichte anzureichern. Was würde getwittert werden?

ZITAT
Halte nicht nur postive Zitate fest, sondern frage dich auch, wie Wettbewerber und Kritiker reagieren würden.

INTERVIEW
Wer erzählt deine Geschichte in dem Interview? Ist es jemand, mit dem du arbeitest? Dein Kunde? Worum geht es in dem Interview?

DOWNLOAD
Lade das Cover Story Vision® Canvas hier herunter: www.designabetterbusiness.com

CHECKLISTE

- ☐ Du hast deine Titelstory mit deinen Kollegen geteilt.
- ☐ Du hast deine Vision mit einem visuellen Cover konkretisiert.
- ☐ Du hast deine Komfortzone (und die deines Unternehmens) verlassen.
- ☐ Du hast eine Vision erstelllt, die in fünf Jahren realisiert werden kann.

NÄCHSTE SCHRITTE

- Konkretisiere deine Titelstory, indem du das 5 Bold Steps Vision® Canvas einsetzt.
- Prüfe, wie diese Vision auf andere wirkt.

VISION HACKS

FRAGE DEN KUNDEN

Betrachte deine Vision von einer frischen Perspektive aus mit neuen Einblicken. Eine Möglichkeit, das zu tun, ist einige deiner Kunden zu fragen, dich bei dem 5 Bold Steps Vision® Canvas zu unterstützen. Was erwarten sie von dir? Du wirst erstaunt sein, wie geehrt sich Kunden fühlen, wenn du sie einlädst, sich Gedanken über deine Zukunft zu machen!

STIMMUNGSBILD FÜR DIE VISION

Sammle viele Zeitschriften und verteile Scheren und Klebestifte an jedes Mitglied deines Teams. Wie würde ein Stimmungsbild (Moodboard) für deine Vision aussehen? Du kannst die Struktur des 5 Bold Steps Vision® Canvas verwenden (Vision Statement in der Mitte, umgeben von Themen, fünf Schritte und Werte im unteren Bereich). Dies gibt dir eine Basis für sehr gute Diskussionen und ein schönes Bild der ersten Schritte in Richtung deiner Zukunftsvision.

ZEITSCHRIFT FÜR DIE VISION (TITELSTORY)

Lasse dein Team an einer Zeitschrift für die Vision arbeiten. Sammle alle Gedanken der Beteiligten. Was ist ihre Vision? Welche Themen kommen auf?

Gestalte eine Titelseite, die deine Zukunft widerspiegelt: den großen Einfluss, den du auf die Welt haben wirst. Veröffentliche und verteile die Zeitschrift in deinem Unternehmen. Das ist die beste Initialzündung (siehe auch die „Cover Story Vision®" auf Seite 64).

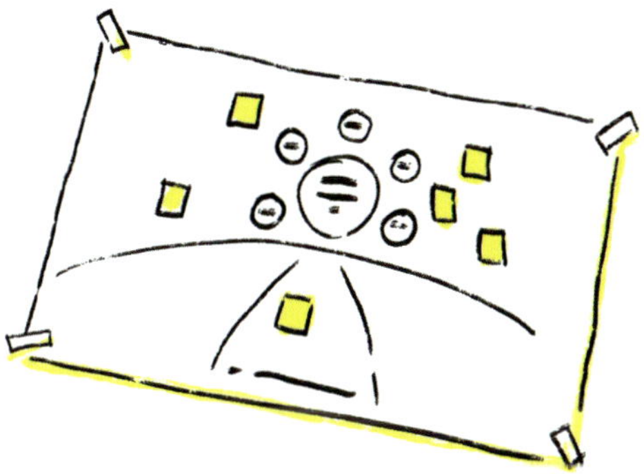

STARTE MIT AUSSAGEN UND THEMEN

Eine andere Möglichkeit, mit dem 5 Bold Steps Vision® Canvas zu arbeiten, ist, mit dem ausgefüllten Vision Statement inkl. der Themen zu beginnen. Der Fokus der Teams kann dabei in eine detaillierte Analyse der Themen gelenkt werden. Jedes Team muss dann die 5 Schritte selbst ableiten. Siehe dazu das Beispiel von der ING Bank auf Seite 60.

STARTE BEI NULL

Eine Möglichkeit zu starten ist, deinen Teams eine leere Vorlage zu geben, um dann zu sehen, welche Ideen sie haben. Kommt zusammen, diskutiert und konsolidiert die Ergebnisse. Das ist eine gute Möglichkeit, zusätzliche Einblicke zu gewinnen und eine bessere Vision zu gestalten.

TEILE DEINE VISION (VISUELL)

Das 5 Bold Steps Vision® Canvas ist eine tolle Vorlage, um eine Story auf der Bühne oder als visuelle Darstellung prägnant zu präsentieren (siehe das Beispiel von ING auf Seite 60).
Der beste Weg, eine Story zu erstellen, ist, mit dem Vision Statement zu beginnen; zeige auf, wie es auf den Themen der Vision aufbaut. Erkläre die Themen. Schließe ab, indem du die Schritte aufzeigst, die notwendig sind, um die Vision zu erreichen.

WERKZEUG **DESIGN-KRITERIEN**

FOKUS
Definiere Kriterien

± 45 MIN
Session

3–5
Teilnehmer je Gruppe

Ob du eine neue Value Proposition, ein Geschäftsmodell oder eine ganze Strategie entwickelst, Design-Kriterien stellen die Orientierung für die Prinzipien und Benchmarks des Wandels dar, den du verfolgst. Sie werden nicht einfach so formuliert. Vielmehr beinhalten Design-Kriterien Informationen deines Unternehmens, deiner Vision, deiner Kunden, deiner Kultur, deines wirtschaftlichen Hintergrunds und deines Mindsets, das sich aus der Vergangenheit entwickelt hat.

WAS SIND DIE DESIGN-KRITERIEN?

Denke bei den Kriterien nicht an simple Eigenschaften deiner Idee. Sie können und sollen mehr als das sein. Ein Design-Kriterium, das auf einer Vision basiert, könnte sein, dass dein Unternehmen zu einem grüneren Planeten beitragen soll. Ein anderes Design-Kriterium könnte sein, dass deine Kunden begeistert sind. Oder muss deine neue Geschäftsidee einen bestimmten Umsatz innerhalb der nächsten drei Jahre erzielen? Kurz gesagt: Design-Kriterien dienen dazu, leicht festzustellen, ob du auf dem richtigen Weg bist.

ERSTELLUNG DER DESIGN-KRITERIEN

Die Design-Kriterien, die du festhältst, werden sehr wahrscheinlich auf der Vision basieren, die du mit deinem Team formuliert hast. Du wirst feststellen, dass einige Elemente der Vision so wichtig sind, dass sie nicht verhandelbar sind. Das bedeutet auch, dass andere Elemente etwas flexibler sind. Um die wichtigsten Elemente deiner Vision zu identifizieren, kannst du die „MoSCoW"-Methode einsetzen. Kategorisiere jedes Element mit „Must", „Should", „Could" oder „Won't". Das dient der Priorisierung.

Nun folgt der einfache Teil: Ordne alle nicht-verhandelbaren Elemente in die „Muss-Kategorie" deiner Design-Kriterien und den Rest in die „Sollte-Kategorie" (wenn diese wichtig sind) oder in die „Könnte-Kategorie"(wenn diese wünschenswert sind). Deine Vision macht nur einen Teil der Story aus, wenn es darum geht, deine Design-Kriterien festzulegen. Andere Elemente können Umsatz, deine Marktposition, den Einfluss, den du ausübst, oder die öffentliche Wahrnehmung deines Unternehmens sein. Sobald du diese Liste erstellt hast, kannst du wieder eine Zuordnung zu den genannten Kategorien vornehmen. Wenn du mit dieser Aufgabe begonnen hast, wirst du vielleicht merken, dass du deine Vision anpassen musst. Dies wird dich vielleicht dazu anregen, eine neue Richtung einzuschlagen. Sollte das der Fall sein, dann passe die Design-Kriterien an, damit diese zu deiner neuen Richtung passen. Wenn du fortfährst, um deinen Point of View weiterzuentwickeln, musst du vielleicht deine Design-Kriterien ergänzen oder aktualisieren. ■

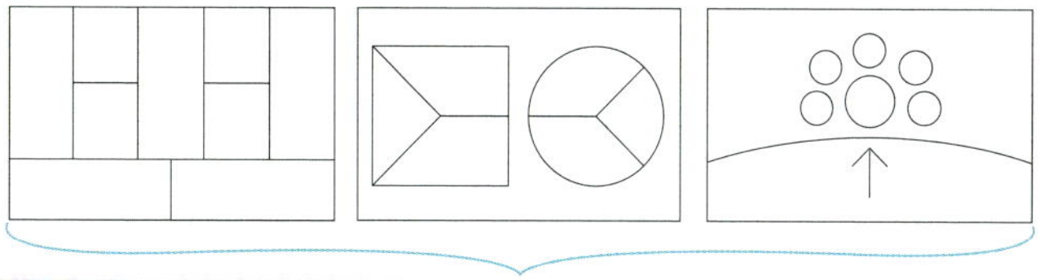

Nutze Erkenntnisse aus dem Business Model Canvas, VP Canvas und Vision Canvas als Input für die Design-Kriterien.

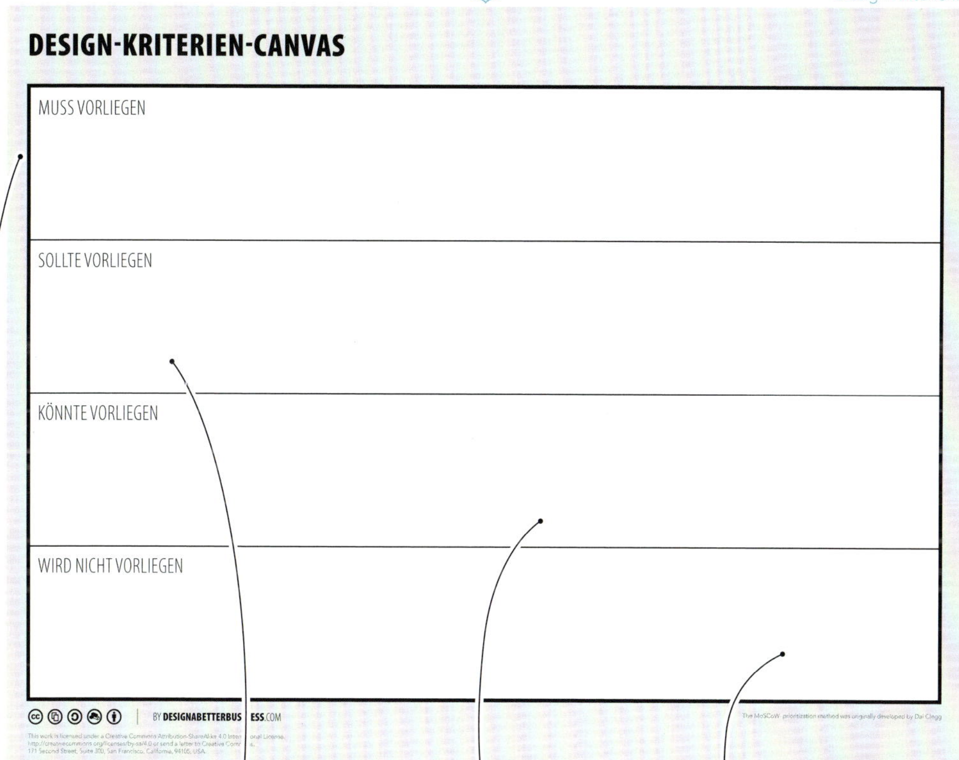

MUSS VORLIEGEN
Nicht verhandelbare Elemente, die du nicht weglassen kannst

SOLLTE VORLIEGEN
Unwesentliche Kriterien, die du gerne hättest

KÖNNTE VORLIEGEN
Alles, was nicht direkt mit der Erreichung deiner Vision zusammenhängt

WIRD NICHT VORLIEGEN
Nicht verhandelbare Dinge, die du definitiv NICHT tun wirst

DOWNLOAD
Lade das Design-Kriterien-Canvas hier herunter: www.designabetterbusiness.com

CHECKLISTE

- ☐ Du hast die Design-Kriterien entschlackt, indem du unwichtige Kriterien entfernt hast, z.B. über eine Punkteabfrage.
- ☐ Du hast Zeit mit deinem Team verbracht, um deine Kriterien zu schärfen und zu quantifizieren.
- ☐ Du hast deine Design-Kriterien mit deiner Vision verknüpft.

NÄCHSTE SCHRITTE

- Quantifiziere deine Design-Kriterien: Mache sie S.M.A.R.T. (spezifisch, messbar, akzeptiert, relevant, terminiert).
- Prüfe deine Design-Kriterien. Sind diese noch sinnvoll?

BEISPIEL **DESIGN-KRITERIEN** ING BANK

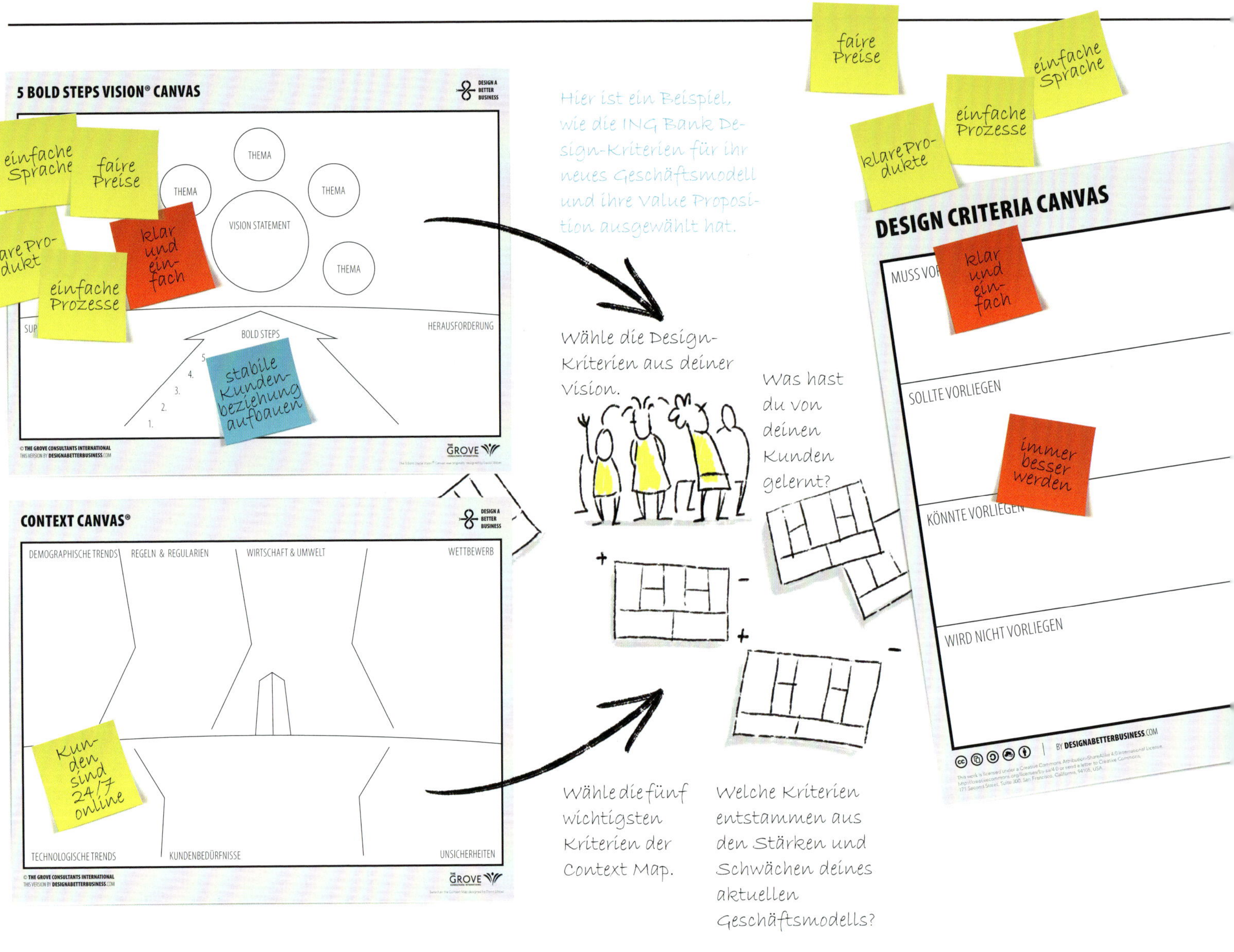

5 Bold Steps Vision® Canvas siehe **SEITE 58**

Context Canvas® siehe **SEITE 110**

Wo werden die Design-Kriterien auftauchen? Im Geschäftsmodell? In der Value Proposition?

Wie wird das übertragen?

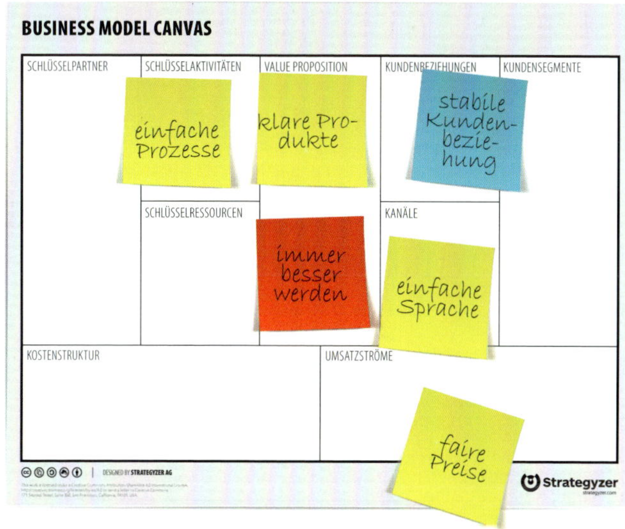

Business Model Canvas siehe **SEITE 116**

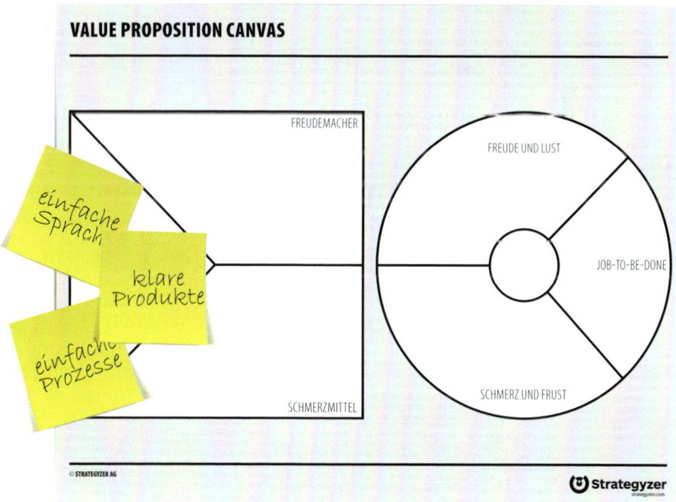

Value Proposition Canvas siehe **SEITE 106**

Design-Kriterien helfen dir, Brainstormings zu strukturieren und fundierte Entscheidungen zu treffen.

EINFÜHRUNG **STORYTELLING**

Wir Menschen erzählen jeden Tag Geschichten. Wir setzen Geschichten ein, um zu erklären, zu erforschen, zu begeistern und zu überzeugen. Während der Design-Reise wirst du viele Momente erleben, bei denen du eine gute Geschichte erzählen musst. Und wie die anderen Grundlagen deiner Strategie auch, können gute Geschichten auch gestaltet werden.

ES LIEGT IN DER MENSCHLICHEN NATUR

Wir sind alle geborene Geschichtenerzähler. Einige von uns leben davon, Geschichten zu erzählen. Andere haben ihre Fähigkeit, Geschichten zu erzählen, durch die Arbeit oder Schule verloren. Das ausgewählte Medium beeinflusst das Storytelling nicht. Obwohl verschiedene Werkzeuge als Canvas verwendet werden können, um eine gute Geschichte zu erzählen, musst du zuerst die Geschichte entwickeln, die du erzählen möchtest.

STORY

Obwohl wir alle geborene Geschichtenerzähler sind, kann nicht jeder danach streben, der nächste Hemingway zu sein. Aber es gibt Tricks, um großartige Geschichten zu erzählen! Geschichten können gestaltet werden. Und hier sprechen wir über viele Kategorien von Storytelling: persönliche Gespräche, coole Reden im TED-Stil, Verkaufsgespräche und sogar Präsentationen in der Vorstandsetage. Es sind alles Geschichten.

GETEILTES WISSEN

Geschichten stellen seit jeher eine Möglichkeit dar, um Kenntnisse und Informationen zu teilen. Unser Verstand wird durch Storytelling stimuliert. Heute sind Geschichten immer noch der mächtigste Weg, um Ideen und Ansichten zu transportieren.
Wir leben und atmen Geschichten. Vielleicht ist dies in unserem täglichen Leben weniger offensichtlich, aber Wissen zu übertragen ist immer noch eine wichtige Fähigkeit in unserem Überlebens-Werkzeugkasten.

MITREISSEN

Die neurologische Forschung zeigt, dass dieselben Bereiche im Gehirn eines Zuhörers aktiviert werden wie die im Gehirn des Erzählers! Weil Geschichten Gefühle und andere Sinne aktivieren, kann der Zuhörer den Moment „wiedererleben" und davon lernen. Das ist etwas, was Zahlen nie erzeugen können.
In ihrem beliebten Buch *Made to Stick* haben Chip und Dan Heath diesen Punkt von Beginn an mit einer Story klar gemacht.
Es geht um „diesen Kerl", der in einer mit Eis gefüllten Badewanne aufwacht und herausfindet, dass eine seiner Nieren fehlt. Erinnern Sie sich daran? Der Grund, dass uns dies mitreißt, ist einfach: Die Geschichte ist einfach, unerwartet, konkret, glaubwürdig und emotional.

TOT DURCH POWERPOINT

Wenn wir also geborene Geschichtenerzähler sind, warum langweilen wir uns dann gegenseitig mit PowerPoint? Das liegt daran, dass die meisten von uns nie gelernt haben, wie man Geschichten gestaltet. Sogar in der Schule wurde uns meistens das akademische Schreiben und Präsentieren beigebracht, was häufig eine nüchterne, objektive und effiziente Weise ist, um Informationen zu teilen, statt andere mitzureißen.

DAS STORYTELLING CANVAS

Wir haben das Storytelling Canvas entwickelt, um es dir einfacher zu machen, eine Geschichte zu konstruieren, die gerne von Menschen gehört wird. Deine PowerPoint-Präsentationen erzeugen wahrscheinlich wenig emotionale Tiefe und kaum Wirkung. Die Geschichten, die wir entwerfen, können aber auch mit PowerPoint erzählt werden!

Wie die anderen Werkzeuge in diesem Buch erlaubt das Storytelling Canvas, Geschichten zu entwickeln, die wirken: mit visuell ansprechenden, mitreißenden, aufschlussreichen, kontrollierten und anregenden Elementen. ■

Mehr Informationen zur Präsentation von visuellen Geschichten findest du hier: *Resonate* von Nancy Duarte

Seit jeher sind wir großartige (visuelle) Geschichtenerzähler. Es liegt in unseren Genen.

GESCHICHTEN MIT **WIRKUNG**

Geschichten haben in allen Kulturen eine bedeutende Rolle gespielt. Die Übertragung in berufliche Kontexte erfolgt allerdings sehr langsam. Es ist leichter, nur zu berichten, anstatt eine gut erstellte Präsentation zu halten, die Geschichten enthält. Ich weiß, dass das Wort „Geschichte" ein Modewort geworden ist. Worüber ich spreche, sind Geschichten mit einer Wirkung: die Kunst, deine Ideen mit einer überzeugenden Erzählstruktur mitzuteilen. Es ist eine Geschichte, die eine Einleitung, einen Hauptteil und einen Schluss hat. Eine Geschichte, die Prinzipien der Spannung und des Kontrasts einsetzt, um deine Zuhörer zum Denken, Fühlen und Handeln anzuregen.

Nancy Duarte
Autorin, Direktorin bei Duarte, Inc.

WERKZEUG **STORYTELLING CANVAS**

Erstellt von Thirty-X

GREIFBAR

Entwickle eine Geschichte

± 45 MIN

Schnellkochtopf

3–5

Teilnehmer je Gruppe

Du musst eins verstehen: Wenn du eine Geschichte entwickelst, dann benötigst du ein Ziel. Was sollen deine Zuhörer danach wissen, fühlen oder tun? Dein Ziel muss konkret sein, da du nur wenige Punkte in deiner Geschichte anbringen kannst!

DEINE ZUHÖRER

Zusätzlich zu deinem Ziel musst du verstehen, wer deine Zuhörer sind. Worum geht es ihnen? Warum sollten sie dir zuhören? Unterschiedliche Zuhörer brauchen unterschiedliche Geschichten! Du kannst die rechte Seite des Value Proposition Canvas oder das Persona Canvas einsetzen, um deine Zuhörer darzustellen. Prüfe deine Annahmen: Während du deine Geschichte erstellst und erzählst, kannst du deine Persona abgleichen und mit dem, was du gelernt hast, aktualisieren.

DAVOR UND DANACH

Um eine Wirkung zu erzielen, sollte deine Geschichte deine Zuhörer auf irgendeine Art berühren. Ihre Ansichten, ihre Gefühle oder ihr Wissen sollten sich während deines Vortrags verändert haben. Was dachten deine Zuhörer über dein Ziel, bevor sie deine Geschichte gehört haben? Was denken sie nun darüber? Was sollen sie deiner Ansicht nach im Anschluss denken? Versuche, dies aus der Sicht der Zuhörer zu definieren. Bringe Argumente ein, die vielleicht ihre Meinungen verändern und stelle sicher, dass du eine Liste mit rationalen, emotionalen und ethischen Punkten hast. Wie ist dein „Beweis"? Hast du Beispiele? Anekdoten? Finde diejenigen, die zu deinen Zuhörern passen.

DIE EMOTIONALE ACHTERBAHN

Eine gute Geschichte ist nicht geradlinig; sie hat Höhen und Tiefen. Nun ist es an der Zeit, zu überlegen, wie du deine eigene emotionale Achterbahn gestaltest. Wo ist dein Höhepunkt, also der Moment, an dem du dein Hauptargument anbringst?

DREI AKTE

Wie die meisten guten Geschichten besteht das Story Canvas aus drei Teilen: Einleitung, Hauptteil und Schluss. In der Einleitung setzt du den Rahmen. Im Hauptteil reicherst du deine Geschichte an. Am Schluss entlässt du deine Zuhörer mit einem neuen Bewusstsein. Teile deine Argumente, Beispiele und Anekdoten. Und baue ein wenig Humor in die drei Akte ein. Werfe jetzt wieder einen Blick auf die emotionale Achterbahn. Bist du deiner Idee gefolgt? Möchtest du etwas verändern?

Eine anderer Punkt, der während der Entwicklung deiner Geschichte berücksichtigt werden sollte, sind unterschiedliche Arten von Zuhörern. Bediene zuerst die rationalen Zuhörer. Sie möchten ein klares Bild dessen bekommen, worüber du sprichst, um zu entscheiden, ob sie dir überhaupt zuhören möchten. Aber vergiss die anderen nicht. Emotionale Zuhörer sind geduldiger, benötigen aber Emotionen, weil sie sonst gelangweilt sind. Wenn alles ausgefüllt ist, dann hast du den Entwurf deiner Geschichte. ■

THEMA
Wie lautet der Titel und das Thema deiner Geschichte?

ZIEL
Welches Ziel möchtest du erreichen? Weshalb erzählst du die Geschichte?

ENERGIE
Wie stellst du die emotionale Achterbahn deiner Zuhörer während der Geschichte bildlich dar? Wann werden sie die meiste Energie haben?

ZUHÖRER
Wer sind deine Zuhörer? Stelle sie in Form einer Persona dar!

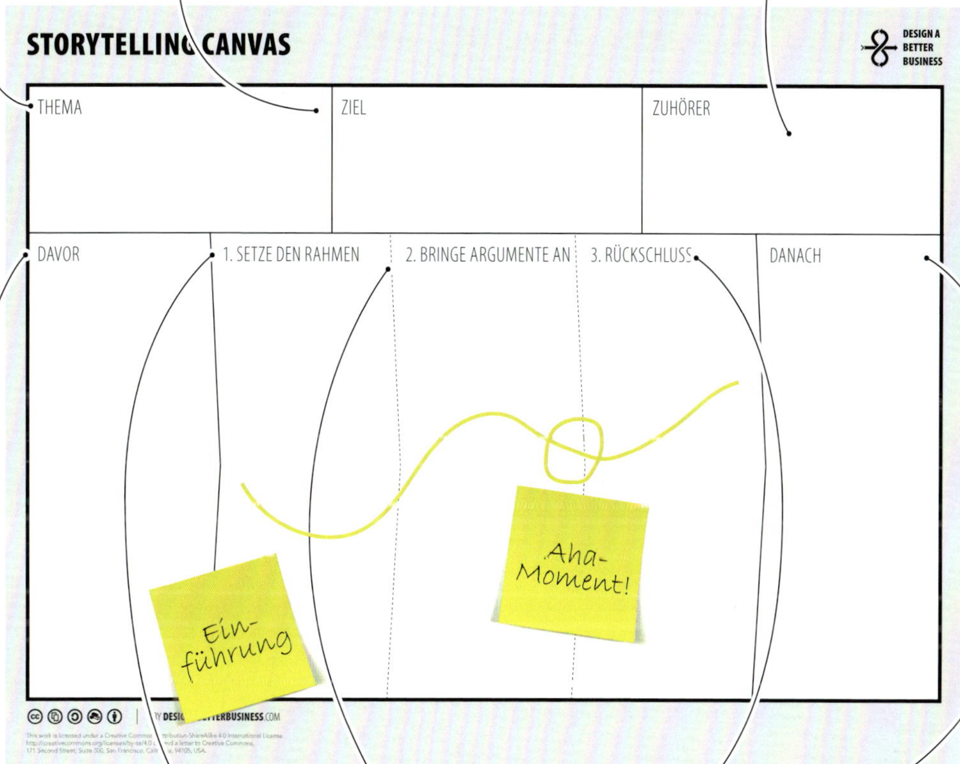

DAVOR
Was fühlen, denken, wissen und wollen deine Zuhörer über die Themen deiner Geschichte, bevor sie sie hören?

SETZE DEN RAHMEN
Baue einen Kontext auf (Basis: Emotion, Ethik oder Fakten), der deinen Zuhörern hilft, in Stimmung zu kommen.

BRINGE ARGUMENTE AN
Wie lautet die Botschaft, die du kommunizieren möchtest und die einen Sinneswandel erzeugt?

RÜCKSCHLUSS
Welche Argumente, Fakten und Anekdoten finden sich in deiner Geschichte? Wo wirst du sie anbringen?

DANACH
Was fühlen, denken, wissen und wollen deine Zuhörer, nachdem sie die Geschichte gehört haben? Sei spezifisch!

DOWNLOAD
Lade das Storytelling Canvas hier herunter:
www.designabetterbusiness.com

CHECKLISTE

- ☐ Du besitzt eine Klarheit darüber, was die Zuhörer denken und fühlen.
- ☐ Du hast eindeutige Argumente vorbereitet.
- ☐ Du hast ein Fazit für deine Geschichte.
- ☐ Dir ist klar, wie du die Energie während deiner Geschichte steuerst.
- ☐ Du kennst mögliche Fallstricke und hast einen Alternativplan.

NÄCHSTE SCHRITTE

- Teste deine Geschichte.
- Erstelle Bildmaterial.
- Experimentiere mit dem Tempo und der Energie.

CASE **DIE VISUELLE STORY** VON AUDI

Ein Team bei Audi musste sich überlegen, welche Idee für die Zukunft relevant ist. Die Auto-Welt verändert sich schnell, und das Unternehmen musste rasch überzeugt werden. Es galt, eine relevante Story zu erzählen. So sind sie vorgegangen.

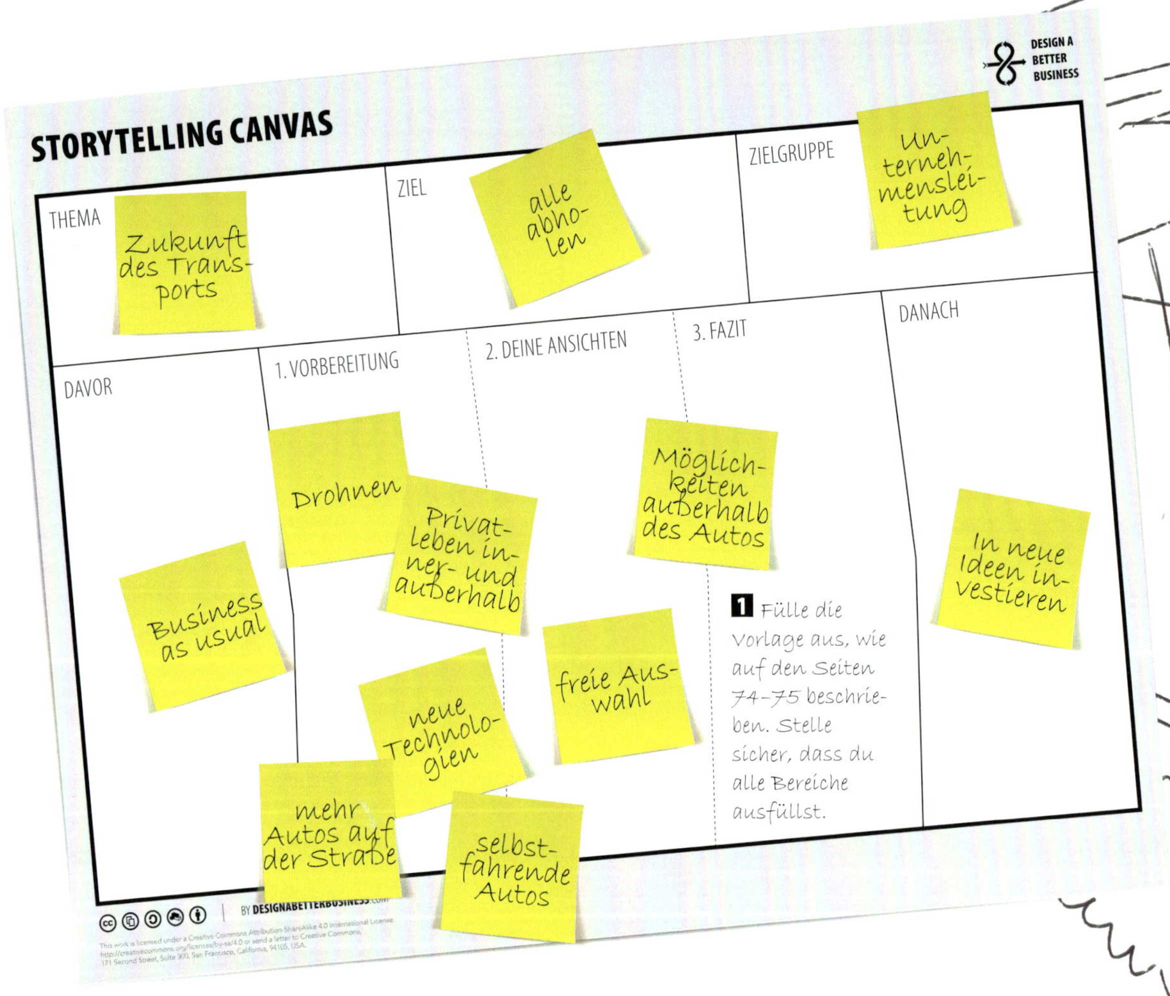

1 Fülle die Vorlage aus, wie auf den Seiten 74–75 beschrieben. Stelle sicher, dass du alle Bereiche ausfüllst.

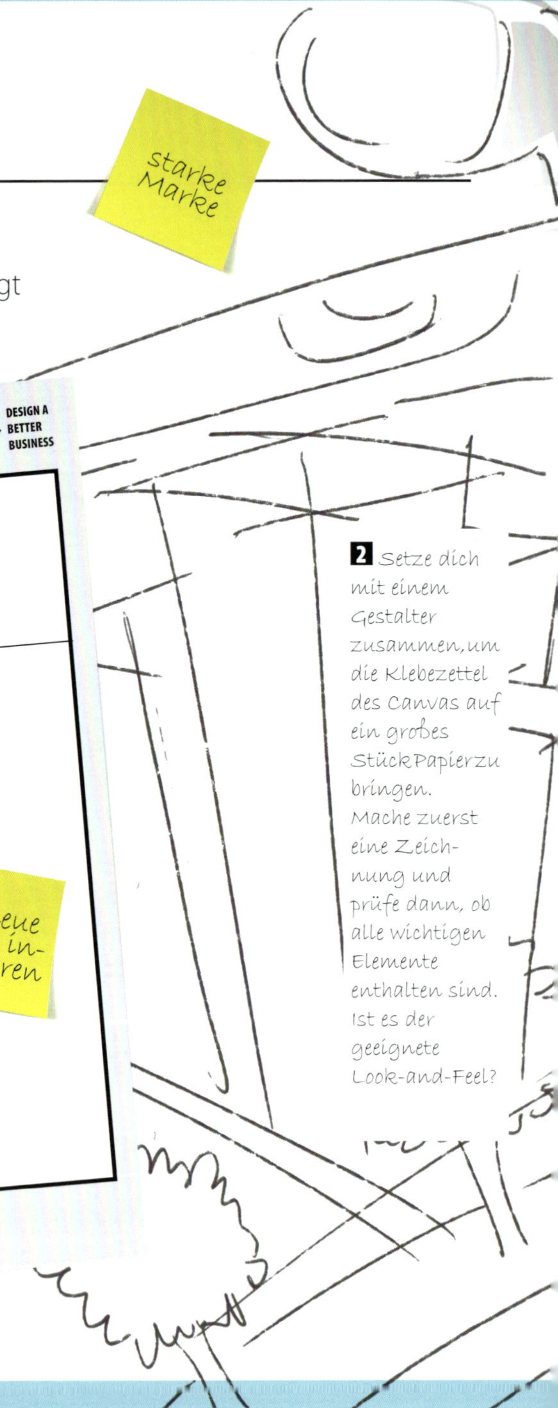

2 Setze dich mit einem Gestalter zusammen, um die Klebezettel des Canvas auf ein großes Stück Papier zu bringen. Mache zuerst eine Zeichnung und prüfe dann, ob alle wichtigen Elemente enthalten sind. Ist es der geeignete Look-and-Feel?

3 Finalisiere die Zeichnung. Sie ist eine gute Basis für Diskussionen und ermöglicht dir, deine Story zu teilen. Audi hat sich für ein großes Bild entschieden. Du kannst auch eine Serie an Bildern, eine Animation oder eine Präsentation erstellen.

STORYTELLING HACKS

DER AHA-MOMENT

Der Aha-Moment der Zuhörer ist etwas, was diese für sich selbst schaffen müssen. Er muss wie ein Geistesblitz kommen. Denke an einen Witz. Du kannst einen Witz vorbereiten und erzählen, wenn du ihn aber zu genau erklärst, dann wird keiner lachen. Dein Hauptpunkt sollte der Aha-Moment sein. Versuche aber nicht, ihn in allen Einzelheiten auseinanderzunehmen.

WARNUNG! Wenn du vor einem Investor sprichst, dann ist der Kunde deines Produkts nicht zwingend der Zuhörer deiner Geschichte. Dein Investor hat ganz andere Bedürfnisse als deine Kunden.

NUTZE EIN REDEMANUSKRIPT

Wenn du eine Geschichte in der Öffentlichkeit erzählst, dann nutze ein Redemanuskript. Auf diese Weise musst du die Geschichte nicht genau so erzählen, wie sie in deiner Präsentation erscheint – und du bist natürlicher.

PROBEN

Stand-up-Comedians führen zahlreiche Proben durch, damit ihr Auftritt ein Erfolg wird. Das ist nur der erste Schritt. Finde einige Menschen, denen du deine Geschichte probeweise erzählen kannst. Achte darauf, wann sie begeistert und wann sie verwirrt sind. Wann verlieren sie das Interesse?

SETZE REQUISITEN EIN

Genau wie du unterschiedliche Formen des Zuhörens berücksichtigen musst, musst du auch unterschiedliche Formen der Informationsaufnahme berücksichtigen. Einige Menschen sind stärker visuell orientiert als andere. Requisiten helfen dir dabei, deine Punkte zu verdeutlichen.

SCHLUSS HEISST SCHLUSS

Wenn du deine Geschichte beendet hast, dann sollte wirklich Schluss sein. Wenn du länger auf der Bühne bleibst und belanglose Dinge ohne Zusammenhang erzählst, dann verwirrst du nur deine Zuhörer. Denke daran, dass sie sich an das erinnern werden, was du zuletzt sagst. Was wird das sein?

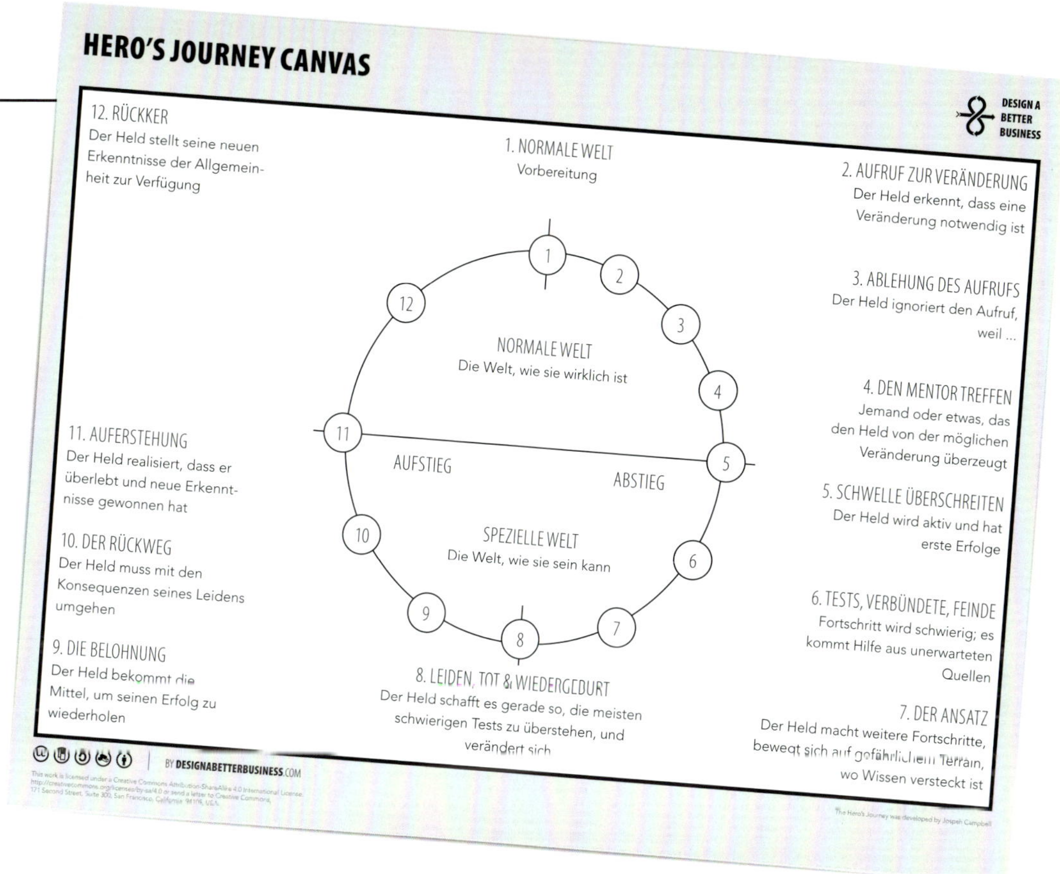

HAB EINEN ALTERNATIVPLAN

Eine Geschichte zu erzählen kann Angst machen, und es wird nicht immer alles nach Plan laufen. Bereite einige Alternativen vor, wenn dein ursprünglicher Plan nicht aufgeht. Setze die Rettungskarten ein, um vorauszuplanen!

DEINE ZUHÖRER SIND DIE STARS

Wenn du eine Geschichte erzählst, dann erzählst du sie nicht für dich. Du erzählst sie für die Zuhörer. Stelle sicher, dass sie die Stars der Geschichte sind.

KULTURELLE UNTERSCHIEDE

Wenn du deine Geschichte unterschiedlichen Zuhörern und in unterschiedlichen Kulturen erzählst, dann wirst du eindeutige Unterschiede sehen.
Die Beispiele und Witze, die in einem Kontext wunderbar funktioniert haben, werden vielleicht in einem anderen nicht funktionieren. Prüfe also deine Geschichten, bevor du sie erzählst!

HERO'S JOURNEY CANVAS

Das Schicksal jedes Filmhelden folgt stets einem bestimmten Muster: Alles beginnt perfekt, dann hat er einen großen Rückschlag – gewöhnlich in der Mitte des Films. Diese Art, (Helden-)Geschichten zu erzählen, ist eine perfekte Vorgehensweise. Setze das Hero's Journey Canvas ein, um alle Punkte zu berücksichtigen. ■

DOWNLOAD
Das Hero's Journey Canvas gibt es hier: www.designabetterbusiness.com

Weitere Informationen in:
The Hero with a Thousand Faces
Joseph Campbell

NUN HAST DU …

- DEINE VISION ALS **EINE PAROLE FORMULIERT** S. 58
- DEINE ERSTE SAMMLUNG AN **DESIGN-KRITERIEN** S. 68
- DEINE STORY ERSTELLT, UM **ETWAS ZU BEEINFLUSSEN** S. 74

NÄCHSTE SCHRITTE

- **BEOBACHTE & FRAGE** S. 88
  Treffe (potenzielle) Kunden.
- **GEHE NACH DRAUSSEN** S. 102
  und teste deine Annahme zu deiner Vision.
- **VERSTEHE DEINEN WERTE** S. 106
  Wie schaffst du für deine Kunden einen Wert?
- **VERSTEHE DEINEN KONTEXT** S.110
  Was ist der Kontext, in dem du derzeit agierst?

WIEDERHOLUNG

SEI **EIN REBELL.**

EINE VISION IST EINE PAROLE FÜR DICH UND DEIN TEAM.

EINE VISION **IST KEIN** VISION STATEMENT.

DESIGN-KRITERIEN SIND DIE **BENCHMARKS DES WANDELS.**

SETZE STORYTELLING EIN, UM **ZU INSPIRIEREN UND ZU SKALIEREN.**

HMM, JA, DAS IST NUR DEINE MEINUNG.

«

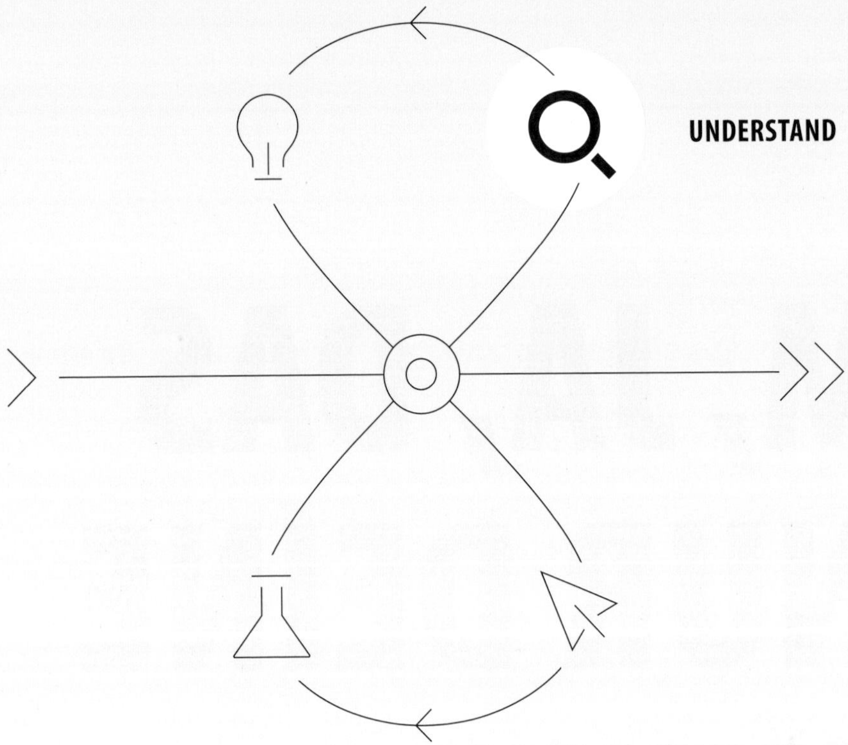
UNDERSTAND

DIE DESIGN JOURNEY **UNDERSTAND**

VERSTEHE **DEINEN KUNDEN**

VERSTEHE **DEINEN KONTEXT**

VERSTEHE **DEIN BUSINESS**

SUCHE NACH **VERSTÄNDNIS**

Ob du eine Veränderung für dein Unternehmen oder ein neues Produkt für jemanden anderen gestaltest: Was du gestaltest, ist für Menschen gedacht, innerhalb oder außerhalb deiner Organisation. Verstehe dein Geschäftsmodell, um erfolgreich zu sein.

WO STEHST DU GERADE?

Als Designer musst du ein vollständiges Verständnis der Welt haben, in der du tätig bist. Das gilt für Start-ups sowie für gemeinnützige und wirtschaftlich orientierte Unternehmen. Du musst deinen Kunden, deinen übergeordneten wirtschaftlichen Zusammenhang (Trend, Regulierungen, Konkurrenz usw.) und die internen Mechanismen kennen. All das umfasst die DNA deines Unternehmens. Warum ist das so wichtig? Die größten und wirksamsten Veränderungen von Unternehmen, Strategien und Innovationen kommen aus der Beantwortung von Fragen, die im Verborgenen liegen. Diese können außerhalb deiner Komfortzone liegen. In einigen Fällen ist das gut so. Aber wie wirst du wissen, was es da draußen gibt, wenn du dich nicht auf neue, unbekannte Wege begibst und dir selbst ein Bild davon machst? Das Verstehen zu beherrschen ist das Geheimnis von erfolgreichem Design. Designer verlassen aktiv ihre Komfortzone, um neue Dinge zu entdecken und zu experimentieren, was andere als „unwirksam" oder „nutzlos" bezeichnen würden. Bei der Erkundung geht es aber nicht nur um die Gestaltung von neuen, coolen Innovationen. Deinen übergeordneten Zusammenhang und dein Business Model zu analysieren wird dir helfen, die zugrunde liegenden Stärken und Schwächen deines Unternehmens zu beleuchten. Wenn du zum Beispiel verstehst, weshalb deine Kunden auch bei deinen Wettbewerbern kaufen, dann wirst du dein eigenes Unternehmen besser kennen. Tatsächlich sind die Bedürfnisse deiner Kunden in vielen Fällen nicht die Bedürfnisse, die du annimmst! Die detaillierte Erkundung deiner Kunden, deines Kontextes und deines Business Models wird dir neue Einblicke ermöglichen. Das wird es dir wiederum ermöglichen, die Zukunft zu gestalten.

WAS IST DEINE AUSREDE?

Es mag schwierig sein, herauszugehen und Dinge zu erkunden. Es kann Angst machen, die Komfortzone deines Bürogebäudes zu verlassen, in dem jeder allem zustimmt und jeder „recht" hat. Immerhin sehen die internen Berichte gut aus. Das gilt besonders für große Unternehmen: Der Drang nach Perfektion führt zu einer unverhältnismäßig starken Konzentration auf die Gegenwart. Es ist leichter, Dinge umzusetzen, wenn die Welt in „passt" und „passt nicht" bzw. „richtig" und „falsch" eingeteilt wird. Diese Haltung ist einfach und stark mit der Reputation verknüpft. Menschen, die immer recht haben, werden verehrt; diejenigen, die sich irren, werden geächtet. Aber frage dich: Möchtest du lieber recht haben oder lieber erfolgreich sein? Die

Kosten des Erkundens sind normalerweise minimal: Es läuft meistens auf Zeit hinaus. Für einen Designer ist eine Situation, in der jeder zustimmt und dieselbe Meinung hat, ein eindeutiges Warnzeichen. Es sollte ein Gleichgewicht zwischen dem gewöhnlichen Geschäft und dem Erkunden der Welt außerhalb des Geschäftes vorliegen.

STRESS DICH NICHT!

Es ist normal, Unsicherheit und Stress zu spüren, wenn eine Veränderung ansteht. Das Sammeln von widersprüchlichen und qualitativen Informationen verlangt eine neue Denkart. Es ist wichtig, die Analyse und Bewertung nach der Beobachtung vorzunehmen. Allerdings wird es sehr verlockend sein, sofort Informationen in die vorhandene Perspektive einzubauen. Im Laufe der Zeit wirst du lernen, mit den neuen Einblicken und Informationen zu arbeiten.

Du wirst einen Instinkt dafür entwickeln, die Komfortzone zu verlassen und eine Balance zwischen Komfort und Unbequemlichkeit zu finden. Du wirst ständig neue Informationen darüber gewinnen, wie sich die Welt auf dein Unternehmen auswirkt, wie sich deine Kunden verhalten, womit sie zu kämpfen haben und was sie möchten bzw. nicht möchten. Je mehr du deine Kunden, deinen Kontext und dein Unternehmen beobachtest, desto besser wird deine Design Journey sein. So einfach ist das. ■

VERSTEHE DEINEN KUNDEN

Das Wichtigste, das du verstehen musst, sind deine Kunden. Wenn du nicht weißt, was Wert für sie bedeutet, dann kannst du für sie nicht wichtig sein. Anzunehmen, dass du deine Kunden kennst, ist sehr gefährlich. Gehe hinaus und finde heraus, welche Bedürfnisse deine Kunden haben. Du wirst es nicht bereuen!

VERSTEHE DEINEN KONTEXT

Es ist auch notwendig, dein Spielfeld zu verstehen. Was sind die Schlüsseltreiber, die dein Unternehmen beeinflussen? Was sind die Trends? Was sind erwartete Veränderungen in Wirtschaft und Politik? Was sind die großen Unbekannten? Wer spielt sonst noch eine Rolle? Wer sind Wettbewerber und neue Akteure? Und welchen neuen Spieler gibt es? Die Welt ändert sich. Als Designer musst du dich mit ihr verändern.

VERSTEHE DEIN BUSINESS

Um die Veränderungen vorzunehmen, nach denen du suchst, musst du genau verstehen, wie dein Unternehmen funktioniert. Wie schaffst du Wert? Wer ist dein Kunde? Das klingt nach einem Kinderspiel, aber in der Praxis ist nicht immer klar, wie ein Unternehmen Wert schafft, diesen den Kunden bereitstellt und anschließend sichert. Wenn du begreifst und definierst, wie dein Unternehmen funktioniert, dann kannst du auch andere Geschäftsmodelle, wie die deiner Wettbewerber, verstehen. Das soll nicht heißen, dass du deinen Wettbewerbern folgen sollst: Es geht darum, zu verstehen, wie sie Probleme lösen.

BEOBACHTEN BEHERRSCHEN

Beobachtung wird die Art, wie du über deine Kunden denkst, beeinflussen. Sie hilft dir, sie besser zu verstehen. Es wird deinen Point of View anreichern und dir helfen, deine Annahmen zu validieren oder zu verwerfen. Wie überall gibt es geeignete Wege, die Welt um dich herum zu beobachten, und Wege, die dazu weniger geeignet sind.

Stell dir Folgendes vor: Du sitzt vor einer Tasse Kaffee oder Tee. Wie würdest du das Zuckerpäckchen öffnen? Lies erst einmal weiter. Wir kommen später noch auf das Zuckerpäckchen zu sprechen.

Beobachtung wird die Art beeinflussen, wie du über deine Kunden denkst, und wird dir dabei helfen, sie besser zu verstehen. Beobachtung wird die Art verändern, wie du innovierst.

Während du deine potenziellen Kunden beobachtest, ist es deine Aufgabe, deren latente Bedürfnisse, Wünsche und Ziele zu erkunden – die Dinge, von denen sie nicht wissen, dass sie sie benötigen oder möchten. Dies sind häufig Dinge, die Menschen nicht klar benennen können. Joggt jemand, um fit zu sein? Vielleicht joggt aber auch jemand, um sich nicht schlecht zu fühlen, weil er am Wochenende Pizza gegessen hat? Beobachte deine Kunden in unterschiedlichen Situationen, und du wirst mehr herausfinden.

SEI WIE EIN MÄUSCHEN

Eine gute Art zu beobachten, ist, wie ein Mäuschen zu agieren und Menschen in ihrem natürlichen Modus zu beobachten, um die Schlüsselmomente in ihren Leben zu finden. Die täglichen Entscheidungen, die deine Kunden treffen, sind die wichtigen. Immerhin ist es ihre Entscheidung, die das beeinflusst, was sie heute, aber auch in Zukunft tun werden. Und genau so, wie ein Pharmaforscher einer Testperson nie sagen würde, dass er ein Placebo testen möchte, solltest du deinen potenziellen Kunden auch nicht sagen, dass du von ihnen lernen möchtest. Beobachte einfach eine Weile. Du möchtest, dass sie sich natürlich verhalten, so als ob du nicht da wärst.

GEHE NICHT MIT LEEREN HÄNDEN

Bevor du deine Kunden beobachtest, musst du ein wenig planen. Leg zuerst das Thema und die Menschen fest, die du beobachten möchtest. Welche Aktivitäten und Verhaltensweisen? Wähle auch den Ort aus, an dem du beobachten wirst. Wo werden deine Kunden zu unterschiedlichen Tageszeiten sein? Das ist natürlich kritisch, da Menschen im Laufe eines Tages verschiedene Tätigkeiten verrichten. Wenn du wissen möchtest, wie Menschen trainieren, dann gehe zum Beispiel morgens und abends in den Park, in das Fitnessstudio, auf den Sportplatz etc.
Vergiss nicht, Materialien mitzunehmen, um deine Erkenntnisse in Form von Notizen, Bildern, Skizzen und Videos festzuhalten. Es wäre schade, die Schlüsselmomente zu vergessen. Oder schlimmer, diese nicht mit deinem Team zu teilen. Wenn du beginnst, Dinge zu erkunden und zu beobachten, dann musst du deine bisherigen Annahmen zurückstellen. Urteile nicht, gewinne wichtige Erkenntnisse. Die Antwort auf die Zuckerpäckchen-Frage: Du schüttelst es, bevor du es aufreißt. ■

Geh nicht mit leeren Händen. Setze Materialien ein, um deine Ergebnisse zu erfassen, zu notieren und zu skizzieren. Auf diese Weise wirst du dich leichter an jedes kleine Detail erinnern. Und es ist einfacher, das mit deinem Team zu teilen.

DENKE WIE EIN **DESIGNER**

Du kannst lernen, wie ein Designer zu denken und zu arbeiten. Es geht um das Wechseln zwischen unterschiedlichen Perspektiven, um Lösungen zu finden. Für Designer sind folgende drei Perspektiven am wichtigsten: deine eigene, die deines Unternehmens und die deiner Kunden bzw. der Gesellschaft. Wenn sich mein Team mit Gestaltungsaufgaben beschäftigt, dann müssen wir die Perspektive des Kunden kennen. Ich will sicherstellen, dass wir dasselbe Verständnis haben. Ein Teil dieser Perspektive beinhaltet, dass deine Kunden Zeit, Geld und Arbeit investieren, um Geld zu verdienen. Wenn wir diese Meinung nicht teilen, dann ist es nicht sinnvoll, eine gemeinsame Design Journey anzutreten.

Design Thinking ist heute wichtiger denn je, da wir agil, flexibel und anpassungsfähig gestalten müssen. Die Welt ändert sich immer schneller. Als ein Teil dieser Veränderung haben Menschen mehr Zugang zu Informationen – und teilen mehr Informationen als jemals zuvor. Früher war Wissen die wichtigste Kompetenz von Unternehmen. Heute ist die wichtigste Kompetenz, Chancen in einem unsicheren Umfeld zu suchen und zu finden.

Ad van Berlo
Vorstand,
VanBerlo Group

FRAGEN BEHERRSCHEN

Neben der Beobachtung ist die Befragung essenziell, um zu verstehen, was deine Kunden weshalb beschäftigt. Die Befragung wird zu einem besseren Bild über das Leben deines Kunden führen und deinen Point of View anreichern. Wie bei der Beobachtung sind einige Regeln zu befolgen, um die Erkenntnisse zu gewinnen, nach denen du suchst.

HINTERFRAGE, WAS DU SIEHST

Deine Kunden in ihrem echten Umfeld zu beobachten, wird dir viele Erkenntnisse darüber geben, worüber sie sich sorgen und welche Entscheidungen sie treffen. Jedoch wird die Beobachtung deiner Kunden dir nicht zwingend zeigen, weshalb sie bestimmte Entscheidungen treffen. Das alleinige Beobachten deiner Kunden, ohne sie zu befragen, wird zu reinen Annahmen führen. In dem vorherigen Beispiel des Joggers, der sich nach Pizza sehnt, müsstest du die Person viele Tage beobachten, um zu der Erkenntnis zu gelangen, warum er jeden Tag joggt. Du könntest sogar auf Basis der Routen, die er wählt, neue Annahmen treffen. Wenn du ihn aber zu seinem Lebensstil befragst, dann würdest du sehr wahrscheinlich verstehen, was Joggen (und Pizza) für ihn bedeuten. Die Kombination der Informationen aus Beobachtung und Befragung führt zu einem genaueren Bild – ein Bild, das dir ein tieferes Verständnis ermöglicht.

STELL DIE RICHTIGEN FRAGEN

Es geht nicht um die Antworten, die du bekommst. Es geht darum, die richtigen Fragen zu stellen. Die richtigen Fragen werden immer zu interessanten und tiefgründigen Gesprächen führen. Wie können wir die „richtigen" Fragen stellen? Wenn du wirklich die aktuelle Situation verstehen willst, dann vermeide Ja/Nein-Fragen (d.h. geschlossene Fragen) und die Erwähnung von Produkten: du wirst bessere Gespräche führen und schneller zum Kern kommen, was wirklich von Bedeutung ist.

Wenn möglich, dann beobachte und befrage immer dieselben Kunden. Beobachte zuerst und lerne von ihren Aktivitäten, statt von ihren Meinungen. Stelle dann Fragen über die Wahl, die sie getroffen haben, warum sie die Wahl getroffen haben und weshalb sie das tun, was sie tun. Beobachte sie danach wieder. Im oben erwähnten Beispiel könntest du den Jogger fragen, ob er Salami- oder Schinken-Pizza bevorzugt. Du könntest ihn auch beobachten und schauen, was er bestellt. Wenn du aber verstehen möchtest, weshalb er die eine oder andere Sorte bevorzugt, dann musst du mit ihm sprechen.

ERFAHRUNGSREGELN

- Menschen lügen dich an, wenn sie denken, dass es das ist, was du hören möchtest.
- Meinungen sind wertlos. Meinungen verändern sich in unterschiedlichen Zusammenhängen und bieten keinen Beweis dessen, was real ist.
- Menschen wissen, was ihre Probleme sind, aber sie wissen nicht, wie diese Probleme gelöst werden.
- Einige Probleme sind nicht wirklich von Bedeutung. Nicht jedes Problem erfordert eine Lösung.
- Jemanden zu beobachten zeigt dir, wo die Probleme liegen, nicht wo der Kunde denkt, dass sie liegen. ■

EINIGE SCHLECHTE FRAGEN:

(statisch, durch Fragen, wie etwas ist)

✖ DENKST DU, DASS DAS EINE GUTE IDEE IST?

Nur der Markt kann dir sagen, ob deine Idee gut ist. Der Rest ist Spekulation.

✖ WÜRDEST DU EIN PRODUKT KAUFEN, DAS X KANN?

Die Antwort auf eine derartige Frage ist meistens „ja".

✖ WIE VIEL WÜRDEST DU FÜR X BEZAHLEN?

Die Antwort auf diese Frage klingt sehr absolut und wahr.

EINIGE GUTE FRAGEN:

✔ WORÜBER ÄRGERST DU DICH?

So kommst du von dem wahrgenommenen zum richtigen Problem!

✔ WAS SIND DIE FOLGERUNGEN DARAUS?

Das hilft, zwischen echten und störenden Problemen zu unterscheiden.

✔ ERZÄHLE MIR DAVON, ALS DAS BEIM LETZTEN MAL PASSIERT IST.

Lasse deinen Kunden erzählen, um viele Informationen zu gewinnen.

Weitere Informationen:
The Mom Test von Rob Fitzpatrick

JEDER **LÜGT**

Manche sagen: Frage nicht deine Mutter, ob deine Geschäftsidee gut ist oder nicht. Deine Mutter wird dich nicht anlügen (einfach, weil sie dich liebt). Tatsächlich wird dich jeder, den du fragst, anlügen (zumindest ein wenig). Du solltest niemandem diese Frage stellen, weil das nichts bringt. Es liegt nicht in ihrer Verantwortung, dir die Wahrheit zu sagen. Es ist deine Verantwortung, die Wahrheit zu finden. Rob Fitzpatrick schrieb *The Mom Test* nach seiner eigenen (schlechten) Erfahrung: „Wir haben drei Jahre investiert, um eine Social Advertising-Technologie zu erstellen, und uns ging das Investorengeld aus. Ich habe über Monate hinweg mit Kunden gesprochen. Und dann erkannte ich, dass ich alles falsch gemacht habe!"

In seinem Buch beschreibt er drei einfache Regeln, um die richtigen Fragen zu stellen:

1. Rede über das **Leben des Kunden** anstatt über deine Idee.
2. Stelle Fragen über **Spezifika** aus der Vergangenheit anstatt über Allgemeinheiten oder Meinungen zur Zukunft.
3. Rede weniger und **höre mehr zu.**

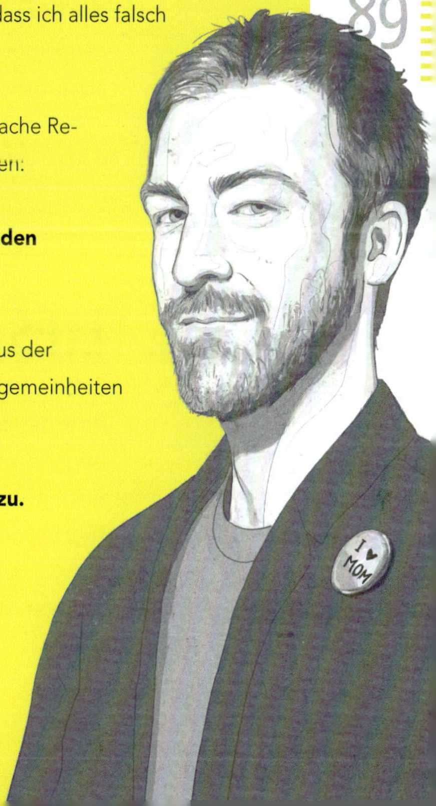

Rob Fitzpatrick
Gründer bei Founder Centric
Autor, *The Mom Test*

DER KLARE MOMENT

Das Team eines Produktionsunternehmens für Kinderprodukte investierte Zeit, um seine Customer Journey zu erkunden. Ein Aha-Erlebnis hatte das Team, als es merkte, dass die Customer Journey viel früher anfing, als es ursprünglich angenommen hat. Eltern planen die Einkäufe für ihren Nachwuchs nicht bei der Geburt, sondern in dem Moment, wenn sie erfahren, dass sie schwanger sind – oder sogar davor! Dies visuell darzustellen, ermöglichte dem Team, diese Fragestellung direkt zu adressieren.

ERSTE EINDRÜCKE

Das Team eines großen Krankenhauses in den Niederlanden setzte Design Thinking ein, um die Erfahrungen der Besucher des Krankenhauses mit eigenen Augen zu erleben. Sie setzten eine Kamera ein, um die Wege der Patienten zu dokumentieren. Sie fanden heraus, dass das Parkhaus sehr dunkel und schwer zu erreichen war. Sie stellten auch fest, dass Patienten beim Parken als Erstes eine Werbetafel für ein Fast-Food-Restaurant sahen. Das war nicht das, was sie erwartet hatten!

LIES MEINE AKTE!

Ärzte dachten, dass die größte Sorge ihrer Patienten die langen Wartezeiten vor dem Sprechzimmer seien. Als ein Arzt einen Patienten danach fragte, sagte dieser: „Das stört mich nicht wirklich. Wenn ich aber das nächste Mal komme, dann lesen Sie bitte vorher meine Akte. Und mein Name ist nicht Martin!"

SMARTE STRASSE

Eine Versicherungsgesellschaft war der Ansicht, dass es eine große Marktlücke gab und hatte den Plan, sich in dieser Lücke zu platzieren. Vorher wollte die Versicherungsgesellschaft jedoch ihre Annahme prüfen. Zwei Teammitglieder wurden mit einer Kamera auf einem Roller losgeschickt. Sie sammelten in einer Stunde von Menschen auf der Straße so viele Antworten wie möglich. Als sie dem übrigen Team ihre Ergebnisse präsentierten, führten die ersten spontanen Reaktionen dazu, die Annahme zu überdenken.

EINKAUFS-PARADOXON

Ein Start-up wollte eine App programmieren, die Mütter dabei unterstützen sollte, beim Einkauf von Lebensmitteln eine bessere Erfahrung zu machen. Es waren weitere Erkenntnisse nötig, damit die Gründer genau wissen konnten, wie sie die App gestalten sollten.

Zunächst kamen sie mit potenziellen Kunden in Kontakt, um mehr über deren Gewohnheiten in Bezug auf Lebensmittel zu erfahren. Sie verglichen die Gespräche mit ihren Beobachtungen von Menschen während ihres Einkaufs.

Obwohl sich die Mütter bzgl. ihrer Einkaufsgewohnheiten sicher waren, stellte sich heraus, dass die Realität anders aussah. Als die Mütter befragt wurden, sagten sie, dass sie gesunde und vielfältige Produkte einkauften. Als sie jedoch das Geschäft betraten, ignorierten sie ihre Einkaufsliste und bevorzugten günstige Produkte und Sonderangebote!

GEBÄUDE REINIGEN?

Die Reduktion des Stundenpreises für die Reinigung von Häusern war eine Schüsselstrategie für eine Gebäudereinigung, die sich auf Haushalte älterer Menschen spezialisiert hatte. Nachdem sie verschiedene ältere Menschen besucht hatten, wurde klar, dass der Nutzen für die Kunden darin bestand, Aufmerksamkeit und Gesellschaft zu bekommen, nicht ein sauberes Haus.
Als Ergebnis stellte das Unternehmen seinen älteren Kunden iPads bereit. Dies ermöglichte ihnen, mit ihren Enkelkindern zu kommunizieren; Leistungen wurden mithilfe der Unternehmensapp angeboten.

DIE WAHRHEIT LIEGT DIREKT VOR DIR, WENN DU DICH DAZU ENTSCHEIDEST, SIE ZU SEHEN.

WIE DESIGN THINKING DIR HILFT, DEINE KUNDEN ZU VERSTEHEN »

wavin CASE STUDY

CONNECT TO BETTER

WAVIN LIEBT INSTALLATEURE

ICH KONNTE NICHT GLAUBEN, DASS DER BAU EINER NEUEN FABRIK UNS DABEI HELFEN WÜRDE, BESSERE ERGEBNISSE ZU ERZIELEN. ICH WOLLTE MEHRERE OPTIONEN ABLEITEN, AUCH WENN UNS DAS NICHT GEFALLEN WÜRDE.

Wavin, ein großer Hersteller (B2B) von Kunststoffrohren, die in der Wasserversorgung zum Einsatz kommen, hatte seit vielen Jahren eine starke Position auf dem türkischen Markt. 2013 nahm der Marktanteil des Unternehmens ab, und es verlor seinen Platz unter den Top 3. Die Kunststoffrohre von Wavin wurden am Markt als Commodities wahrgenommen, und es lag ein starker Preiswettbewerb vor. Der Geschäftsführer fragte sein Team: „Wie können wir unsere Position als Marktführer zurückgewinnen?"

Richard van Delden
Geschäftsführer, Supply Chain & Operations

August 2013: Wavin wollte Marktführer in der Türkei werden. Das Management-Team vor Ort erstellte einen Plan. Einen Unternehmensplan.

September 2013: Wavin wollte eine Fabrik in der Nähe von Istanbul bauen. Die bestehende Fabrik in Andana war sehr weit von der bevölkerungsreichsten Stadt der Türkei entfernt. Es lag die Meinung vor, dass eine neue Fabrik in Istanbul Wavin wieder auf die Spur bringen würde.

LASS UNS EINE FABRIK BAUEN!

Auf Basis der Frage des Geschäftsführers analysierte die Vertriebsmannschaft einige Zahlen und präsentierte eine Lösung: den Bau einer neuen Fabrik. Aus Sicht der Vertriebsmannschaft würde der Bau einer neuen Fabrik eine Nähe zu dem wachsenden Markt in Istanbul und günstige Preise ermöglichen. Um diese Ansicht zu untermauern, legte die Vertriebsmannschaft dem Finanzvorstand und Richard einen Unternehmensplan vor. Die Empfehlung war, das Vorhaben umzusetzen.

WIRKLICH MEHR KAPAZITÄT?

Richard van Delden: Als ich den Unternehmensplan für die 60-Millionen-Euro-Fabrik sah, war ich erschüttert. Ich hatte einen genauen Plan vorliegen für eine Fabrik, die nahe Istanbul gebaut werden und unsere Produkte günstiger produzieren und verkaufen könnte. Würde eine höhere Produktionskapazität uns dabei helfen, Marktanteile zurückzugewinnen? Der Vertrieb war davon überzeugt, dass er in der Nähe des Hauptmarkts produzieren und genügend Waren auf Lager haben muss. „Unsere Kunden verlangen die Produkte sofort und zum niedrigsten Preis!" Ich wollte andere Möglichkeiten ableiten. Am allermeisten wollte ich verstehen, was unsere Kunden warum kaufen. »

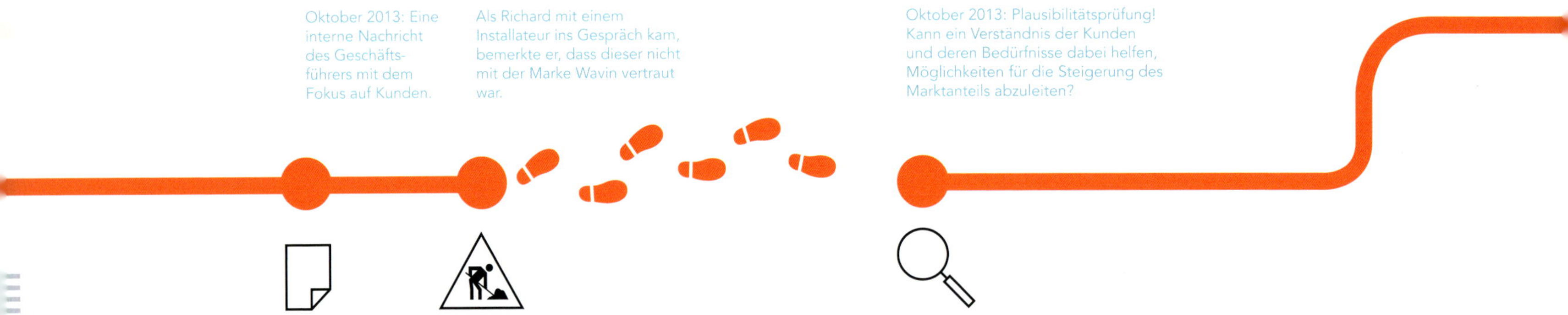

WIR KENNEN UNSEREN KUNDEN NICHT

Richard von Delden: Als ich eines Tages mein Auto in Amsterdam abstellte, stieß ich auf eine Baustelle, auf der ich Wavin-Produkte sah. Ich begann ein Gespräch mit einem der Installateure, der sagte: „Meine Kunden möchten die beste Qualität, aber sie kennen Wavin nicht." Mir kam ein Geistesblitz: „Wir kennen unsere Kunden nicht!"

PLAUSIBILITÄTSPRÜFUNG

Richard und der Finanzvorstand Andres Capdepon trafen die kühne Entscheidung, zuerst zu verstehen, was ihre Kunden wirklich möchten und benötigen, bevor eine weitere Entscheidung getroffen wird.

SAFARI

Um von ihren Kunden zu lernen, besuchte ein Team von türkischen Wavin-Mitarbeitern sowie Richard und Andres Baustellen, um Kunden in ihrer echten Arbeitsumgebung zu beobachten. Das Team sammelte in der Woche der Besuche viele wertvolle Erkenntnisse. Sie lernten, dass es einen riesigen Unterschied in der Arbeit der Installateure gab, da diese das Werkzeug und die Materialien falsch einsetzten. Das Team lernte auch, dass den Distributoren das Branding der Inneneinrichtung wichtig war. Die Distributoren tun mehr, als bloß Kunststoffrohre zu verkaufen und zu liefern; sie spielen auch eine wichtige soziale Rolle bei der Vernetzung mit Installateuren. Je mehr Fragen das Team den Installateuren, Auftragnehmern und Distributoren stellte, desto mehr deckten sie unerkannte Erkenntnisse auf und desto mehr Fragen kamen auf.

AHA! (ES SIND NICHT DIE KUNDEN, AN DIE DU DENKST!)

Nach den Baustellenbesuchen wurden einige der Kunden in ein Hotel in Istanbul eingeladen, um das Team zu treffen und für einige Ideen Feedback zu geben. Die Installateure interessierten sich wirklich für alles, was Wavin tun konnte, um ihnen dabei zu helfen, eine bessere Arbeit zu verrichten und eine höhere Qualität

Hinausgehen. Ein Team von Wavin begab sich auf eine Safari, um Baustellen zu besuchen. Sie beobachteten und lernten, was Installateure beschäftigt.

Januar 2014: Wavin realisierte, dass Bauunternehmen nicht ihre Kunden waren. Sie konnten ihnen keinen Mehrwert bieten. Vielleicht aber Installateuren?

Am Ende wurde die schwere Entscheidung gefällt, den Bau der Fabrik abzusagen, da dies nicht zur Zielerreichung beitragen würde. Dies war für das beteiligte Team, das die Planung durchgeführt hatte, eine große Enttäuschung.

Juni 2014: Wavin eröffnete in der Türkei seine (erste) Akademie. Nun, nachdem die Machbarkeit bewiesen wurde, wusste Wavin, wer der echte Kunde war und wie (mit dem Kunden) Wert gestiftet werden kann. Wavin ist bereit, das Akademie-Konzept auf andere Orte zu übertragen.

zu liefern. Die wichtigste Erkenntnis für das Team war, dass die Installateure professionelle Anwendungsfilme, Produkthandbücher und Direktkontakt zu den Wavin-Experten möchten; mehr als niedrigere Preise. Die Bereitstellung dieser Dienstleistungen würde Wavin wettbewerbsfähig machen und den Kunden eine bessere Qualität ermöglichen. Das war ein echter Aha-Moment für das Wavin-Team.

Das Team nutzte diese Erkenntnisse dafür, um einen Community getriebenen Ansatz zu gestalten: Wavin würde seine Kunden darin unterstützen, bessere Installateure zu sein, indem sie Wissen teilen. Dieser Ansatz mündete in die kostenlose Wavin-Akademie.

WISSEN TEILEN

Der erste Prototyp der Wavin-Akademie war ein Erfolg. Also entschied sich das Projektteam dazu, die Wavin-Akademie an dem Produktionsstandort in Adana, Türkei, aufzubauen. Die Akademie öffnete ein paar Monate später, im Juni 2014. „Im Moment haben mehr als 7.000 Menschen die Akademie besucht (siehe Facebook)“, sagte Orhun. „Als ich zu dem türkischen Team dazukam, wusste ich, dass dies der Weg war, um mich näher mit unseren Kunden zu beschäftigen. Wir bilden sie aus, lernen von ihnen und bauen bessere Beziehungen auf, wie es eine Fabrik niemals könnte. Kurz gesagt, wir sind für unsere Kunden wichtig – und sie für uns – auf eine Art, wie wir es nie erwartet hätten.“

»

Ein Beispiel für Skizzen, die während der Beobachtung und des Interviews angefertigt wurden.

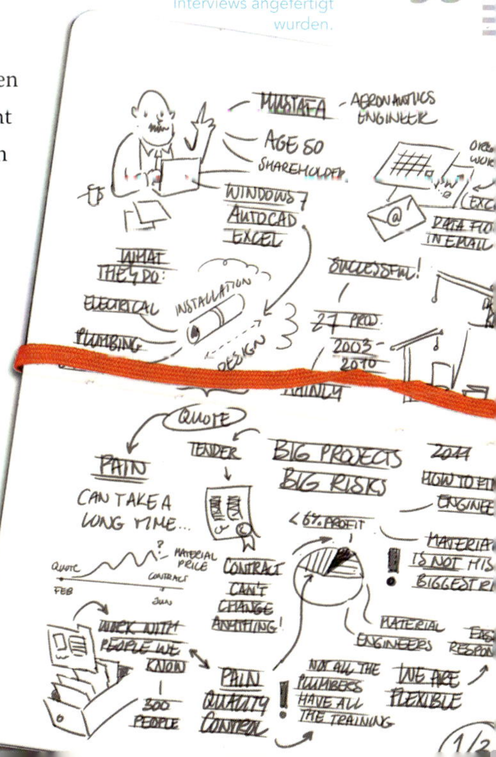

Beispiele für Fragen, die wir während der Interviews gestellt bzw. beobachtet haben.

UND DIE MORAL VON DER GESCHICHTE ...

Richard von Delden: Die Fabrik wäre sicher eine gute Option gewesen, um unseren Marktanteil in der Türkei auszubauen. Unser Geschäftsplan basierte auf Annahmen über den Markt, über die Kundenaufgaben und deren Bedürfnisse. Wir wussten, dass es andere Optionen gab, die wir auch erheben mussten. Anstatt also Zeit damit zu verbringen, über die vorliegende Option zu streiten, entschieden wir uns, unsere Annahmen zunächst zu validieren und aus erster Hand von unseren Kunden zu lernen. Wir gingen hinaus. Indem wir das selbst taten, lernten wir mehr, als bei der Beauftragung eines Unternehmens, für uns eine Marktstudie zu erstellen. Während der Vor-Ort-Besuche unserer Kunden entdeckten wir verborgene Zusammenhänge und stellten weitere Fragen, die währenddessen aufkamen. Die Antworten auf unsere Fragen führten zu weiteren Erkenntnissen über unsere Kunden und den Installationsmarkt in der Türkei. Wir bauten auch enge Beziehungen zu den Menschen auf, die unsere Produkte installieren und verwenden. Am Ende des Tages investierten wir einige hunderttausend Dollar in die erste Wavin-Akademie statt mehrerer Millionen Dollar in eine neue Fabrik. Wir verfügen jetzt über ein Vertriebszentrum in Istanbul, das uns eine hohe Kundennähe ermöglicht.

Und mit der Wavin-Akademie gibt es einen stationären Raum, um mit unseren Kunden zu interagieren. Design Thinking ist nun ein zentraler Bestandteil unseres Unternehmens. ■

Die neue Wavin-Akademie in der Türkei. Ein Erfolg, der als Beispiel für andere Wavin-Akademien gilt.

DEN INSTALLATEUREN GEFIEL, DASS WAVIN IHNEN DABEI HALF, EINEN BESSEREN JOB ZU TUN.

DEN KUNDEN VERSTEHEN

Es gab einmal ein Unternehmen. Dieses Unternehmen verstand seine Kunden richtig gut. Deshalb waren die Produkte und Dienstleistungen des Unternehmens sehr beliebt, und es begann zu wachsen. Manager kamen, setzten Prozesse auf und installierten Systeme. Langsam wich die Neugier der Leistungsfähigkeit.

Eine Zeit lang lief das Unternehmen gut: Kunden kauften weiterhin die Produkte, und das Nutzenversprechen hatte Gültigkeit. Aber nach einem Jahr nahmen die Absätze ab. Keiner der Manager wusste, weshalb. Es ergab keinen Sinn: Die Berechnungen gaben keine Hinweise darauf, dass dies geschehen würde. Gemäß dessen, was die Manager wussten, sollten Kunden weiterhin die Produkte kaufen; was sie allerdings nicht taten. Das Unternehmen war selbstzufrieden geworden, ohne Verbindung zu den Kunden.

WIR ALLE KENNEN DIE GESCHICHTE

Im Nachhinein ist es leicht zu sagen, dass das keine Art ist, ein Unternehmen zu führen. Und doch geschieht das täglich. Wirtschaftsbücher und Artikel enthalten zahlreiche Geschichten von bekannten Unternehmen, die vom Markt verschwunden sind, weil sie sich nicht ändern konnten: Versandhändler, Plattenunternehmen, Telekommunikationsanbieter, Verlagshäuser usw. Weshalb fallen Unternehmen alten Systemen und Verfahren zum Opfer? Es gibt eine Tendenz, das Wissen über die Kunden zu kodifizieren, damit diese Kenntnisse skaliert und die Entscheidungsfindung unterstützen können. Der Aufbau solcher Systeme ist nicht falsch, solange sie permanent an die Wirklichkeit angepasst werden. Die Anpassung muss aber durch Menschen und nicht durch die Systeme erfolgen.

DIE ZUKUNFT PASST NICHT ZU DEM UNTERNEHMEN.

// Grant McCracken, Anthropologe

WAGE ES, FRAGEN ZU STELLEN

Wir vertrauen Managern, die auf etwas spezialisiert sind, und stellen keine Fragen, da wir nicht als unwissend gelten möchten. Die Geschichte zeigt jedoch, dass Mut und Beharrlichkeit beim Stellen von Design-Fragen – wie „Warum?“ und „Was wäre wenn?“ – das Fundament für Entdeckung und Innovation sind. Zusätzlich dazu sind wir übermäßig ehrerbietig gegenüber Experten und wollen gleichzeitig gegenüber unseren Kunden als Experten gelten. Ihnen eine Frage zu stellen ist uns peinlich und beängstigt uns. Was, wenn deine Kunden dir nicht mehr vertrauen? Musst du nicht schon alles über sie wissen? Werden sei weiterhin bei dir kaufen?

Interessanterweise ist fast immer das Gegenteil der Fall. Indem du deinen Kunden ehrliche Fragen stellst – die nicht auf den Verkauf oder auf die Darstellung von Kenntnissen beruhen, sondern darauf abzielen, Kunden besser zu verstehen, wer sie sind und was sie benötigen –, werden sich deine Kunden wertgeschätzt fühlen.

JEDER LÜGT (AUCH WENN ER ES NICHT MÖCHTE)

Reale Beobachtung ist äußerst wichtig. Die Körpersprache, den Gesichtsausdruck und das Verhalten zu verstehen, wird dir dabei helfen, ein klares Bild zu gewinnen. Das ist auch der Grund, weshalb du das als Designer selbst tun musst. Sei bei den Interviews präsent und beobachte das Verhalten deines Gegenübers. Erlaube deinem Verstand, Verbindungen herzustellen und Muster zu erkennen. „Zu sehen, wie jemand eine Aufgabe erledigt, wird dir zeigen, wo die Probleme und Lücken wirklich liegen, nicht wo der Kunde denkt, dass sie liegen“ (nach Fitzpatrick).

Weitere Informationen über Rob Fitzpatrick in „Fragen beherrschen“ auf Seite 88

MACHE ES ZUR GEWOHNHEIT

Für Designer ist beobachten und Fragen stellen tägliche Gewohnheit. Wenn du anfängst, mehr uber die Welt um dich herum zu erkennen, dann fängst du an, deine Aufmerksamkeit verschiedenen Details und versteckten Signalen zu schenken. Indem du Fragen stellst, anstatt mit Behauptungen zu beginnen, wirst du viel neugieriger. Dein Verstand wird sich an diese Neugier anpassen und beginnen, interessante Verknüpfungen zwischen der Beobachtung, der Befragung und der Analyse zu erstellen. Du wirst beginnen, Muster zu sehen, die andere nicht sehen. Deine Intuition wird sich weiterentwickeln, und du wirst Bedürfnisse von Kunden sehen, bevor diese sie benennen. ■

NIMM DEN **HÖRER IN DIE HAND!**

Wir arbeiteten mit einem Heimpflegeunternehmen. Die Geschäftsführerin hatte eine Idee, die ein neues Kundensegment beinhaltete: Krankenhäuser. Sie wollte zwei Monate Schreibtischforschung betreiben. Wir sagten ihr, dass sie auf keinen Fall lange warten sollte, dieses Kundensegment besser zu verstehen. D. h. verlasse dich nicht auf Schreibtischforschung; habe stattdessen echte Gespräche. Ich stand neben ihr und schlug vor, dass sie den Leiter eines Krankenhauses anrufen sollte, den sie bereits gut kannte. Sie verspürte zwar ein wenig Druck, nahm aber den Hörer in die Hand und rief ihn an. Der Leiter des Krankenhauses war über den Anruf und die Einladung zu einem Mittagessen sehr erfreut.

Beide hatten während des Mittagessens ein gutes Gespräch, und sie gewann wichtige Kundeneinblicke, die ihr klarmachten, dass sie sich nicht auf das echte Kundenbedürfnis konzentrierte. Mit einem Mittagessen sparte sie sich Monate der sinnlosen Schreibtischforschung und unzählige Stunden Recherchezeit. Sie gewann nicht nur Einblicke, sondern vertiefte auch eine wertvolle Kundenbeziehung.

Maaike Doyer
Strategie-Designerin

WERKZEUG **CUSTOMER JOURNEY**

PERSÖNLICH

Skizziere Kundeneinblicke

± 45 MIN

Arbeitssession

3–5

Teilnehmer je Gruppe

Die Customer Journey ist ein Werkzeug, das dir dabei hilft, einen Einblick darüber zu bekommen, wie ein Kunde ein Problem wahrnimmt, das du versuchst, für ihn zu lösen. Wie taucht dieses Problem in seinem Leben auf? Wie verläuft es? Wie interagieren Kunden mit dir?

DIE CUSTOMER EXPERIENCE DARSTELLEN

Das Skizzieren der Customer Journey wird dir Erkenntnisse darüber liefern, wie Kunden ein Produkt oder eine Dienstleistung wahrnehmen und wie sie besser bedient oder sogar begeistert werden können. Das trifft besonders zu, wenn du die Journey gemeinsam mit deinen Kunden gestaltest oder deine Annahmen mit ihnen prüfst. Was sind die Umstände? Wie fühlen sich die Kunden? In welchen Momenten kann die Kundenerfahrung am meisten verbessert werden?

NICHT LINEAR

Customer Journeys sind nicht linear. Ob ein Kunde von einer Phase in die andere gelangt, hängt von vielen Faktoren ab. Sie interagieren mit einigen Kontaktpunkten und lassen andere aus. Als Designer ist es deine Aufgabe, die Momente zu verstehen, mit denen sich Kunden beschäftigen, um somit bessere Erfahrungen für sie in der Zukunft zu gestalten. Dieses Werkzeug hilft dir, Produkte und Dienstleistungen mit den Augen der Kunden zu sehen.
Natürlich wird keine Customer Journey gänzlich oder ohne Annahmen erstellt. Die Gestaltung der Customer Journey beruht auf dem Wissen und den Einblicken deines Teams. Dieses Werkzeug hilft dir einfach, aus Sicht des Kunden ein Verständnis aufzubauen.

ZURÜCK ZUR REALITÄT

Das Customer Journey Canvas macht die Dinge greifbar. Durch die Skizze kannst du identifizieren, an welchen Stellen Kunden stocken und an welchen Stellen sie gute Erfahrungen machen. Ein Ergebnis beim Einsatz dieses Werkzeugs mit deinem Team ist, dass ihr gemeinsam eine Customer Journey gestaltet habt und direkt echte Kundendaten integrieren könnt, die ihr mittels Kundensafaris, Interviews und Feedback gewonnen habt. Das wird dir ermöglichen, fundierte Entscheidungen zu treffen, die auf der Realität beruhen. Die Customer Journey ist für jeden relevant. Jeder aus deinem Team und deinem Unternehmen muss verstehen, welche Erfahrungen eure Kunden machen, wie sie sich fühlen, womit sie zu kämpfen haben und wie diese Erfahrung verbessert werden kann. Das zugrunde liegende Ziel: die Probleme unserer Kunden zu lösen und Kunden glücklich zu machen. ■

PERSONA
Beginne mit der Definition von Kunden-Personas, für die du die Journey gestaltest. Sei spezifisch (z.B. Name, Alter, Beziehungsstatus).

KONTAKTPUNKTE
Was sind die unterschiedlichen Momente der Interaktion mit dem Kunden (z.B. in einem Geschäft, online, über ein Webinar, per Telefon, per E-Mail oder in Verträgen)?

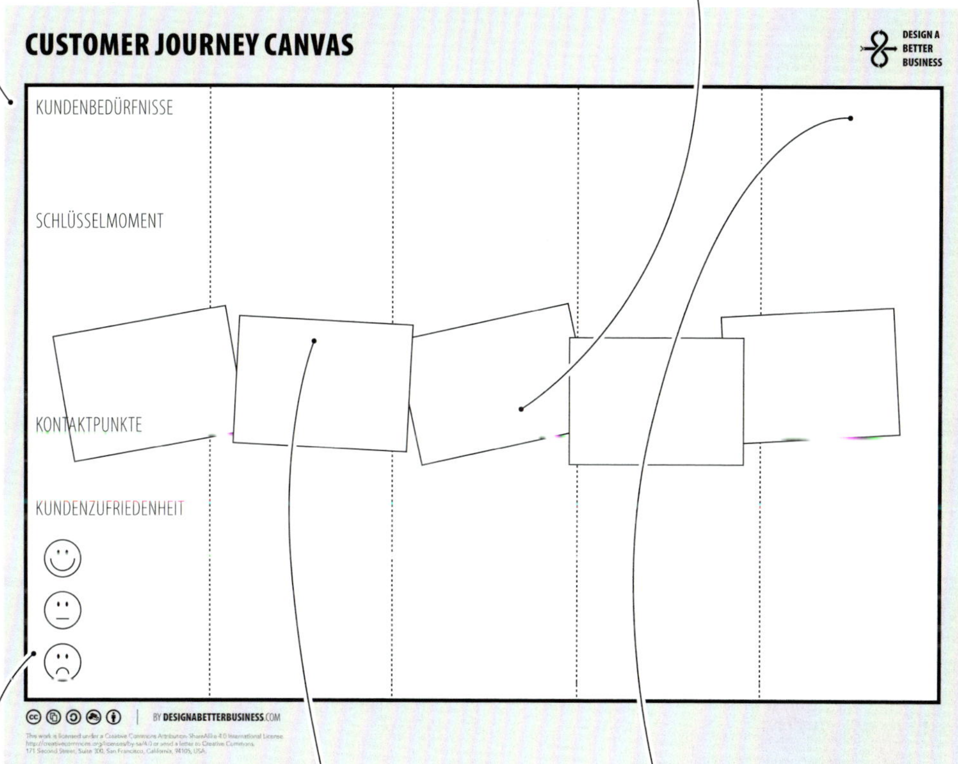

STIMMUNG
Wie ist die Stimmung des Kunden in dem bestimmten Moment? Ist er glücklich, frustiert, wütend? Was sind die Gründe?

ZEITABLAUF UND PHASEN
Definiere mindestens 5 Momente der Journey. Wie ist die Zeitspanne? Welches sind die schrittweisen Erfahrungen des Kunden? Wie viel Zeit ist während der Journey vergangen? Mache es nicht zu kompliziert. Teste das mit Kunden (siehe Seite 86), um Anpassungen vorzunehmen.

KUNDENBEDÜRFNISSE
Welche Aufgabe möchte der Kunde in der jeweiligen Phase erledigen? Wenn zum Beispiel dein Kunde nach einem Anbieter sucht, dann müssen wir die verschiedenen Kontaktpunkte kennen. Welche Fragen hat der Kunde in der jeweiligen Phase?

DOWNLOAD
Lade das Customer Journey Canvas hier herunter: www.designabetterbusiness.com

Lade das Persona Canvas hier herunter: www.designabetterbusiness.com

CHECKLISTE

- ☐ Ist die Persona spezifisch genug?
- ☐ Ist die Journey vollständig? Fehlen bestimmte Momente?
- ☐ Frage dich, wo die Journey tatsächlich beginnt und endet.
- ☐ Kategorien, die du ausgelassen hast, kannst du nicht analysieren.

NÄCHSTE SCHRITTE

› Validiere deine Annahmen mit einer Kundensafari (siehe Seite 102).

BEISPIEL **KUNDENSAFARI**

Die Kundensafari ist der beste Weg, deine Kunden kennenzulernen. Halte dich zurück – sprich sie nicht sofort an! Du wirst viel lernen, wenn du sie im Alltag beobachtest; Interviews und Fragen kommen später. Aber pass auf! Deine Kunden könnten dich anlügen.

1 NIMM DAS PASSENDE MINDSET AN

Die Hauptregel für eine Safari ist eine gute Vorbereitung. Ein Teil dieser Vorbereitung ist die Erarbeitung des Customer Journey Canvas (Seite 100). Welche Annahmen möchtest du prüfen und welche Fragen beantwortet haben? Stelle sicher, dass du das richtige Team hast und dass jedes Mitglied neugierig ist. Sei dir darüber bewusst, dass deine vorhandene Einstellung deine Wahrnehmung trübt. Wenn du dir dessen im Vorfeld bewusst bist, dann kannst du später Korrekturen vornehmen.

2 BEGINNE MIT DEM OFFENSICHTLICHEN

Hast du Schwierigkeiten, anzufangen? Welche Kunden sollen befragt werden? Welcher Ort ist geeignet? Beginne mit dem Offensichtlichen: befrage bestehende Kunden. Wenn du keine bestehenden Kunden hast, dann befrage Kunden eines Wettbewerbers. Es gibt nämlich keinen „vollkommenen" Kunden, den es zu beobachten oder zu interviewen gilt: Am Anfang ist alles neu.

3 MACH ES SELSBT

Manchmal ist der geeignete Ort, um Kunden zu beobachten, nicht ausreichend, um ein Gefühl dafür zu bekommen, was sie sehen und welche Erfahrungen sie machen. Daher lohnt es sich, eine Tour zu machen. Nimm ein Notizbuch und eine Kamera und folge dem Weg, den ein Kunde nehmen würde. Was siehst du? Ist dort etwas Interessantes? Bitte Kunden, selbst den Weg zu gehen und halte ihre Erfahrungen fest.

4 WORAUF DU ACHTEN SOLLTEST

Wenn du befragst und beobachtest, dann halte nach jenen Dingen Ausschau, die sich stark von deinen Erwartungen unterscheiden. Versuche den Grund für die Antwort des Kunden zu finden. Seine Gedanken und Gefühle könnten dir neue Perspektiven eröffnen. Du versuchst, sowohl das „Normale“ als auch die „Ausreißer“ und die „Ausnahmen“ zu erkennen. Was heute 1 Prozent ausmacht, kann morgen 100 Prozent ausmachen.

5 HALTE INFORMATIONEN FEST

Halte alles fest, mache Bilder und Audioaufnahmen, wenn möglich: Höre jetzt zu und analysiere später! Wenn du Dinge festhälst, dann machst du dir ein klares Bild. Passe nichts an und lasse nichts aus; die Analyse findet später statt. Wenn du dir ein Bild machst, dann kannst du damit beginnen, Informationen zu sammeln. Die Kombination aus qualitativen und quantitativen Informationen erlaubt deinem Verstand, Vermutungen anzustellen.

6 TREFFE ENTSCHEIDUNGEN

Prüfe mit deinem Team die festgehaltenen Informationen. Setze eine Punkteabfrage ein, um herauszufinden, was wichtig ist. Entscheidet, ob ihr tiefer eintauchen müsst oder eine Wiederholung nötig ist. Wenn sich das Gesamtbild zwischen den Wiederholungen nicht mehr stark verändert, dann ist es an der Zeit, Entscheidungen zu treffen. Vergleiche dein Gesamtbild mit dem, was du während der Customer Journey dachtest. Wo gibt es Unterschiede? Musst du deinen Point of View anpassen?

EINFÜHRUNG **VALUE PROPOSITION**

Großartige Geschäftsmodelle und Strategien beruhen auf großartigen Nutzenversprechen. Großartige Nutzenversprechen konzentrieren sich auf die Kundenaufgaben. Clayton Christensen entwickelte das („Jobs-to-be-done")-Raster als nützliches Hilfsmittel, um die Motivationen von Kunden im geschäftlichen Kontext zu betrachten.

Herkömmliche Marketinginstrumente lehren uns, Kunden nach Attributen wie Alter, Familienstand und anderen Qualitäten zu kategorisieren. Dies führt zu Produktkategorien, die das beinhalten, was Unternehmen verkaufen möchten, nicht was Kunden wirklich benötigen.

Die Umstände, die im Leben des Kunden entstehen, sind nicht immer einfach zu erheben. Kunden treffen selten Kaufentscheidungen auf Basis von dem, was der „durchschnittliche" Kunde einer Kategorie tun würde. Kunden kaufen aber häufig Dinge, von denen sie denken, dass sie Probleme lösen. Hier kommen das „Jobs-to-be-done"-Raster von Clayton Christensen und das Nutzenversprechen zum Einsatz.

Alex Osterwalder, Yves Pigneur, Greg Bernarda und Alan Smith haben das Buch *Value Proposition Design*, verfasst. Sie beschreiben, wie Produkte und Dienstleistungen gestaltet werden sollen, die von Kunden verlangt werden.

Indem die Aufgabe des Kunden verstanden wird, für die Produkte oder Dienstleistungen eingesetzt werden, können Unternehmen Marktlösungen gezielter entwickeln und an die Kunden anpassen. Eine Möglichkeit, deinen Point of View anzureichern und mehr über die Kundenaufgaben zu lernen, ist Kunden in ihrem echten Umfeld zu beobachten. Dadurch wirst du mehr über deren echte Probleme erfahren, die sie lösen möchten. Frage dich: Was ist DEINE Aufgabe? Willst du an vorhandenen oder an neuen Kundensegmenten arbeiten? Das bestimmt den Fokus deiner Arbeit mit dem Value Proposition Canvas (siehe Seite 106). Verstehe das Kundenprofil (rechts), verstehe die Wertekarte (linke Seite) und blicke auf den Problem-Lösungs-Fit oder Produkt-Markt-Fit (mittig).

DAS VALUE PROPOSITION CANVAS HILFT DIR, KUNDENAUFGABEN ZU GESTALTEN UND ZU VALIDIEREN.

PRODUKT VS. BEDÜRFNIS

Benötigst du eine Bohrmaschine? Oder brauchst du ein Loch in der Wand?

Benötigst du einen Roboter? Oder musst du die Produktion beschleunigen?

Die meisten Unternehmen sind produktorientiert. Unser Fokus sollte aber nicht auf dem Produkt liegen. Produkte sind dazu da, Kunden dabei zu helfen, ihre Probleme zu lösen. Sobald du die Probleme deiner Kunden verstehst, kannst du besser innovieren.

Spotify erkannte zum Beispiel, dass die meisten Menschen nicht daran interessiert sind, Musik zu „besitzen". Es geht also nicht darum, Platten oder CD´s zu besitzen. Sie möchten nicht einmal Musik auf ihrer Festplatte haben – das macht ihnen nur Arbeit. Am Ende möchten Menschen einfach nur Musik hören. Somit ist der Unterschied zwischen dem Herunterladen und dem Streamen eines Liedes nicht scharf getrennt. Was allerdings deutlich wird, ist, dass Menschen einen Zugang zu Musik möchten. „Wenn ich ein bestimmtes Lied von Justin Bieber überall und jederzeit bekommen kann, wo liegt dann der Unterschied?" ■

DER MENSCHLICHE **KONTEXT**

Bei Intel versuchen wir, eine integrierte Sicht von Innovation zu erlangen. Wir kombinieren die besten Ideen und Methoden zu einem geeigneten Ansatz, um als einzigartiges Technologieunternehmen unsere Herauforderungen zu lösen. Wir sind der Antrieb für viele verschiedene Anwendungen, die sich sehr schnell ausweiten.
Weil die Bandbreite so groß ist, nehmen wir Marktforschung und persönliche Interviews zu Hilfe, um den menschlichen Kontext im Leben unserer Kunden zu begreifen. Dabei berücksichtigen wir auch, wie Technologie auf kulturelle Einflüsse reagiert. Wir verwenden zudem Werkzeuge, um komplexe Systeme zu verstehen. Diese Werkzeuge entstammen z.B. aus der Ökologie, um zu verstehen, wie sich Netzwerke von abhängigen Akteuren gegenseitig beeinflussen.
Da unsere Ideen zu nachhaltigen Geschäften werden müssen, verwenden wir Innovationswerkzeuge und -prozesse, angefangen von Lean Startup über Business Model Generation, die uns dabei unterstützen, unsere Arbeitsweise zu verbessern.
Somit können wir neue Geschäftsmodelle suchen und testen. Am Ende des Tages geht es darum, menschliche Bedürfnisse zu verstehen und relevante Probleme zu lösen.

Muki Hansteen-Izora
Chefstratege,
Intel Labs

WERKZEUG **VALUE PROPOSITION CANVAS**

FOKUS
Verstehe deine Value Proposition

±45 MIN
Schnellkochtopf

3–5
Teilnehmer je Gruppe

Wenn es an der Zeit ist, deine Kunden einschließlich ihrer Jobs-to-be-done, Schmerzen, Freuden und deines Angebots zu verstehen, dann ist das Value Proposition Canvas von Alex Osterwalder (Strategyzer) ein gutes Werkzeug, um dir zu helfen.

BEGINNE IMMER MIT DEM KUNDEN

Wenn du mit dem Value Proposition Canvas arbeitest, dann beginne immer mit dem Kunden. Du hast sicher viele Kundensegmente, die du bedienst (oder bedienen möchtest). Zunächst solltest du mit deinem Team besprechen, wer ganz allgemein eure Kunden sind, um auf dieser Basis zu entscheiden, für wen etwas entwickelt werden soll.

FRAGE OFT GENUG NACH DEM „WARUM"

Sobald ihr die Entscheidung über die Kunden getroffen habt, könnt ihr mit Klebezetteln arbeiten, um die Aufgaben eurer Kunden zu spezifizieren. Welche sozialen, emotionalen und funktionalen Aufgaben müssen deine Kunden täglich erledigen? Kunden haben funktionale Aufgaben, die du wahrscheinlich kennst. Du wirst aber auch analysieren müssen, wie sie diese Aufgaben erledigen, wie sie sich fühlen und welche sozialen Aspekte relevant sind. So kann ein Elternteil die Aufgabe haben, sein Kind zur Schule zu bringen. Funktionale Aufgaben können Pünktlichkeit, ein gepflegtes Äußeres des Kindes (sozialer Status) und das Gefühl des Kindes, geliebt und geschätzt zu werden, sein. Frage oft genug nach dem „Warum", um diese Informationen zu erhalten. Auf die Schmerzen und Sorgen kommt man gewöhnlich am leichtesten. Was steht den Aufgaben der Person im Weg? Der Freude und Lust entziehen sich die meisten Nutzer beim erstmaligen Verwenden des Value Proposition Canvas. Freude und Lust sind NICHT einfach das Gegenteil von Schmerzen und Frust. Freude und Lust stellen verborgene Ziele von Menschen dar. Es ist die Aufgabe des Designers, diese durch die richtigen Fragen herauszufinden. Wonach strebt dein Kunde wirklich, und was kann er gerade nicht tun? Zurück zu unserem Beispiel: Vielleicht möchte das Elternteil ja als Held vor seinen Kindern und vor anderen Eltern dastehen oder sehen, dass seine Kinder erfolgreich sind.

DEINE AUFGABE

Nachdem du die rechte Seite des Value Proposition Canvas ausgefüllt hast, kannst du mit der linken Seite fortfahren. Führe zunächst einige Lösungsoptionen auf, die dir einfallen. Du hast vielleicht schon welche oder könntest einige während einer Ideenfindung ableiten (siehe nächstes Kapitel). Auf dieser Basis musst du entscheiden, wie diese Lösungsoptionen eingesetzt werden können, um die Aufgaben, die Schmerzen und Freuden deiner Kunden auf einzigartige Weise zu adressieren. Der regelmäßige Einsatz des Value Proposition Canvas hilft dir dabei, auf andere Art über deine Kunden nachzudenken. Noch wichtiger: Deine Kunden werden wissen, warum sie dich ausgewählt haben, um ihre Bedürfnisse zu befriedigen. ■

FREUDEMACHER
Was kannst du deinem Kunden anbieten, um ihm dabei zu helfen, seine Ziele zu erreichen? Sei konkret (in der Quantität und Qualität).

FREUDE UND LUST
Was würde deinen Kunden glücklich machen? Welche Ergebnisse erwartet er und was würde seine Erwartungen übertreffen? Denke an den sozialen, funktionalen oder finanziellen Nutzen.

PERSONA
Wer ist der Kunde/die Kundin? Ist der Käufer auch der Nutzer, der Entscheider?

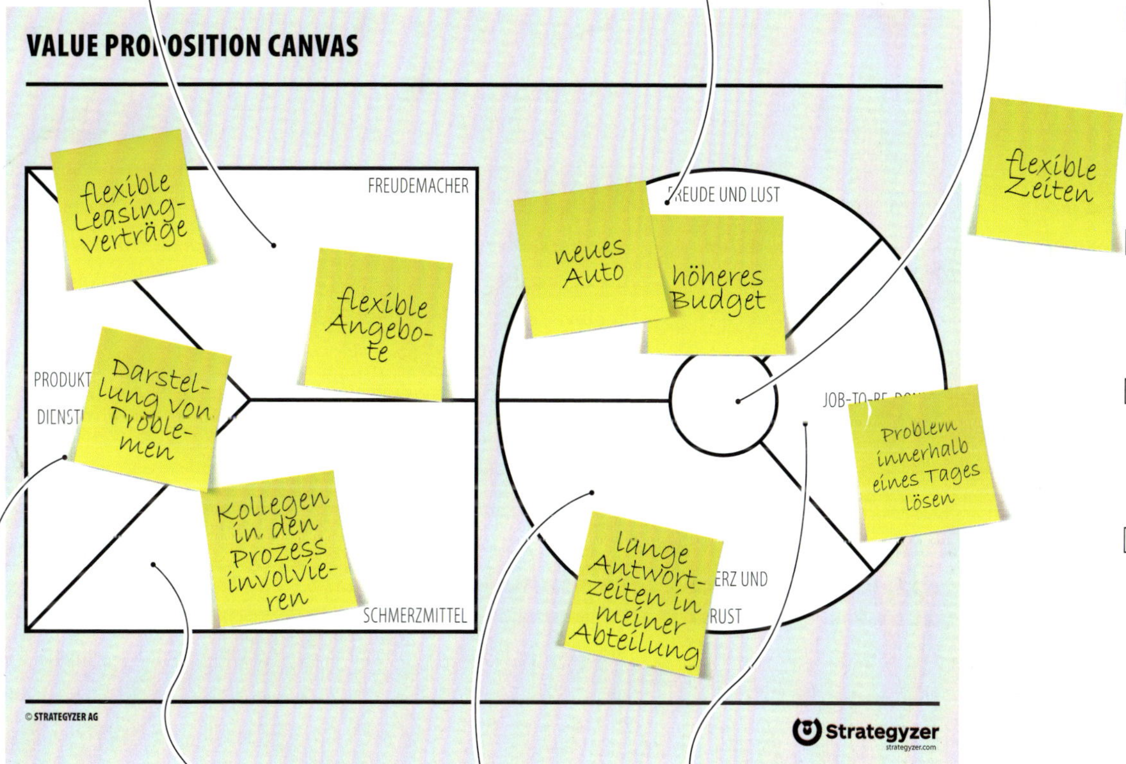

PRODUKTE UND DIENSTLEISTUNGEN
Welche Produkte und Dienstleistungen kannst du anbieten, damit deine Kunden ihre Aufgaben erledigen können?

SCHMERZMITTEL
Wie kannst du deinen Kunden helfen, ihre Schmerzen zu lindern? Sei spezifisch, wie genau die Schmerzmittel helfen.

SCHMERZ UND FRUST
Was stört deinen Kunden bzw. bereitet ihm Schwierigkeiten? Was hindert ihn daran, seine Aufgabe zu erledigen bzw. Aktivitäten durchzuführen?

JOB-TO-BE-DONE
Welche Aufgabe versucht dein Kunde beruflich oder privat zu erledigen? Dies kann funktional und sozial sein. Welche Grundbedürfnisse haben deine Kunden (emotional und/oder persönlich)?

DOWNLOAD
Lade das Value Proposition Canvas hier herunter: www.designabetterbusiness.com

CHECKLISTE

- ☐ Du hast eine Persona je Canvas erstellt.
- ☐ Du hast mindestens fünf funktionale, soziale und emotionale Aufgaben identifiziert und priorisiert.
- ☐ Du hast mindestens fünf Punkte identifiziert und priorisiert, die dem Kunden Schmerzen/Frust bereiten.
- ☐ Du hast mindestens fünf Punkte identifiziert und priorisiert, die dem Kunden Freude/Lust bereiten.
- ☐ Die Freudemacher und Schmerzmittel addressieren direkt die Schmerzen und Freuden.

NÄCHSTE SCHRITTE

- Erstelle Prototypen und validiere deine Annahmen.
- Prüfe deine Annahmen mit Kunden. Sind sie relevant?

VERSTEHE **DEINEN KONTEXT**

Wenn du den übergreifenden Kontext verstehst, in dem sich dein Unternehmen befindet, dann wirst du Erkenntnisse erlangen, wie du dein Geschäft in Zukunft ausrichten musst. Die meisten Unternehmen gehen allerdings in dieser Hinsicht nicht weit genug.

ÜBERALL SIGNALE AUS DER ZUKUNFT

Trends und Wettbewerber werden dir häufig nur einen Teil des Bildes liefern. Und wenn du nur dem folgst, was deine Wettbewerber tun, riskierst du, etwas wirklich Wichtiges zu verpassen. Du benötigst einen Ansatz für den Gesamtkontext, der über die Wettbewerbslandschaft hinausgeht. Wenn du deinen Kontext verstehst, dann wirst du ein klares Bild zu heutigen Trends bekommen und schwache Signale erkennen, die die Zukunft beeinflussen werden. Diese Analyse des Kontext beinhaltet: Markttrends, Technologietrends, Regularien, Wirtschaftsklima, Kundenbedürfnisse, Wettbewerber und sogar Unsicherheiten. Es ist wichtig, diese Signale, Trends, Fakten und Wettbewerber nicht nur in Bezug auf dein aktuelles Geschäft zu analysieren. Für ein klares Bild über die Zukunft musst du über dein Unternehmen hinausgehen. Wer sind zukünftige Wettbewerber und „aufstrebende Unternehmen“, die noch zu jung sind, um als Wettbewerber zu gelten? Wo bist du unsicher, was vielleicht deine Zukunft beeinflussen könnte? Wahlergebnisse? Kraftstoffpreise?

DIE ZUKUNFT HAT BEREITS BEGONNEN. SIE IST NUR NOCH NICHT GLEICHMÄSSIG VERTEILT.

// Willam Gibson
Autor

DER ERWEITERTE KONTEXT

Als Spotify auf den Markt kam, sahen die meisten Menschen dies als direkte Herausforderung für den größten Wettbewerber in der Musikbranche: Apple. Natürlich ist das nur ein Teil der Geschichte. Apple ebnete den meisten digitalen Musik-Anbietern den Weg. Die Gründer von Spotify nutzten ihr Verständnis über den größeren Kontext der Musikbranche, um sich als Marktführer für Streaming-Dienste zu etablieren. Dieser Kontext beinhaltete Trends für Cloud-Technologien und den Wunsch von Kunden, Musik zu hören und nicht zwingend zu besitzen, eine veränderte gesetzliche Lage (die Apple mit verändert hat) und ein wirtschaftliches Umfeld, das Plattenfirmen zwang, nach neuen Erlösquellen zu suchen.

BLEIB WACHSAM

Der Kontext ist nicht statisch. Er ändert sich täglich – in einigen Branchen jede Minute. Das permanente Verstehen des Kontextes erfordert die ständige Beobachtung. Sobald du dir ein klares Bild über den heutigen Zusammenhang gemacht hast, kannst du auch versuchen, einen Zusammenhang für morgen oder für fünf Jahre im Voraus zu entwickeln. Was sind die Unterschiede? Was denkst du, wird sich im Laufe der Zeit verändern? Die Zeit zeigt dir, welche Annahmen sich als richtig oder falsch erweisen.

DIE ZUKUNFT BESUCHEN

Die Zukunft zu besuchen, ist nicht so schwer, wie du vielleicht denkst. Um uns herum gibt es so viele Zukunftssignale. Auch wenn das sonderbar klingt: in modernen Kunstmuseen, bei Hackathons und sogar bei „Burning Man", einem jährlichen Festival in der Wüste von Nevada. Du musst nicht warten. Es gibt viele Signale direkt auf deinem mobilen Endgerät. Soziale Netze oder Twitter sind voll von Signalen, die für deinen Kontext relevant sein können.

Der Schlüssel ist, dass dein gegenwärtiger (und zukünftiger) Kontext nicht von einem einzelnen Bericht eingefangen werden kann. Jeder Bericht, der deine Strategie untermauert (oder widerlegt), ist nur ein kleiner Gesichtspunkt. Und wenn diese Information die *Harvard Business Review* erreicht, dann ist es sehr wahrscheinlich, dass der Kontext sich bereits etabliert hat. Um deinen Kontext zu umreißen, benötigst du ein Team. Diversität stellt dabei sicher, dass du die meisten aktuellen und zukünftigen Einflussfaktoren für dein Unternehmen festhältst und bewertest. ■

TIPP! Verwechsle das Verstehen des Kontextes nicht mit Marktforschung. Marktforschung ist unschätzbar, um Trends zu einem späteren Zeitpunkt deiner Reise zu bestätigen. Das Verstehen deines gegenwärtigen Zusammenhangs dient in erster Linie dazu, Möglichkeiten zu erkennen und zu bewerten.

VON NATUR AUS **NEUGIERIG**

Ich bin ein sehr neugieriger Mensch. Deshalb liebe ich meinen Job! Ich bin ein professioneller Trendbeobachter. Ich helfe Unternehmen dabei, die Welt um sie herum zu verstehen. Der Schlüssel für meine Arbeit ist die ständige Beobachtung und Strukturierung von Informationen. Twitter gehört zum Beispiel zu einem meiner Werkzeuge. Twittern strukturiert automatisch die Informationen, die ich im Kopf habe. Aber twittern alleine reicht nicht aus:
Um Trends aufzudecken, suche ich „den roten Faden", der mehrere Tweets verbindet. Sobald ich denke, einen Trend entdeckt zu haben, greife ich auf mein Netzwerk zurück, um ihn zu validieren.
Um das selbst zu tun, kannst du mit deinem eigenen Standpunkt beginnen. Warum brauchst du diese Informationen? Sammle und strukturiere sie. Jeder in deinem Netzwerk hat Informationen, die aber wahrscheinlich nicht strukturiert sind. Suche außerhalb deiner Branche. Finde Dinge, von denen du keine Ahnung hast. Strukturiere anschließend alle Informationen. Die Strukturen, die du entwickelst, werden Muster und Verschiebungen hervorbringen. Das ist dein Startpunkt für neue Ideen.

Farid Tabarki
Trendforscher
Studio Zeitgeist

WERKZEUG **CONTEXT CANVAS®**

Ursprünglich entwickelt von David Sibbet, The Grove Consultants International

FOKUS
Verstehe deinen Kontext

±30 MIN
Schnellkochtopf

3–5
Teilnehmer je Gruppe

Das Context Canvas® ist unser Ansatz, um dir zu helfen, den Kontext deines Unternehmens zu verstehen. Verwende das Template, um Trends mit deinem Team auszuarbeiten und verschiedene Perspektiven zu teilen. Es unterstützt dich dabei, Einflussfaktoren außerhalb deines Unternehmens zu finden und Diskussionen darüber zu führen, wie diese dein Unternehmen heute und zukünftig verändern.

DENKE ÜBER DEIN UNTERNEHMEN HINAUS

Wenn Teams beginnen, den Zusammenhang ihres Produktes oder Unternehmens zu analysieren, dann nehmen sie meistens eine kurzfristige Orientierung ein. Das Context Canvas® dient dir und deinem Team dazu, einen größeren Kontext einzubeziehen, der über dein Produkt und Unternehmen hinausgeht. Somit kannst du Diskussionen darüber führen, was in der Welt passiert, was sich verändert und was dein Unternehmen in der Zukunft betreffen wird.

ARBEITE IN SUB-TEAMS

Die beste Art, das Context Canvas® einzusetzen, ist, dein Team in Sub-Teams zu teilen und jedem Sub-Team ein bis zwei Bereiche des Context Canvas® zuzuteilen. Ein Sub-Team könnte zum Beispiel demografische und technologische Trends analysieren.

Gib jedem Sub-Team ein paar Minuten Zeit (z.B. 30 Minuten), um detaillierte Diskussionen darüber zu führen, was in jedem Bereich relevant ist, und die Erkenntnisse auf Notizzetteln festzuhalten. Entscheidend ist, über die Einflussfaktoren der Vergangenheit für dein Produkt bzw. Unternehmen hinauszugehen. Es geht also um den gesamten Kontext deiner Branche und über die gesamte Welt, die deine Design-Kriterien und Optionen für die Zukunft definieren.

HALTE SCHLÜSSELTREIBER FEST

Sobald alle Sub-Teams die Schlüsseltreiber für ihren Bereich festgelegt haben, sollte je ein Vertreter der Reihe nach die wichtigsten Schlüsseltreiber auf dem Context Canvas® aufführen und diese erläutern. Das wird Diskussionen mit den anderen Sub-Teams anregen und dazu führen, dass weitere Schlüsseltreiber identifiziert werden.

GEMEINSAMER POINT OF VIEW

Abschließend sollte das gesamte Team die wichtigsten Schlüsseltreiber auswählen, die die Zukunft deines Unternehmens oder deine Design Journey beeinflussen. Wenn du das Ergebnis betrachtest, dann wirst du ein Zukunftsbild aus Sicht des gesamten Teams und nicht aus Sicht eines Experten sehen. ■

Die Context Map wurde ursprünglich von David Sibbet (The Grove) entwickelt. Weitere Informationen findest du in seinem Buch *Visual Meetings*.

DEMOGRAFISCHE TRENDS
Suche nach Daten über die Demografie, das Ausbildungsniveau und die Arbeitssituation. Was sind die großen Veränderungen in diesen Bereichen? Welche Regeln und Regularien gibt es?

WIRTSCHAFTSKLIMA
Sei mit deinen Beschreibungen spezifisch und halte dich mit Füllwörtern und Abstraktionen zurück. Was ist dir zum Beispiel in Bezug auf das Wirtschaftsklima wichtig?

WETTBEWERB
Versuche, unerwartete Wettbewerber zu identifizieren. Gibt es Neueintritte? Wettbewerber, die einen unerwarteten Ursprung haben?

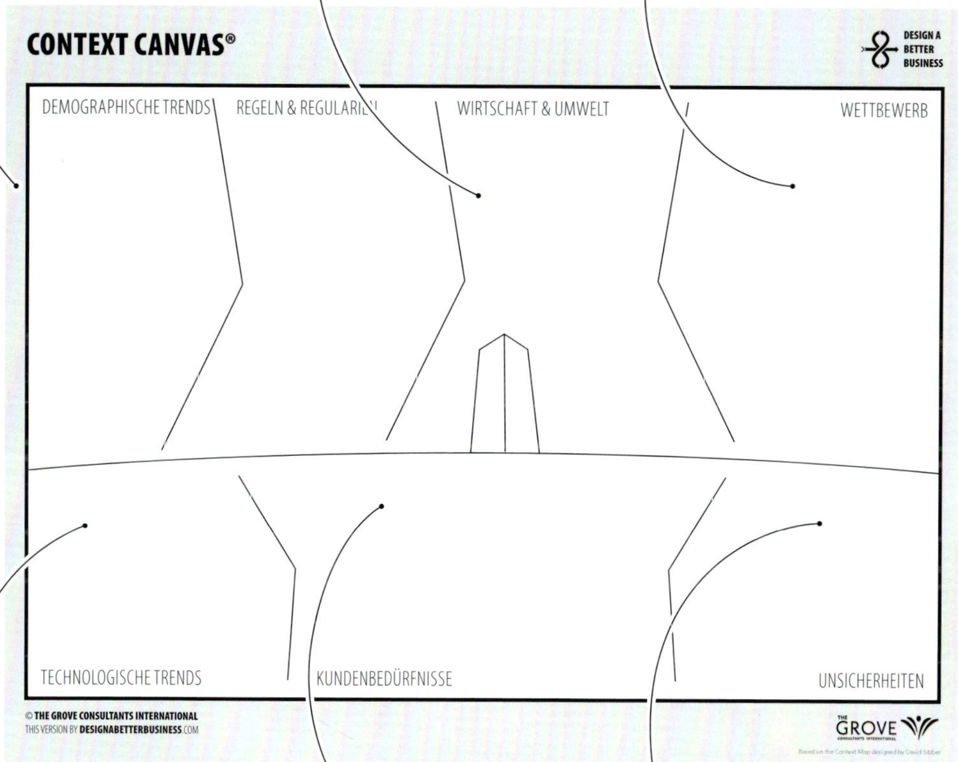

TECHNOLOGISCHE TRENDS
Welche technologischen Trends siehst du aufkommen, die dein Unternehmen beeinflussen?

KUNDENBEDÜRFNISSE
Welche neuen Kundenbedürfnisse treten auf? Siehst du große Verschiebungen in ihrem Verhalten? Werden Trends zum Mainstream?

UNSICHERHEITEN
Siehst du wichtige Unsicherheiten? Gibt es Dinge, die einen großen Einfluss haben, bei denen es aber unklar ist, wann und wie sie eintreten?

DOWNLOAD
Lade das Context Canvas® hier herunter: www.designabetterbusiness.com

CHECKLISTE

- ☐ Du hast alle Bereiche des Templates ausgefüllt.
- ☐ Du hast Belege für die Inhalte.
- ☐ Du hast die drei wichtigsten Chancen und Risiken identifiziert.

NÄCHSTE SCHRITTE

- Finde Belege für deine Annahmen.
- Prüfe deine Erkenntnisse mit den Meinungen anderer.
- Überprüfe das Context Canvas® in drei Monaten, um es zu aktualisieren und zu verifizieren.
- Aktualisiere deinen Point of View.
- Aktualisiere deine Design-Kriterien.

BEISPIEL **CONTEXT CANVAS®** BNP PARIBAS FORTIS

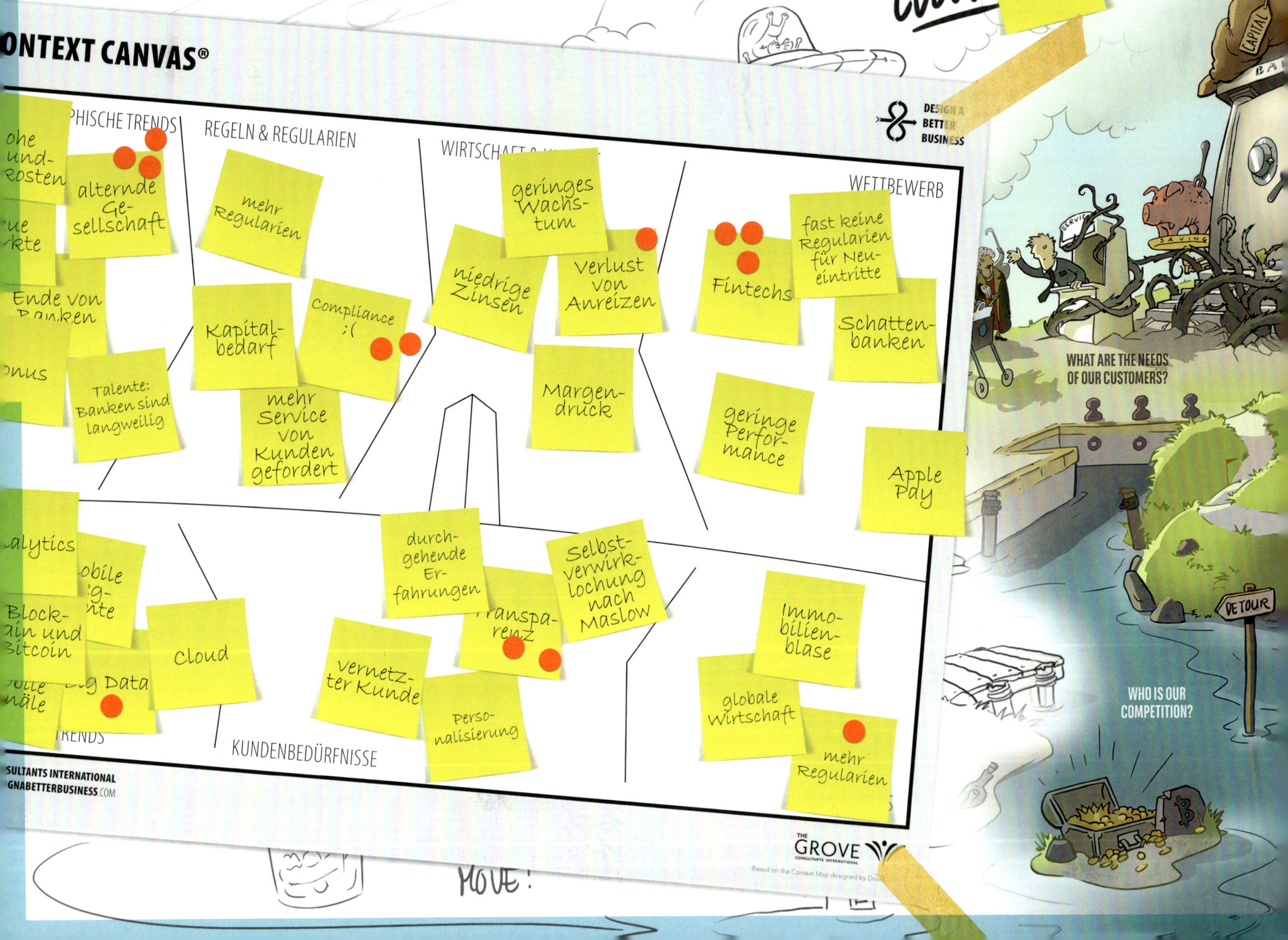

ZEIGE DIE DRINGLICHKEIT AUF

Meine Aufgabe ist es, die Herausforderungen des Managements in Zahlen, Bilder und Geschichten zu übersetzen, die jeder versteht. Ich versuche das einfach zu halten, indem ich Metaphern verwende. 2014 erkannte ich, dass die Bank, wie wir sie kennen, nicht mehr besteht, wir aber noch an unsere bestehenden Annahmen glaubten. Überspitzt formuliert, musste der Banker von gestern nur drei Zahlen kennen: 3-6-3. Gib 3 Prozent Guthabenzinsen, verlange 6 Prozent für Darlehen und gehe um drei Uhr zum Golfen.

Um in der heutigen Welt erfolgreich zu sein, muss sich jeder in der Bank des Gesamtzusammenhangs bewusst sein. Um dies zu unterstützen, musste ich eine Geschichte erzählen, die jedem im Kopf bleiben und über Zahlen sowie Graphiken hinausgehen und alle dazu verpflichten und anregen würde, die Bank zu ändern. Wir gestalteten „Die Welt der Banken" mit 2.000 Kollegen und visualisierten das Ergebnis mit Designern. Auf diese Weise beschäftigt sich jeder mit der Geschichte, die mit einem schnellen Blick verstanden werden kann. Wir konnten so die Ergebnisse mit all unseren Kollegen teilen.

Peter De Keyzer
Chefökonom,
BNP Paribas Fortis

EINFÜHRUNG ZUM **BUSINESS MODEL**

Wenn du über die Zukunft deines Geschäfts nachdenkst, sei es deine Gesamtstrategie, ein neues Produkt oder eine Dienstleistung, musst du dir zuerst Zeit nehmen und dein Geschäft in- und auswendig kennen. Das Business Model Canvas stellt eine einfache Art dar, wie jedes Geschäft Wert schaffen, bereitstellen und sichern kann.

VERSTEHE DEIN BUSINESS MODEL

Es ist entscheidend, zu verstehen, wie du für Kunden Wert schaffst. Das dient als Basis für jede Diskussion über dein Geschäft. Wer sind deine Kunden, und welche Probleme löst du für sie? Wie stiftest du diesen Wert für sie? Einer der besten Wege, diese Informationen zu strukturieren, ist der Einsatz des Business Model Canvas. Seit der Veröffentlichung des Buches „Business Model Generation" wird das Business Model Canvas als ein Instrument verstanden, das es ermöglicht, bessere strategische Gespräche zu führen, die auf einem gemeinsamen Verständnis mit einer gemeinsamen Sprache basieren.

VERSTEHE DEINE BUSINESS MODELS

Wenn du für ein großes Unternehmen arbeitest, dann kannst du unterschiedliche Nutzenversprechen und Geschäftsmodelle erstellen.

Weitere Informationen unter: *Business Model Generation* von Alexander Osterwalder und Yves Pigneur

DENKE NICHT, DASS DEIN TEAM DAS BUSINESS MODEL DEINES UNTERNEHMENS VERSTEHT.

Nimm zum Beispiel ein Krankenhaus. Ein akademisches Krankenhaus besteht aus drei separaten Geschäftsmodellen: 1) Pflege von Patienten, 2) Ausbildung und 3) Forschung. Jedes dieser Geschäftsmodelle hat sehr verschiedene Kunden, Nutzenversprechen und Erlösquellen.

VERSTEHE KONKURRIERENDE BUSINESS MODELS

Du kannst viel von deinen Wettbewerbern lernen. Wähle einige Wettbewerber aus und skizziere deren Geschäftsmodelle. Diese Informationen liefern dir Erkenntnisse darüber, was Kunden möchten und wofür sie bereit sind, zu bezahlen. Du wirst ein klareres Bild darüber bekommen, wie die Bedürfnisse von Kunden in der gesamten Branche befriedigt werden. Und du wirst Informationen darüber erhalten, wie andere Unternehmen, vielleicht sogar sehr erfolgreiche, ihre Stellung auf dem Markt aufgebaut haben.

VERSTEHE BUSINESS MODELS EINER INDUSTRIE

Bevor man mit einer neuen Idee in eine Branche startet, ist es lebenswichtig, ein Verständnis von den hier üblichen Geschäftsmodellen zu haben.

Wenn du zum Beispiel in der Solarindustrie agieren möchtest, dann musst du verstehen, wie führende Unternehmen wie SunEdison Geschäfte machen und Wert stiften. Jigar Schah lernte, indem er die Branche analysierte, eine Industrie, in der Kunden nicht bereit waren, für Sonnenkollektoren zu bezahlen, gleichzeitig aber nach Möglichkeiten suchten, ihre Stromrechnungen zu reduzieren. Er fing an, Energieverträge statt Sonnenkollektoren zu verkaufen. Er entwarf das Geschäftsmodell, das er „Energie-Kauf-Vereinbarung" nannte. Dieses Geschäftsmodell änderte den Status quo und erlaubte Unternehmen, Solarenergiedienstleistungen zu beziehen. Die Verträge waren langfristig, hatten festgelegte Preise und vermieden hohe Investitionen für den Betrieb von Sonnenkollektoren. Das SunEdison-Geschäftsmodell wird als eines der Katalysatoren gesehen, das dabei geholfen hat, die Solarindustrie in ein Milliarden-Dollargeschäft zu verwandeln.

EVALUIERE DEIN BUSINESS MODEL

Jedes Unternehmen ist permanent darum bemüht, sein Verständnis über die Kundensegmente zu verbessern, die es bedient. Auf Seite 117 sind sieben nützliche Fragen aufgeführt, um dein Geschäftsmodell zu bewerten. ■

DIE MEISTEN UNTERNEHMEN KENNEN IHRE KUNDEN NICHT. SIE KENNEN NUR IHRE TRANSAKTIONEN.

SO VIELE **BUSINESS MODELS**

2010 wollten wir eine neue Strategie entwickeln, die sich mehr auf unsere Kunden fokussiert. Aber wo anfangen? Wir begriffen, dass wir viele verschiedene Abteilungen hatten, die in demselben Krankenhaus agierten, aber auf unterschiedliche Weise funktionierten.

Sie hatten verschiedene Kunden, verschiedene Partner und verschiedene Nutzenversprechen. Wir begriffen, dass wir unterschiedliche Geschäftsmodelle hatten, weshalb wir ganz von vorne begannen. Wir mussten von jeder Abteilung lernen, wie deren Geschäftsmodell funktioniert und wie es in dem des Krankenhauses integriert war.

Indem sie ihr Geschäftsmodell verstanden, hatten die Abteilungen bessere Einblicke in ihr eigenes Unternehmen und in das der anderen (siehe Seite 117).

Frits van Merode
Vorstandsmitglied, Medizinisches Universitätszentrum Maastricht

WERKZEUG **BUSINESS MODEL CANVAS**

Entwickelt von Alexander Osterwalder

Das Business Model Canvas ist ein gutes Werkzeug, das dir dabei hilft, ein Geschäftsmodell auf eine klare und strukturierte Weise zu verstehen. Sein Einsatz wird zu Erkenntnissen über deine Kunden, dein Nutzenversprechen, deine Kanäle und deine Umsatzströme führen. Du kannst das Template nutzen, um dein eigenes Geschäftsmodell oder das eines Wettbewerbers zu verstehen!

FOKUS
Verstehe dein Geschäft

45–60 MIN
Arbeitssession

3–5
Teilnehmer je Gruppe

Das Business Model Canvas wurde von Alex Osterwalder und Yves Pigneur entwickelt. Weitere Informationen findet du in ihrem Buch: *Business Model Generation.*

VALUE PROPOSITION
Welche Produkte und Dienstleistungen bietest du an? Welche Aufgaben erledigst du für deine Kunden?

SCHLÜSSELPARTNER
Führe die Partner auf, die du benötigst (keine Lieferanten).

SCHLÜSSEL-AKTIVITÄTEN
Was tust du täglich, um dein Business Model zu betreiben?

SCHLÜSSEL-RESSOURCEN
Führe Personen, Wissen, Finanzen etc. auf, die du benötigst.

KOSTENSTRUKTUR
Führe alle Kosten auf, indem du Aktivitäten und Ressourcen betrachtest.

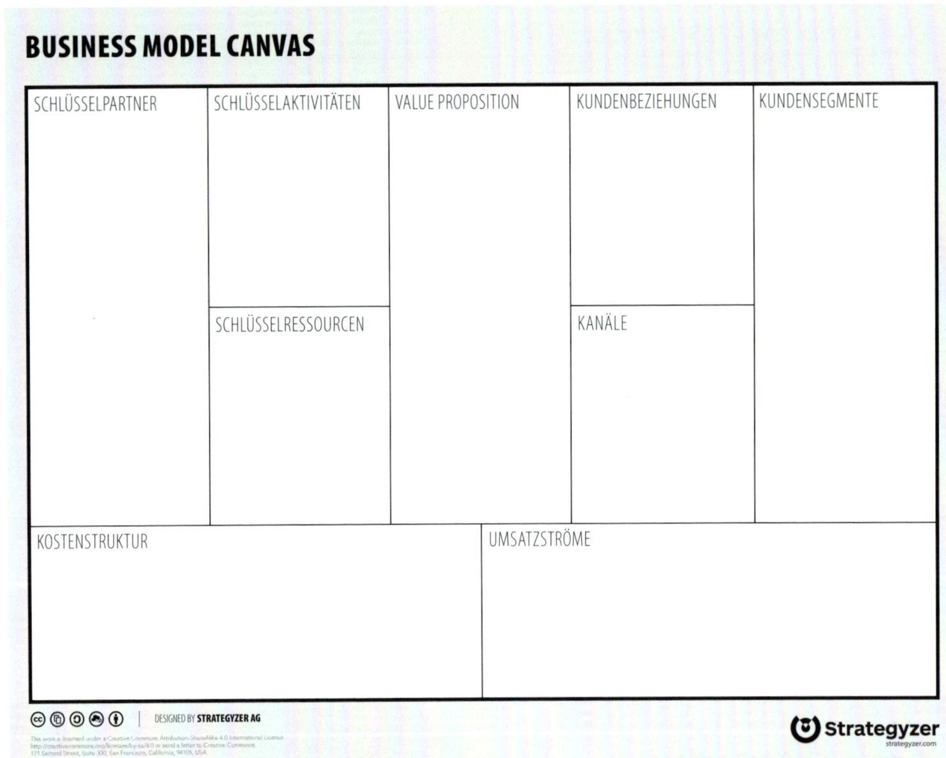

1 Beginne, indem du dein Geschäft auf einer allgemeinen Ebene beschreibst: die wichtigsten Aspekte deines Geschäftsmodells.

2 Verbinde die einzelnen Elemente miteinander: Jede Value Proposition gehört zu einem Kundensegment und einem Umsatzstrom!

3 Vermische nicht zukünftige Ideen mit dem, was heute ist. Vermische auch keine unterschiedlichen Geschäftsbereiche!

KUNDENSEGMENTE
Führe die Top-3-Segmente auf. Berücksichtige die Segmente mit dem höchsten Umsatz.

KUNDENBEZIEHUNG
Wie gestaltet sie sich, und wie erhältst du sie aufrecht?

KANÄLE
Wie kommunizierst du mit deinen Kunden? Wie stellst du Produkte und Dienstleistungen bereit?

UMSATZSTRÖME
Führe deine drei wichtigsten Umsatzströme auf. Halte auch Dinge fest, die du kostenlos bereitstellst.

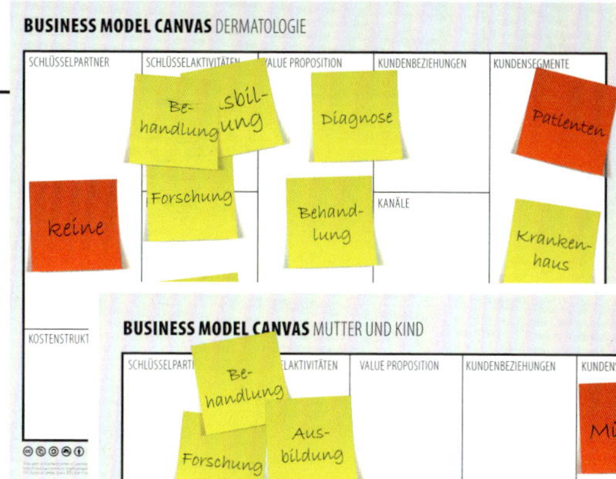

PORTFOLIO VON BUSINESS MODELS
Am Medizinischen Zentrum der Universität Maastricht führten wir zunächst unterschiedliche Abteilungen mit Gemeinsamkeiten und Unterschieden auf.

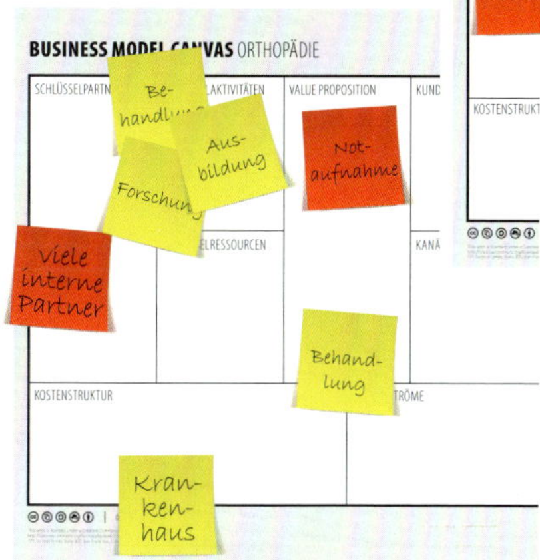

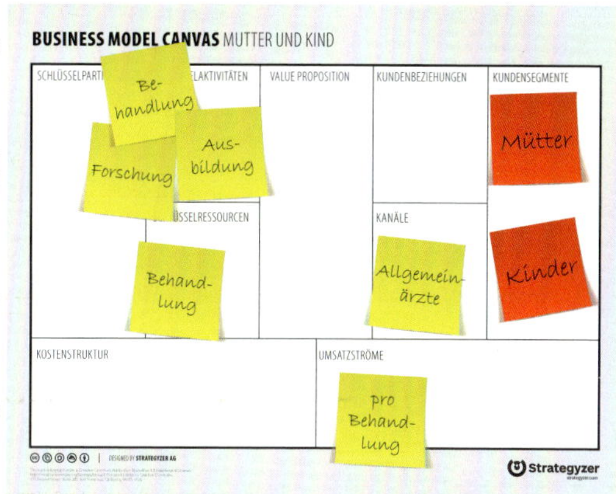

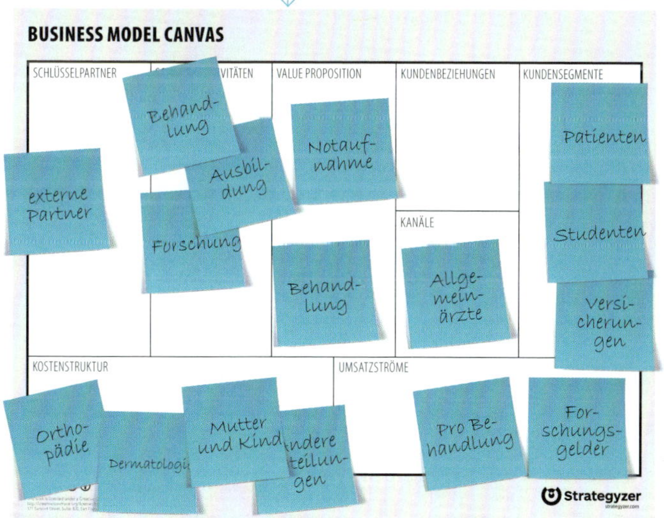

Erst dann erarbeiteten wir das allgemeine Business Model für das gesamte Zentrum. Hätten wir das von Beginn an erstellen wollen, dann wäre das zu komplex und nicht praktikabel gewesen.

DOWNLOAD
Lade das Business Model Canvas hier herunter: www.designabetterbusiness.com

CHECKLISTE

Bewerte die Leistung deines Business Models für jede Frage (0=schlecht; 10=exzellent).

- ☐ Wie hoch sind die Wechselkosten für die Kunden?
- ☐ Wie skalierbar ist dein Business Model?
- ☐ Hat dein Business Model wiederkehrende Umsätze?
- ☐ Erhältst du Umsätze, bevor Kosten entstehen?
- ☐ Wie viel der Arbeit kann durch andere erledigt werden?
- ☐ Hat dein Business Model Absicherungsmechanismen ggü. Wettbewerbern?
- ☐ Hat dein Business Model eine neuartige Kostenstruktur?

NÄCHSTE SCHRITTE

> Wähle die Design-Kriterien aus und teste deine Annahmen.

BEISPIEL **BUSINESS MODEL CANVAS**

Das Business Model Canvas hilft dir, das große Ganze zu erkennen und dein Publikum besser zu beteiligen.

Details stehen den wichtigsten Punkten von Geschäftsmodellen häufig im Weg: Klarheit, Einfachheit und Zusammenhänge. „Das Eintauchen in die Tiefen" führt zu (unnötiger) Diskussion, die den kreativen Prozess und die Fähigkeit, Zusammenhänge zu sehen, behindert. Die Lösung: erst agieren, dann diskutieren. Konzentriere dich auf die Analyse des großen Ganzen. Das ist, was wirklich wichtig ist.

Wenn du dein Geschäftsmodell oder das deines Wettbewerbers analysierst oder verschiedene Geschäftsmodelle miteinander vergleichst, dann ist das Geheimnis die Einfachheit. Großartige Geschäftsmodelle sind klar und einfach. Wenn du zu viele Details zu deinem Geschäftsmodell hinzufügst, dann wird deine Perspektive getrübt sein.

Um deine Perspektive und die Geschichte, die du erzählst, zu vereinfachen und klar darzustellen, solltest du Zeichnungen und Bilder statt Wörter einsetzen. Noch besser ist, wenn du dein Geschäftsmodell aus Vorlagen zusammensetzt, die du aus Schablonen ausschneidest. Auf Seite 72 findest du weitere Informationen zum visuellen Storytelling.

Lade eine Sammung Icons hier herunter:
www.designabetterbusiness.com

Das ist ein Beispiel des herkömmlichen Taxi-Unternehmens. Das Taxi-Modell ist linear und hat keine Verknüpfung mit Kundenbedürfnissen.

Als Beispiel haben wir zwei Geschäftsmodelle analysiert: einmal ein herkömmliches Taxi-Unternehmen und einmal Uber. Anhand dieser Analyse ist es leicht, beide Modelle zu vergleichen und ihre Stärken und Schwächen aufzudecken.

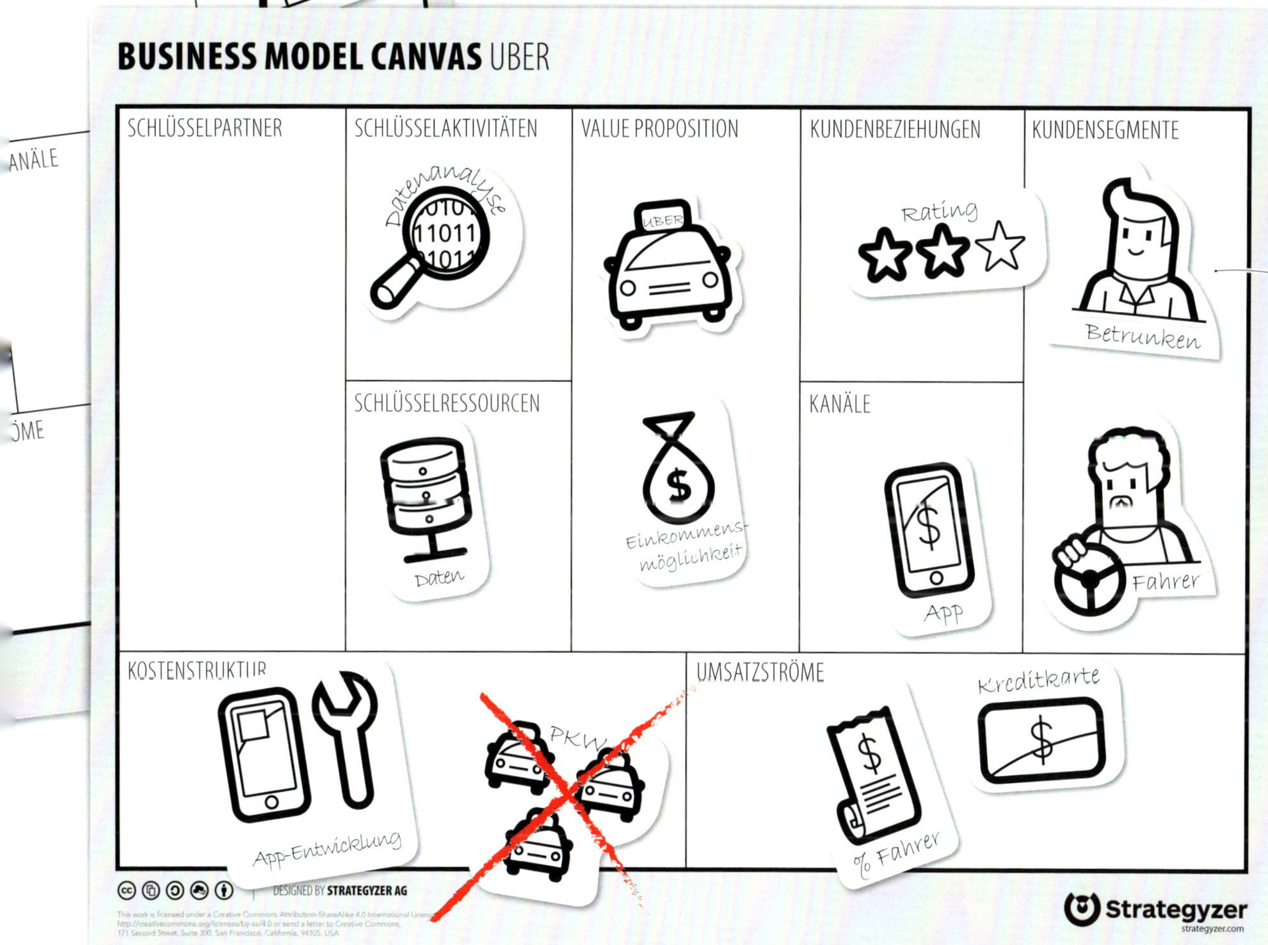

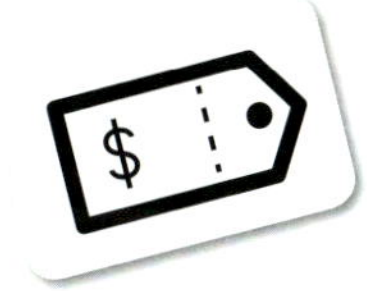

Das Geschäftsmodell von Uber ist eine mehrseitige Plattform, die zwei Kundensegmente miteinander verknüpft: Fahrer zur Miete und Menschen, die von A nach B kommen möchten. Die Stärke von Uber sind die Daten, die die Plattform erzeugt sowie die Transparenz der Bestellung.

ONLINE-SAFARI

Im Zeitalter des Internets wäre es ungeschickt, keine Online-Safari zu durchlaufen. Es gibt mehrere Tricks, um einen schnellen Eindruck davon zu bekommen, was Menschen online tun. Sieh dir dein eigenes Nutzerforum oder das eines Wettbewerbers an. Über was beklagen sich die Menschen? Welche Diskussionen führen sie? Setze Twitter ein, um dich mit Menschen in Verbindung zu setzen, die über ähnliche Produkte schreiben. Welche Bilder posten sie in sozialen Medien? Gibt es Videoblogs oder You-Tube-Kanäle, die ähnliche Themen behandeln? Wie populär sind sie? Welche Trends kannst du dort entdecken? Du kannst viele Informationen in sehr kurzer Zeit gewinnen, wenn du anfängst, Online-Meinungsführern zu folgen.

Siehe Seite 102 für weitere Informationen zur Kundensafari.

DO IT YOURSELF

Es zahlt sich aus, eine Zeitlang die Sichtweise eines Kunden zu einzunehmen. Wenn du deine Kunden und ihre Vorlieben wirklich verstehen willst, dann schlüpf in ihre Schuhe, tu was sie tun, kaufe dort ein, wo sie einkaufen. Wir haben diese Ideen von einem erfahrenen Lebensmittelvermarkter. Wenn du verstehen möchtest, was Kunden anzieht, dann geh in die Geschäfte, in denen deine Kunden einkaufen, beobachte sie und fange an, Dinge einzukaufen, die dir zusagen. Vergleiche die Dinge, die deine Kunden gekauft haben. Du wirst wahrscheinlich Kundensegmente finden, die zusammenpassen und nach ähnlichen Produkten suchen. Du wirst schnell lernen, was Kunden zu deinen Wettbewerbern zieht.

SEI BARISTA!

Wenn du deine Kunden wirklich überraschen und sie in einen neuen Gemütszustand versetzen möchtest, dann solltest du für sie einen Schritt weitergehen. Finde (oder baue) einen Kaffee-Wagen und füge alles hinzu, was du für gute Unterhaltungen benötigst. Der Latte macciato, den du ihnen servierst, wird deinen Kunden sicher ein Lächeln auf ihre Gesichter zaubern. Und du wirst überrascht darüber sein, was Leute ihrem Barista erzählen! Was wir eigentlich sagen möchten: Sei ein perfekter Gastgeber und fördere den Austausch.

MACH DIE KAFFEE-CHALLENGE …

Um deinem Team zu helfen, seine anfängliche Angst, aus dem Gebäude zu gehen, zu überwinden, solltest du die Kaffee-Challenge in Betracht ziehen. Wir haben dieses Programm für den Impact Hub erstellt: Trink 25 Tassen Kaffee mit Kunden innerhalb der nächsten 2 bis 3 Wochen.

Jedes Mal, wenn du ein Gespräch führst, kannst du eine Tasse von der Liste streichen. Die Person, die die Karte am schnellsten ausfüllt, hat gewonnen! Und das gesamte Team gewinnt, wenn jemand mit einer neuen oder validierten Erkenntnis zurückkommt, die er bei einem Kaffee mit Kunden gewonnen hat. Stelle sicher, dass du das als interne Challenge platzierst! Du wirst viel über Cafés lernen und viele Einblicke bekommen!

NUN HAST DU . . .

- EIN VERSTÄNDNIS FÜR **BEOBACHTUNG UND BEFRAGUNG** S. 86
- EIN VERSTÄNDNIS FÜR DIE **BEDÜRFNISSE DEINER KUNDEN** S. 106
- EIN VERSTÄNDNIS FÜR **DEINEN KONTEXT** S. 110
- EIN VERSTÄNDNIS FÜR **DEINE BUSINESS MODELS** S. 116

NÄCHSTE SCHRITTE

- **GENERIERE IDEEN** S. 140
  Durch einige praktische Techniken werden du und dein Team zu kreativen Genies.
- **SETZE INNOVATIONS-TECHNIKEN EIN** S. 146
  Die Innovationsmatrix hilft dir dabei, die besten Ideen zu identifizieren.

WIEDERHOLUNG

WIE VIELE KAFFEETASSEN WILLST DU **MIT DEINEN KUNDEN TRINKEN**?

GEH **ÜBER DAS OFFENSICHTLICHE HINAUS**.

NIMM NICHT AN, DASS DEINE TEAMMITGLIEDER DEIN BUSINESS MODEL VERSTEHEN.

ES GEHT NICHT UM DIE ANTWORTEN. ES GEHT UM DIE **RICHTIGEN FRAGEN.**

WENN DU NICHT WEISST, WO DU STEHST, WIE KANNST DU DANN WISSEN, **WOHIN DU GEHST**?

JETZT WEISST DU BESCHEID.

«

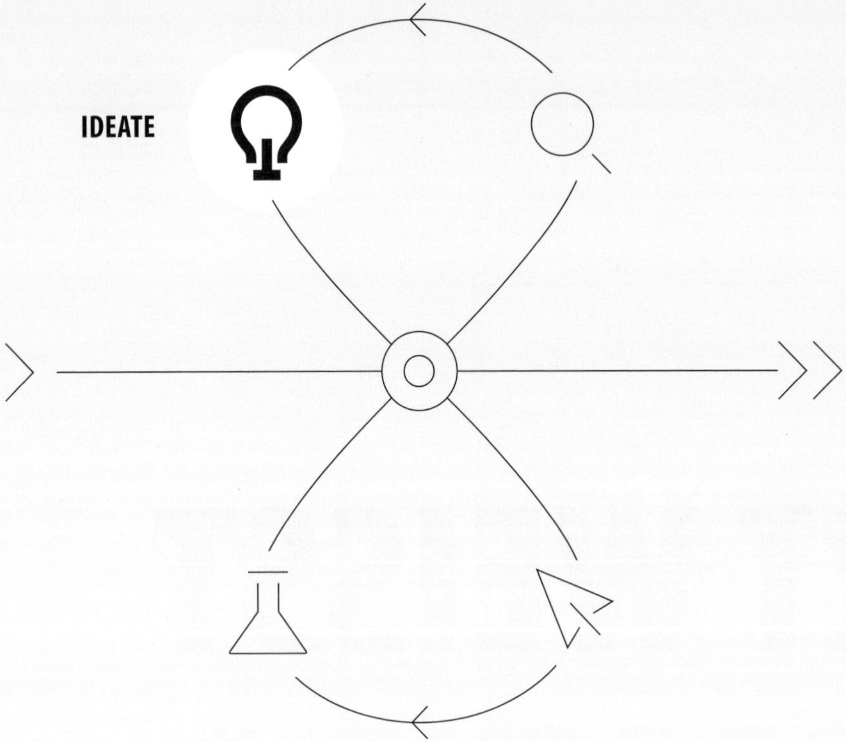
IDEATE

DIE DESIGN JOURNEY **IDEATE**

LERNE, **IDEEN ABZULEITEN**

ENTWICKLE DEINE IDEEN WEITER

WÄHLE IDEEN FÜR PROTOTYPEN

VON 1 … BIS 10

Im Rahmen unserer Health & Wellness-Initiative arbeiteten wir an mehreren Prototypen für unsere initialen Konzepte. Wir hatten tiefe Einblicke aus der Kunden- und Marktforschung gewonnen. Was wir brauchten, war jedoch eine passende Geschäftsmodellstrategie.

Als Elektronikhersteller bieten wir natürlich unsere Produkte zum Verkauf an. Aber wir waren auch daran interessiert, zu verstehen, wie wir Value-Adds, z. B. Online-Dienste, anbieten könnten.

Um neue Ideen zu generieren, hat sich das ganze Team für ein paar Tage in unserem Innovationsraum versammelt. Wir haben unsere Idee für dieses neue Produkt schnell auf ein Business Model Canvas abgebildet – und dann als Grundlage für 300 weitere Ideen verwenden können! Wir haben diese Ideen in zehn verschiedene Geschäftsmodelloptionen geclustert, die wir dann weiterentwickeln und gestalten konnten. Mit diesem Ansatz konnten wir sehr schnell neue Optionen kreieren. Er gab uns einen Rahmen, um unsere zugrunde liegenden Annahmen zu analysieren. Wir haben einen kundenorientierten Ansatz für dieses Framework angewendet, um verschiedene Geschäftsmodellalternativen zu validieren. Dieser neue Ansatz hat unsere Innovtionsvorhaben neu belebt. Wir verwenden diese Werkzeuge weiterhin als Teil unseres Prozesses.

// Gabriel Rubinsky, Senior Manager, New Product Innovation bei Panasonic

VERGISS SICHERHEIT

Eine Gruppe aus einem großen Pharmaunternehmen nutzte das Business Model Canvas in einer Ideation-Übung. Die Gruppe wurde gebeten, eine Sache zu nennen, in der sie sich in ihrem Geschäft am sichersten waren – den Verkauf von Medikamenten – und diese Sache dann vom Canvas zu entfernen. Sofort reagierte der CEO: „Offensichtlich verstehen Sie unser Geschäft nicht. 100 Prozent unserer Einnahmen kommen aus dem Verkauf von Medikamenten!"

Wir haben sie trotzdem gebeten, 30 Minuten Zeit in dieses „lächerliche" Szenario zu investieren, nur um zu sehen, was dabei herauskommen würde. Unsere Einschränkung ließ sie ihr Geschäft in einem ganz anderen Licht sehen! Das Team stellte fest, dass das Unternehmen tatsächlich eine unglaublich wertvolle (Schlüssel-) Ressource hatte, die es nie als potenzielle Einnahmequelle sah: das Wissen über Krebsbehandlungen.

Erstelle keine Listen über die Ideen deines Teams. Dies kann dazu führen, dass die Menschen konsistet antworten möchten und nicht mehr als sieben Ideen beitragen. Erstelle also stattdessen einen unorganisierten Haufen von Haftnotizen!

MILLIONEN LEBEN VERBESSERN

Ich habe eine Ideation Session mit Vertretern aus unseren klinischen, technologischen, Marketing- und Nachhaltigkeitsbereichen durchgeführt. Wir haben eine lange Liste von Ideen erstellt und dann darüber nachgedacht, wie man sie filtern könnte. Ich hatte nur ein Kriterium: Die Idee musste das Leben von über 10 Millionen Menschen in den Entwicklungsländern verbessern. Am Ende des Tages sahen wir uns eine handvoll Best-Guess-Geschäftsmodelle an, die möglicherweise nicht nur kommerziellen Erfolg erzielen, sondern auch das Leben vieler verändern könnten (schneller Vorlauf um drei Jahre). Unser Nachhaltigkeitsbereich erforscht nun, wie man diese Modelle auf dem Markt entwickeln kann – aber diesmal hat er über 100 Millionen Menschen in seinem Blickfeld.

// Alex Davidge, Head of Business Architecture and Strategy Development, Bupa

ZUM SPRECHEN MOTIVIEREN

Ein traditionelles Finanzdienstleistungsunternehmen hielt ein zweitägiges Offsite-Meeting mit seinen Top-60-Führungskräften ab, um Störfaktoren für Wachstum zu diskutieren. Die Teilnehmer waren es nicht gewohnt, ungefilterte Ideen in einem offenen Format zu präsentieren.
Der Moderator nutzte Spielkarten mit klar definierten Verhaltensregeln, um die Teilnehmer zu ermutigen. Die Ziele waren eine provokative Befragung und ein ehrliches Feedback. Die Teilnehmer wurden ermutigt, sich gegenseitig für offene Ideenformulierung zu belohnen.

Die Spielkarten regten nicht nur spannende, neue Ideen an – die Teilnehmer hatten mehr Spaß und die Chance, ihre kreativen Seiten zu zeigen.

WIE TOYOTA FINANCIAL SERVICES KREATIVE GENIES SCHUF »

WIR WOLLEN NICHT DIE SCHALLPLATTEN DER AUTO-INDUSTRIE WERDEN.

// GEORGE BORST, EHEM. CEO, TFS

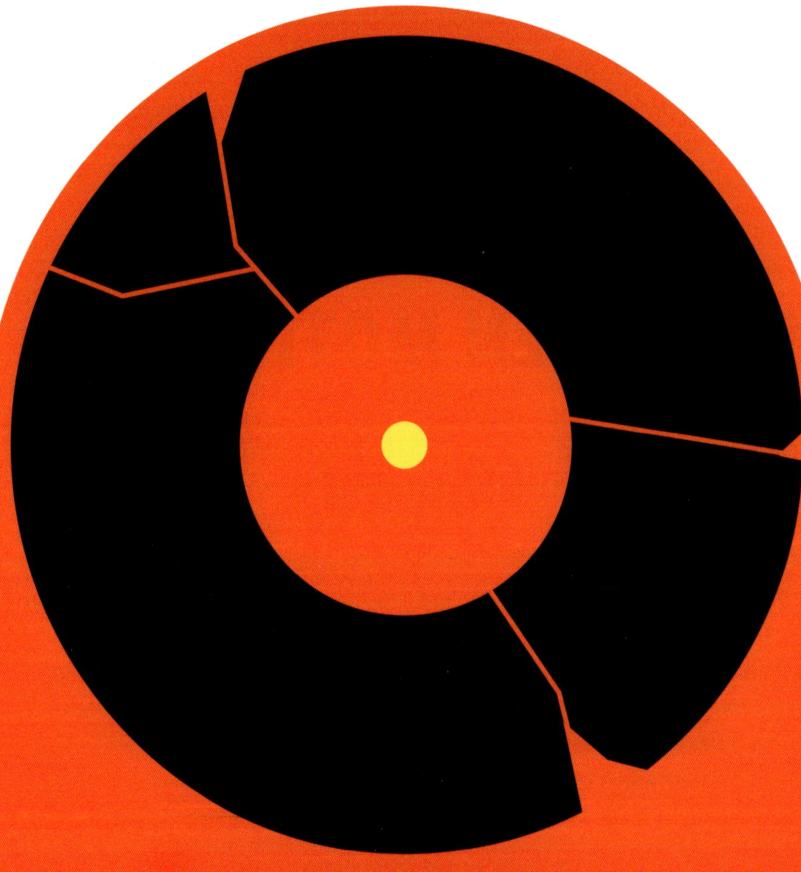

CASE STUDY TOYOTA

TOYOTA FINANCIAL SERVICES & GROSSE IDEEN

Im Jahr 2012 stand die Toyota Financial Services (TFS) Group, Tochtergesellschaft der Toyota Motor Corporation, unter großem Druck. Toyota musste eine beträchtliche Anzahl von Autos zurückrufen, und das Geschäftsfeld veränderte sich rapide. Der CEO George Borst wusste, dass er sein Unternehmen aktiv verändern musste.

DIE EINSÄTZE ERHÖHEN

Um das Engagement seines Führungsteams zu erhöhen und die akute Dringlichkeit aufzuzeigen, setzte Borst die Ziele fast unmöglich hoch. Sie sollten die Gewinne in fünf Jahren verdoppeln, ohne die Ausgaben zu erhöhen. Borst plante ein Offsite-Meeting für neue und ungewohnte Innovationsideen.

In der Vergangenheit hatten viele intelligente Leute bei TFS versucht, einen innovativen Fokus für die Zukunft zu setzen. Aber jeder ihrer Versuche, die Störfaktoren zu beseitigen, wurde konsequent durch ihre eigenen traditionellen Werkzeuge und Praktiken vereitelt. Jemand sagte: „Es gab eine ganze Flut an Wissen, mit Plänen, Tabellenkalkulationen, Metriken, »

Scorecards und vielem mehr. Es gab viele Geschäftspläne, und Trendberichte wurden erstellt." Das Führungsteam wusste, dass traditionelle Innovationsmethoden nicht ausreichen würden, um das Unternehmen zu seinem zukünftigen Ziel zu führen. Um neue Werkzeuge einzuführen, organisierte TFS ein Offsite-Meeting.

VERÄNDERUNG VORBEREITEN

Die Organisatoren wollten jetzt wissen, wie ihre Mitarbeiter das Unternehmen in den nächsten fünf Jahren voranbringen würden. Sie baten die Mitarbeiter, ihre Ideen auf ein internes Webportal zu stellen und sich auf die drei Dimensionen zu fokussieren: Umsatzsteigerung, Ressourcenoptimierung und Kostensenkung.

Über 60 Ideen wurden eingereicht. Als der Vorstand diese auf einer Innovationsmatrix abbildete, bemerkte er zwei Dinge. Jede der Ideen wurde auf der linken Seite des Business Model Canvas abgezeichnet: interne Geschäftstätigkeiten. Aber keine der Ideen hat es auf die rechte Seite der Leinwand geschafft:

INSIGHT NEUE IDEEN ZU HABEN IST NICHT SCHWER. **MIT NEUEN IDEEN WERTE ZU SCHAFFEN DAGEGEN SCHON.**

wo Werte für Kunden und das Unternehmen geschaffen werden.

Außerdem stellt das Executive Team fest, dass die gesammelten Ideen nur kleinste Veränderungen bringen würden. Niemand war davon überzeugt, dass sie die Gewinne von TFS in fünf Jahren verdoppeln würden.

INSIGHT **DIE RICHTIGEN FIRESTARTER GABEN UNSEREN PROZESSEN SCHWUNG!**

FIRESTARTER ALS RETTUNG

Die Teilnehmer mussten ermutigt werden, größer zu denken, über ihre ursprünglichen Ideen hinauszugehen und mehr Wert auf Wertschöpfung zu legen. Mit externer Unterstützung konnte der Vorstand vier Firestarter-Fragen für seine Mitarbeiter ausarbeiten. Diese dienten zwei Zwecken. Sie halfen, die Herausforderungen in einfachen und unkomplizierten Fragestellungen zu formulieren. Und sie teilten die übergeordneten Ziele (doppelter Gewinn in fünf Jahren und Fokus auf Wertschöpfung) in überschaubare Teile auf.

Die Firestarter-Fragen wurden während des Ideation-Workshops als „Ankerpunkte" an den Wänden visualisiert.

EINE BESSERE ZUKUNFT ZU GESTALTEN, IST DEINE TAGESAUFGABE!

//George Borst, ehem. CEO, TFS

PROBELAUF

Vor dem Sprung in die Ideation-Phase wurde ein vorbereitender Workshop organisiert. Eine kleine Gruppe von Führungskräften mehrerer Abteilungen verbrachte anderthalb Tage damit, den aktuellen Stand von TFS und seiner Kunden auf einem Business Model und Value Proposition Canvas abzubilden.
Während dises Workshops fanden die Organisatoren heraus, dass es sogar von Seiten der Unternehmensführung einen Mangel an Verständnis für das aktuelle Geschäftsmodell gab. Daraus entstanden Uneinigkeiten bezüglich der Unternehmensstrategie innerhalb des Führungsteams. Man stellte fest, dass die Verwendung von geeigneten Tools und die Visualisierung der Themen die gesamte Konversation viel einfacher und substanzieller machten.

OFFSITE-MEETING

Nach Abschluss dieser Probeläufe wurden 55 Top-Führungskräfte und Manager von TFS nach Santa Monica zu einem zweieinhalbtägigen Strategie-Workshop eingeladen. Die Organisatoren hatten die Hoffnung, dass die Teilnehmer des Workshops nun ein besseres Verständnis darüber erlangen, wie man die Zukunft des Unternehmens gestalten könnte. »

TAG 1 **POINT OF VIEW**

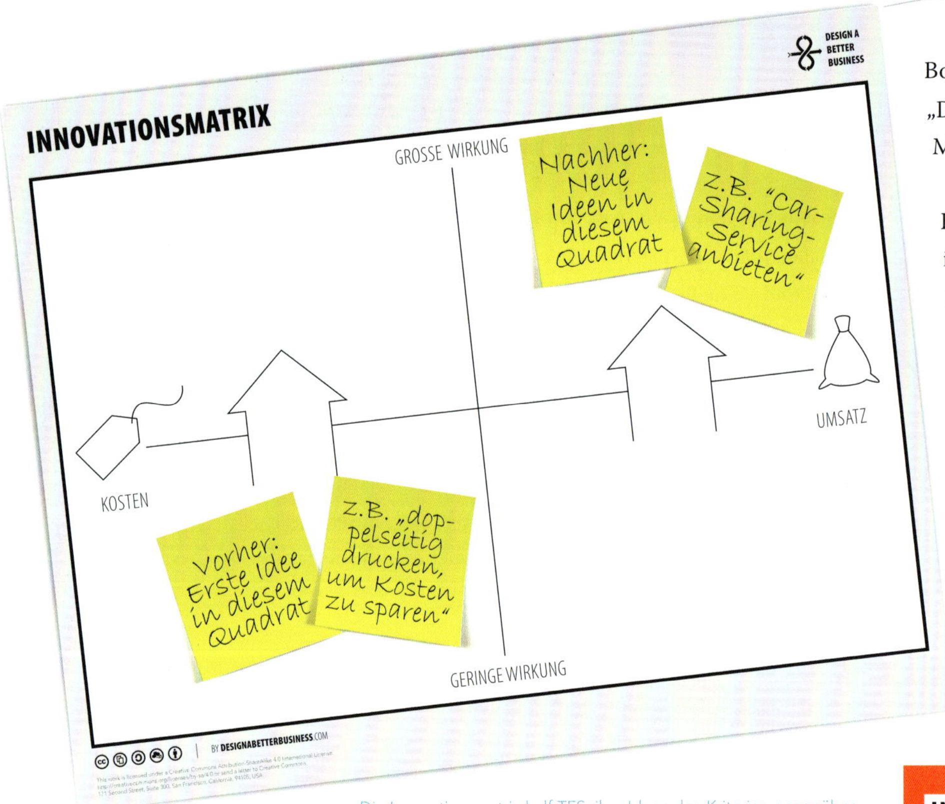

Die Innovationsmatrix half TFS, ihre Ideen den Kriterien gegenüberzustellen. Die wirklich vielversprechenden Ideen konnten anhand der Matrix herausgefiltert werden. Siehe Seite 146, wie man dieses Tool benutzt.

Borst eröffnete das Offsite-Meeting mit dem Aufruf: „Doppelte Gewinne in fünf Jahren". Am ersten Tag des Meetings sollten die Teilnehmer ihren Standpunkt darstellen.

Es kam zum großen Durchbruch, als die Teams begannen, ihre Geschäftsmodelle zu bauen. Alle erkannten, dass kein Konsens darüber bestand, wer die primären Kunden waren. Waren die Händler ihre Kunden oder waren es die Endverbraucher? Borst sagte den Teilnehmern: „Wir können diskutieren und debattieren – aber wir müssen uns entscheiden und eine Lösung finden." So entschied das Team, dass die wichtigsten Kunden, die TFS in ihrem Geschäftsmodell bedient, sowohl Händler als auch Endverbraucher sind.

Der erste Tag endete mit einem erstmaligen Konsens über das aktuelle Geschäftsmodell.

INSIGHT WIR MUSSTEN MIT EINEM KAMPFSCHREI BEGINNEN, UM DIE **PRIORITÄT KLARZUMACHEN.**

Wir visualisierten die Firestarter an den Wänden, um dem Team im Ideation-Prozess einen Anker zu geben.

TAG 2 IDEATION

INSIGHT NUTZE IDEATION-METHODEN, UM DEIN TEAM ZU NEUEN IDEEN ZU FÜHREN.

Am nächsten Tag begannen die Teilnehmer, anhand des Ideation-Tools neue Geschäftsmodelle zu entwickeln. Ausgangspunkt hierfür waren die Firestarter.

Die linken und rechten Seiten ihrer Business Model Canvas sollten dabei unmittelbar an die Zielvorgabe der Wertschöpfung gekoppelt sein. Sie stellten sicher, dass jeder Baustein das Ziel unterstützte und gleichzeitig mit den anderen Bausteinen verbunden war.

Am Ende des Tages präsentierte jede Gruppe enthusiastisch ihre beste Idee für ein neues Geschäftsmodell. Die anderen Gruppen beurteilten die Idee und wählten nur die Modelle aus, die zu einer Verdoppelung der Gewinne führen würden.

Am Ende des zweiten Tages hatte jede Gruppe vier konkrete Modelle ausgewählt, die das Unternehmen voranbringen sollten.

TAG 3 DIE DOUBLE LOOP

Das Offsite-Meeting abzuschließen, war genauso wichtig, wie es zu starten. Das Team sorgte dafür, dass die nächsten Schritte in Angriff genommen wurden.

„Dieses Mal haben wir unsere Ideen vollständig konkretisiert, und wir wussten, wie wir diese umsetzen konnten. Es fehlte nicht an Freiwilligen, die an dem Projekt beteiligt sein wollten. Ich habe so etwas noch nie erlebt", sagte CFO Chris Ballinger.

Borst brachte die neuen Ideen und Tools aus dem Offsite-Meeting voran und betonte, dass diese Arbeit regelmäßig fortgesetzt werden müsse, um TFS an die Stelle zu bringen, wo sie hinwollten. Er sah es als seine Aufgabe an, den Vorstand und die Manager dabei zu unterstützen, die neu geschaffenen Ziele zu verfolgen.

INSIGHT WIR KÖNNEN DISKUTIEREN UND DEBATTIEREN. ABER **WIR MÜSSEN ENTSCHEIDEN UND HANDELN!**

Eine bessere Zukunft zu schaffen ist nichts, was man nebenbei tut: Es ist dein täglicher Job. ■

EINFÜHRUNG IN DIE **IDEATION-TOOLS**

Jeder kann und sollte seine eigenen Ideen von zuhause mitbringen. Die Weiterentwicklung von Ideen funktioniert am besten mit der richtigen Gruppe und den dafür geeigneten Tools. Hier werden Wege gezeigt, wie man gemeinsam denkt.

ANFANGEN

Um den Ideation-Prozess mit deinem Team zu beginnen, solltest du vorurteilsfrei an die Sache herangehen. Das ist nicht immer einfach, vor allem wenn man nicht gewohnt ist, kritisch zu denken und die Arbeit anderer zu beurteilen. Ärgere dich nicht, wenn es also nicht auf Anhieb klappt. Mit den richtigen Ideation-Tools wird es schnell funktionieren!

SICH ZEIT NEHMEN

Es braucht etwas Zeit – vielleicht 15 bis 20 Minuten, um in den Ideation-Modus zu switchen. Hier spielen Eisbrecher eine große Rolle. Eine spielerische, lustige Herangehensweise wird den Übergang zum Ideation-Prozess erheblich verbessern. Je mehr du übst, umso besser wirst du dabei. Eine Bedingung: Verbring nicht den ganzen Tag im Ideation-Modus. Das wäre kontraproduktiv, weil das Team dann schnell müde wird und anfängt, sich über die Ideen zu streiten, anstatt sie weiterzuentwickeln.

NICHT BLOCKIEREN

Mach dir „blockierende" Verhaltensweisen bewusst, die den Kreativitätsfluss unterbrechen. Voreilige Bewertungen von Ideen werden den Ideenfluss stoppen. Um dies zu verhindern, versuche es mit „ja, und ..." anstatt „ja, aber ..."

NICHT ZU VIEL DENKEN

Ideation bedeutet nicht, dass du jedes einzelne Wort auf der Haftnotiz vor dir ins kleinste Details zerlegen musst. Lass dein Gehirn arbeiten, wie es möchte, und nimm die Gedanken auf, anstatt zu versuchen, sie zu lenken. Du brauchst etwas Übung, bis du diesen Schritt umsetzen kannst.

CANVAS NUTZEN

Manchmal ist es schwer, den kreativen Motor zu starten. Im Ideation-Prozess versuchst du, auf die individuellen Ideen deines Teams aufzubauen und sie zu fördern. Der beste Weg, um dies umzusetzen, ist, die Ideen auf ein Business Model Canvas oder ein Value Proposition Canvas zu übertragen. Das hilft dir bei der Darstellung und der Erweiterung der Ideen. Das Business Model Canvas hat den zusätzlichen Vorteil, dass es Leute dazu bringt, tiefer in eine Thematik einzutauchen.

ABHEBEN

Manchmal ist es notwendig, sich selbst und das Team auf eine Reise in den Weltraum zu schicken. Was wäre, wenn du von vorne anfangen müsstest? Was wäre, wenn du aufhörst zu tun, was du heute tust? Solche Fragen werden deinem Team helfen, sich über seine Grenzen hinaus weiterzuentwickeln. Wenn es die Realität hinter sich lässt, beginnt es, auf andere Ideen aufzubauen und so gute Ideen noch größer zu machen. Wenn du dann wieder auf der Erde landest, wirst du wahrscheinlich feststellen, dass du etwas Neues gelernt hast. Dass du deine aktuelle Strategie noch ausbauen kannst oder auch eine ganz neue Strategie aufsetzt.

IDEENWAND

Eine Ideenwand ist eine großartige Möglichkeit, die Ergebnisse deiner Ideation-Sitzung abzubilden. Wenn alle ihre Haftnotizen an der Wand befestigen, arbeitet das ganze Team kreativ zusammen und es entsteht ein Gefühl des gemeinsamen Erfolgs. Während das Team die Ideen auf die Wand klebt, werden daraus wieder neue lustige und interessante Ideen entstehen.

AUF DEM BODEN BLEIBEN

Nach einer Weile wirst du im Ideation-Prozess an den Punkt gelangen, an dem die Luft raus ist. Alle werden langsamer im Generieren von Ideen; es wird immer schwieriger, neue Ideen zu finden. Mach dir diesen Punkt bewusst, an dem die kollektive Energie langsam versiegt. Das ist ein perfekter Moment für eine Pause. Wenn ihr nach der Pause wieder zusammenkommt, dann kann das Team beginnen, die Ideen zu bewerten. Dies wird dir helfen, das Energielevel zu erhöhen.

TIPP! Lass die Ergebnisse deiner Creative Session nicht verstauben! Arbeite mit ihnen sofort weiter und suche die verborgenen Möglichkeiten!

DIE FRÜCHTE DEINER ARBEIT

Sobald das Team Tonnen von Ideen, vielleicht mehrere hundert (ja, wirklich) auf die Ideenwand geklebt hat, ist es Zeit, diese zu ordnen. Das Kategorisieren der Ideen wird zu neuen Kombinationen und noch mehr Ideen führen (denk an die Stepping-Stone-Methode). Am besten versucht ihr, ähnliche Ideen zu clustern und ihnen Titel oder Überschriften zu geben.

Nachdem ihr eure Ideen geclustert habt, werdet ihr die besten Ideen herausfiltern wollen, um sie zu entwickeln. Ihr braucht euch aber nicht darüber streiten, welche Idee die beste ist! Am Ende dieses Kapitels stellen wir ein großartiges Werkzeug bereit, mit dem ihr dies schnell und strukturiert lösen könnt. Lange Diskussionen sind reine Zeitverschwendung. ■

WERKZEUG **KREATIV-MATRIX**

FINDEN

Finde neue Ideen

± 15 MIN

Schnellkochtopf

3–5

Personen pro Gruppe

Wenn du merkst, dass alle eure Ideen auf die gleichen Themenfelder fokussiert sind, wird es Zeit, die Grenzen der Vorstellung zu erweitern. Das ist der perfekte Zeitpunkt für die Kreativ-Matrix.

KREATIV-MATRIX

Das Ziel des Ideation-Prozesses ist, das Team zu Ideen zu inspirieren, um etwas zu schaffen, was größer ist als die Summe seiner Teile.

Die Kreativ-Matrix wurde ganz in diesem Sinne entworfen. Im Wesentlichen ist sie ein Werkzeug, das dir hilft, neue Ideen an den Grenzen der unterschiedlichen Kategorien zu finden. Bei diesem Tool dreht sich alles um divergentes Denken. Das beste Ergebnis erhältst du mit deinen individuellen Design-Kriterien für deine Kreativ-Matrix: das Marktsegment, in dem du dein Business hast, oder das Kundensegment, welches du bedienst (oder bedienen möchtest).

DAS RASTER

Um deine eigene Kreativ-Matrix zu entwerfen, zeichnest du ein Raster auf einem Whiteboard oder Flipchart mit nicht mehr als fünf Zeilen und fünf Spalten. Finde ein Thema oder eine zentrale „Wie könnten wir ...?"-Frage.

Gib nun für jede der Spalten ein Kundensegment (vorhanden oder neu) an. Für jede der Zeilen vergibst du jeweils eine Technologie, die dir entweder einen Lösungsansatz aufzeigt oder Wertschöpfung generiert. Die Endspalte und/oder Zeile kann auch als „Joker" offen bleiben, um neue Ideen zu platzieren.

DIE FELDER FÜLLEN

Jetzt ist es Zeit für den Ideation-Prozess! Jeder im Team soll schnell und ohne groß nachzudenken seine Ideen auf Haftnotizen in die Zellen der Matrix kleben. Worte sind gut, Bilder sind besser! Ziel ist es, jede einzelne Zelle in der Kreativ-Matrix mit mindestens einer Idee zu füllen.

Um das Team zu ermutigen, möglichst viele Ideen zu generieren, vergibst du für jede Idee einen Punkt. Die höchste Punktzahl gewinnt.

Sobald jede Zelle ausgefüllt und das Zeitlimit abgelaufen ist, werden die Ideen überprüft. Versammle dein Team um die Matrix herum, als wäre sie ein Gemälde. Sobald jeder die Arbeit sichten konnte, darf jede Person ihre Lieblingsidee (oder auch Top zwei) nennen. Im Anschluss werden dann gemeinsam die vielversprechendsten Ideen ausgewählt. ■

Füge das, was du bewegen möchtest, z.B. Erlösmodelle, einen Absatzkanal, für jedes Segment ein. Oder finde neue Variationen.

Versuche, die verschiedenen Kundensegmente nach oben zu setzen. So kannst du Ideen für jedes Segment generieren und den Bedürfnissen gerecht werden.

Du kannst so viele Spalten hinzufügen, wie du möchtest. Für ein effektives Ergebnis empfehlen wir jedoch, nicht mehr als 20 Spalten zu wählen.

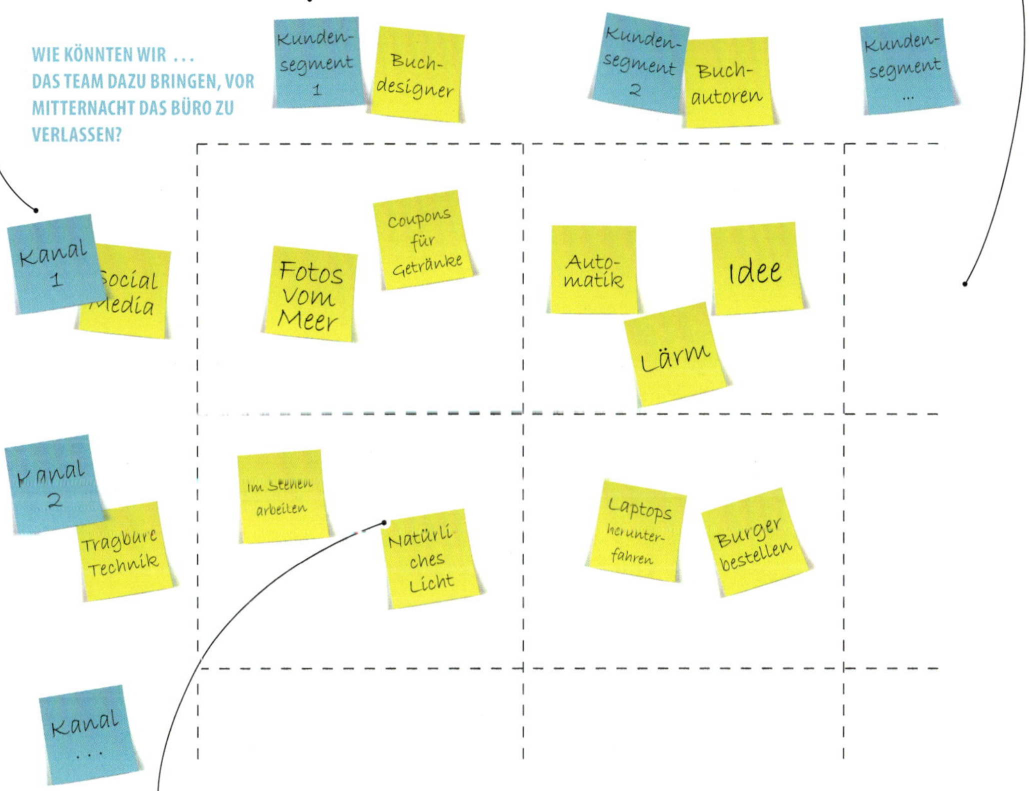

Finde verschiedene Ideen für jede Zelle. Versuche, zu vermeiden, nur Variationen vom Thema zu wählen.

Tipp: Um die Übung zu würzen, füge eine zusätzliche „Joker"-Zeile hinzu, in der dein Team Ideen einfügt, die nicht in eine der anderen Kategorien passen.

CHECKLISTE

- ☐ Alle Felder sind voll mit Ideen, die Sinn machen.
- ☐ Die Ideen sind konkret definiert.
- ☐ Dir fallen keine weiteren Kategorien mehr ein.

NÄCHSTE SCHRITTE

> Bewerte deine neuen Ideen.

WERKZEUG **BUSINESS MODEL CANVAS**

FINDEN

Finde neue ideen

± 30 MIN

Schnellkochtopf

3–5

Personen pro Gruppe

Das Business Model Canvas kann ein grandioses Ideation-Tool sein, wenn du weißt, wie man es benutzt. Die Werkzeuge auf dieser Seite helfen dir, unterschiedliche Optionen zu generieren, die du dann bei Bedarf weiterentwickeln kannst.

FRESHWATCHING

Brauchst du ein Sprungbrett für den Ideation-Prozess, der auf deinem aktuellen Geschäftsmodell beruht? Warum nicht das Geschäftsmodell eines anderen Unternehmens nutzen? Dies ist der Zweck der Freshwatching-Ideation-Technik.

Freshwatching ist das zufällige Durchmischen und Tauschen von Geschäftsmodellen anderer Firmen – oft branchenfremder, um zu sehen, was möglich wäre. Was wäre, wenn du die Geschäftsmodelle von Uber oder Amazon auf dein eigenes anwenden würdest? Was wäre, wenn dein Unternehmen wie Netflix oder Spotify funktionieren würde? Wie würde sich dein Wertangebot ändern, wenn es dem von EasyJet oder Apple gliche?

Es spielt keine Rolle, ob das Unternehmen ein Online-Business, ein stationärer Händler oder eine bekannte Marke ist. Mit Freshwatching siehst du deine Firma mit anderen Augen.

ENTFERNE DEN KERN

Untersuche dein Geschäftsmodell und finde heraus, was die Spezialität deines Unternehmens ist – z. B. wie das Unternehmen erzeugt, liefert oder Wertschöpfung generiert. Wenn du beispielsweise ein Software-Business am Laufen hast, wäre deine Spezialität die Software, die du entwickelst und verkaufst. Es könnte auch ein unersetzbarer Partner oder ein bestimmtes Kundensegment sein.

Jetzt entferne die Haftnotiz. Dein Geschäftsmodell hat jetzt ein großes Loch. Deine Aufgabe: Versuche, es zu füllen. Sei ehrlich und klebe bereits entfernte Notizen nicht auf das Canvas zurück! Diese Einschränkung wird dir auf jeden Fall neue Ideen geben.

EPICENTER

Das Business Model Canvas repräsentiert ein dynamisches System. Es entsteht ein Wechselspiel – Ursache und Wirkung – zwischen jedem Block; jede Änderung wird Auswirkungen haben. Das ist ein guter Übergang in eine Technik namens epicenterbasierte Ideation.

Mit epicenterbasierter Ideation hast du effektiv neun verschiedene Felder oder Epizentren, mit denen du spielerisch neue Ideen finden kannst. Eine Möglichkeit dazu ist, acht Felder deines Geschäftsmodells zu löschen, sodass nur noch ein Fokus übrig bleibt.

Das Business Model Canvas wird auf Seite 116 erklärt.

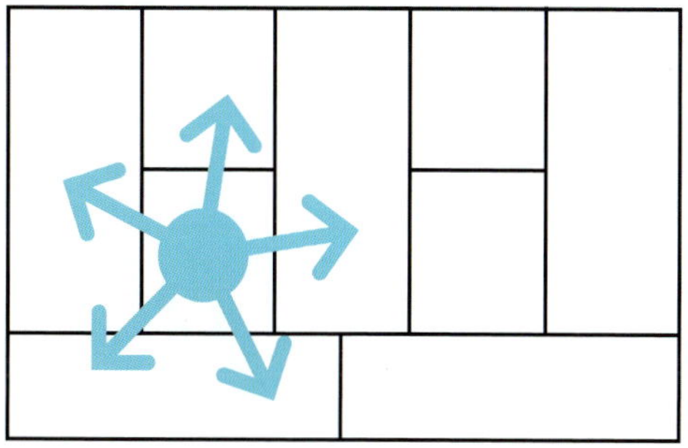

EPICENTER: RESSOURCENGESTEUERT
Jedes Unternehmen verfügt über Schlüsselressourcen, die so wichtig wie der Motor im Auto sind. Im Fall von Amazon war dies die IT-Infrastruktur. Was könntest du mit deiner Schlüsselressource Neues anfangen, das du bis jetzt noch nicht machst?

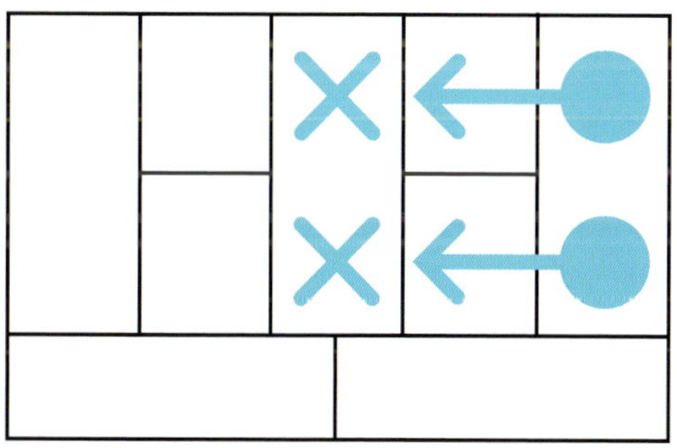

MEHRDIMENSIONALE PLATTFORMEN
Hierbei handelt es sich um Geschäftsmodelle, die zwei oder mehr Kundensegmente bedienen. Es findet dabei in der Regel ein Wertaustausch mit einem anderen Kundensegment statt. Google macht Geld mit Werbetreibenden über AdWords mit einer mehrseitigen Plattform.

Was würdest du Neues mit diesem Fokus schaffen? Was wäre, wenn du in der Lage wärst, ein völlig neues Geschäftsmodell zu kreieren? Amazon hat mit seiner Cloud-Infrastruktur genau das gemacht.

Andere Fokusfelder wären beispielsweise: Kundensegmente (Was könntest du sonst noch anbieten?); Wertangebot (Welche anderen Kundensegmente könntest du ansprechen?); Absatzwege (Auf welchen anderen Wegen kannst du verkaufen, vermieten oder einen Service anbieten?); und sogar deine Umsatzkanäle (Wie könntest du deine Kanäle noch nutzen?).

FINDE MUSTER

Es gibt viele verschiedene Formen von Geschäftsmodellen. Sie können beispielsweise eingesetzt werden, um einen neuen Kundennutzen zu schaffen. Es gibt bekannte Beispiele von Business-Modellen, bei denen Abonnements genutzt werden, und von Plattformen, bei denen der Umsatz des einen Produkts vom anderen abhängt (denk an billige Drucker, teure Tinte). ■

DOWNLOAD
Hier kannst du das Business Model Canvas herunterladen:
www.designabetterbusiness.com

CHECKLISTE

- ☐ Du hast mehr als sechs neue Business-Model-Optionen.
- ☐ Diese Optionen sind alle komplett verschieden.
- ☐ Die Optionen sind ganz konkret auf dein Business zugeschnitten.

NÄCHSTE SCHRITTE

- Finde heraus, welche Ideen miteinander harmonieren.
- Finde ein Geschäftsmodell, das du in dein Value Proposition Canvas einfügen möchtest.
- Finde ein Geschäftsmodell, das dein Prototyp werden soll.

WERKZEUG **IDEENWAND**

FOKUS
Ideen selektieren

± **30** MIN
Volldampf arbeiten

SOLO
Aber alle zusammen

Die Frage „Was wäre, wenn?“ ist ein guter Weg, um eine Wand mit großartigen Ideen zu füllen. Benutze die Trigger-Fragen oder finde selbst Fragen! Frag dein Team in kurzen Frequenzen ab, um jede Menge Ideen zu generieren.

WENN ...

du aufhörst dein #1-Produkt zu verkaufen?
du es verschenkst?
du dein Produkt zum Service machst?
du es nur online oder nur offline vertreibst?
du ein Abonnement anbietest?
du ein Köder- und Haken-Geschäftmodell ausprobierst?
du ein Freemium-Modell anbietest?
du nur noch B2C oder B2B verkaufst?
du die Fixkosten eliminieren könntest?

> **500** IDEEN

TRIGGER-FRAGEN
Finde 20 bis 30 Trigger-Fragen, die man in 10 bis 15 Minuten stellen kann.

BENUTZE TRIGGER-FRAGEN

Der Zweck dieses Werkzeuges ist es, in kurzer Zeit eine ganze Wand mit den Ideen deines Teams zu füllen. Trigger-Fragen helfen euch, den Kreativitätsfluss am Laufen zu halten.

Eine Ideenwand muss gut vorbereitet werden. Zuerst überlegst du dir Trigger-Fragen, die du deinem Team in kurzen Abständen stellst (etwa alle 30 Sekunden eine). Verwende für den Anfang die oben stehenden Trigger-Fragen und sortiere die aus, die nicht zu deinem Unternehmen passen. Verwende dein Business Model Canvas als Grundlage, um neue Fragen zu stellen. Wenn du ein Produkt beispielsweise nur über Einzelhändler verkaufst: Was wäre, wenn du ab jetzt einen Online-Verkaufskanal dafür nutzen würdest? Wie würde das aussehen? So bekommst du eine Vorstellung.

Wenn die Trigger-Fragen gestellt werden, darf jeder im Team auf eine Haftnotiz schreiben, was ihm gerade dazu einfällt. Am Ende dieser Übung sollte es mindestens genauso viele Haftnotizen von

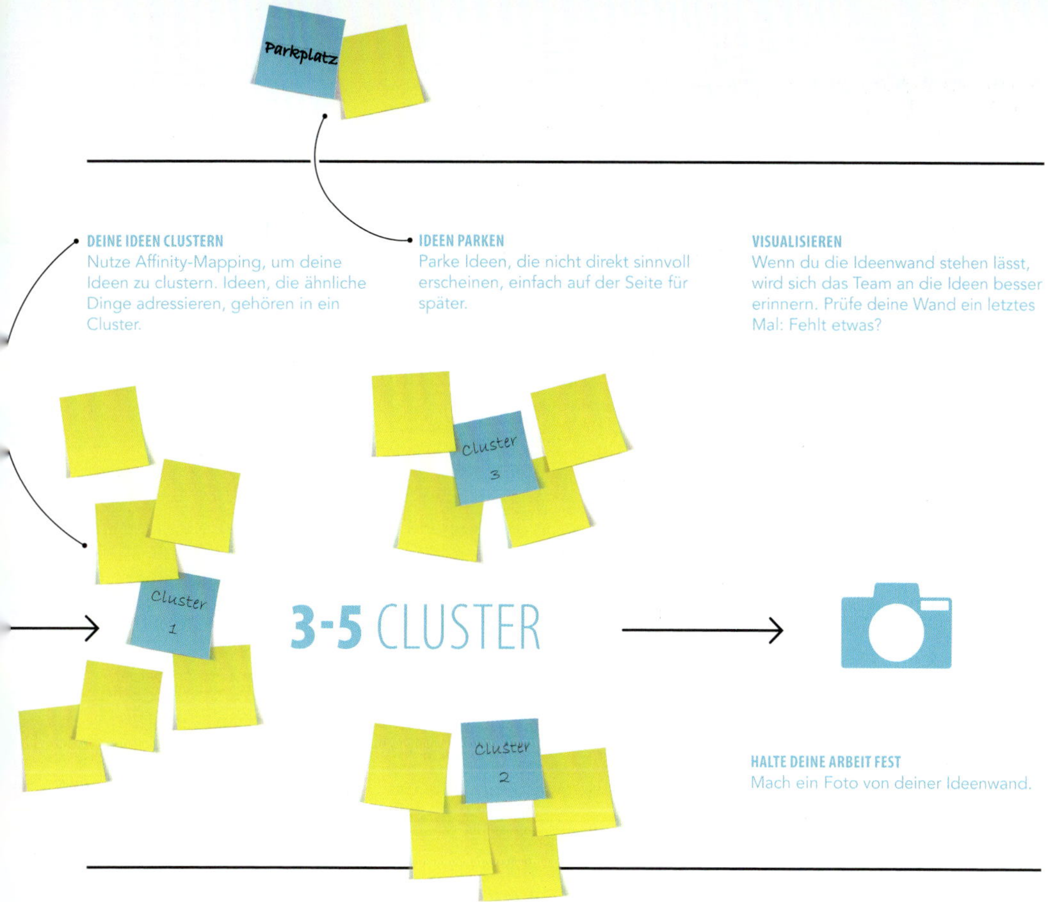

DOWNLOAD
Beispiele für Trigger-Fragen auf www.designabetterbusiness.com

jedem Teammitglied geben, wie Fragen gestellt wurden.

CLUSTERE DEINE IDEEN

Sobald die Fragen ausgehen, kleben alle ihre Haftnotizen an die Wand, eine nach der anderen. Dabei wird die Idee laut ausgesprochen, sodass sie jeder hören kann. Mach dir keine Gedanken um die Vorab-Organisation.

Anschließend clustert ihr die Ideen in maximal fünf Themenfelder. Ihr könnt die Kategorien vorher festlegen oder mit Affinity-Mapping die Kategorien entwickeln.

Wenn ihr fertig seid, mach Fotos von euren Ergebnissen. Schick die Fotos an das ganze Team und vergiss nicht, sie über die nächsten Schritte zu informieren! ■

CHECKLISTE

- ☐ Ihr habt über 500 neue Ideen (oder 25 pro Person).
- ☐ Ihr habt sie in sinnvolle Gruppen geclustert.

NÄCHSTER SCHRITT

> Treffe eine Auswahl: Finde die vielversprechendste Idee, um weiter an ihr zu arbeiten.

WERKZEUG **INNOVATIONSMATRIX**

FOCUS
Ideen auswählen

± 45 MIN
Session

3–5
Leute pro Gruppe

Du hast Hunderte von Ideen gesammelt, und die Zeit für eine Auswahl ist gekommen. Welche sind die wirklich vielversprechenden Ideen? Nutze die Innovationsmatrix und das Ranking-System auf dieser Seite, um sie herauszufiltern.

KATEGORISIERE DEINE IDEEN

Wir Menschen sind fantastisch in der Kategorisierung von Dingen. Wir verbringen viel Zeit im beruflichen Leben damit, unsere Arbeit in Kategorien und Unterkategorien einzuteilen. Um die fertige Ideenwand in Kategorien einzuteilen, ist die 2x2-Matrix ein perfektes Werkzeug, das diese angeborene Fähigkeit unterstützt.

Die Innovationsmatrix stellt in ihren Zeilen die inkrementellen und wesentlichen Änderungen dar. Die Spalten sollen Möglichkeiten aufzeigen, um Kosten zu senken und die Einnahmen zu steigern. Du kannst auch eigene Entscheidungskriterien für die Zeilen und Spalten definieren. Wichtig ist, dass die Kriterien klar voneinander abgrenzbar sind und dir helfen, die guten Ideen auszuwählen und daraus Prototypen zu bauen und zu bewerten.

GO BIG OR GO HOME

Dieses Werkzeug hilft dir, die Ideen, die leicht umsetzbar und einfach zu erledigen sind, von jenen Ideen zu trennen, die zu einer großen Veränderung führen. In einem großen Unternehmen könnten damit sicherlich die Betriebskosten gesenkt werden. Das ist ein kleiner Schritt, der auf jeden Fall gemacht werden sollte. Eine große Veränderung wird zu größeren Auswirkungen führen. Dies wird in den oberen Quadranten der Matrix ersichtlich.

DIE MATRIX NUTZEN

Nehmt zusammen als Team die Ideen von der Wand und entscheidet, welche Ideen auf die Innovationsmatrix gehören. Dabei geht es nicht um Machbarkeit oder gute Umsetzbarkeit. Es geht einzig und allein um das Potenzial für Veränderungen. Gibt es eine inkrementelle Veränderung, die das Unternehmen mit wenig Ressourcen umsetzen könnte? Diese Idee gehört auf die untere Hälfte der Matrix. Gibt es eine Idee, um höhere Einnahmen zu erzielen? Diese Idee gehört auf die rechte Seite der Matrix.

THINK BIGGER

Wenn dein Team wie im Beispiel von Toyota Financial Services nur Ideen auf die untere Hälfte der Matrix klebt, solltest du Firestarter-Fragen oder eine „Into-Space"-Übung (siehe S. 139) anwenden, um die Leute dazuzubringen, größer zu denken.

DOWNLOAD
Du findest die Innovationsmatrix auf www.designabetterbusiness.com

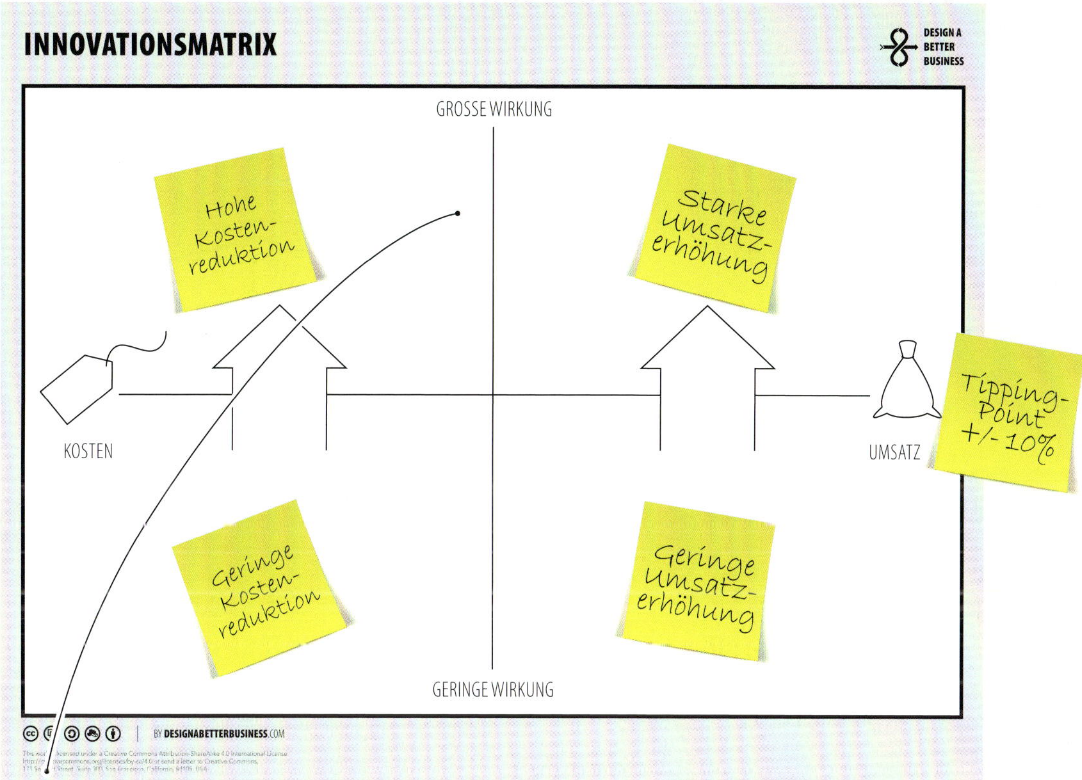

DIE OBEREN QUADRANTEN
Hier sollen deine Ideen landen.

HÖR NICHT AUF
Wenn deine oberen Quadranten nicht genug Ideen aufweisen, versuch es mit einer neuen Ideation-Runde.

CHECKLISTE

- [ ] Die meisten eurer Ideen befinden sich in den oberen beiden Quadranten.
- [ ] Die Umfrageergebnisse waren signifikant.
- [ ] Du kannst anhand der Design-Kriterien eine klare Auswahl treffen.

TIEFHÄNGENDE FRÜCHTE

In deinen Quadranten können sich tiefhängende Früchte befinden, die schnelle Gewinne versprechen. Aber die Ideen im oberen Bereich bringen die größten Veränderungen mit sich. ■

NÄCHSTE SCHRITTE

> Kannst du die Ideen bewerten?

IDEATION HACKS

DEIN SCHLIMMSTER ALBTRAUM

Eine tolle Übung auf Basis des Business Model Canvas ist, dir den größten Albtraum deines Unternehmens vorzustellen.

Was wäre, wenn du ganz von vorne anfangen müsstest? Welcher Konkurrent könnte dich komplett aus dem Spiel katapultieren? Das sind die größten Albträume deines Unternehmens. Wenn du sie nicht erforschst, verpasst du Chancen, die vielleicht ein anderer ergreift.

SPIELERISCHE IDEATION

Lenke den Fokus deines Teams weg von der Qualität der Ideen hin zur Quantität.

Derjenige im Team mit den meisten Ideen könnte einen Preis gewinnen.

Der Preis kann den Teammitgliedern helfen, ein gesundes Konkurrenzdenken zu entwickeln und ihre Ängste und Unsicherheiten zu überwinden.

DENKE WIE EIN START-UP

Was wäre, wenn du die Chancen und Risiken deines Unternehmens durch die Augen eines Start-up-Gründers sehen würdest? Dafür solltest du aber mit einem neuen Business Model Canvas ganz von vorne beginnen.

Was würdest du jetzt anders machen? Was wollen und brauchen deine Kunden, und wie bringst du diese Bedürfnisse mit dem Wertangebot deines Unternehmens zusammen?

ZEICHNE ES AUF

Lass dein Team seine Ideen aufzeichnen, anstatt sie niederzuschreiben. Das macht Spaß und bringt alle dazu, konkreter anstatt abstrakt zu werden.

Wenn die Teammitglieder nicht so gerne malen, können sie alternativ die LEGO-Serious-Play-Steine verwenden.

IDEATION DRAUSSEN

Nimm dein Team mit nach draußen zu einem belebten, lauten Platz in deiner Stadt. Starte die Ideation-Session an genau diesem Platz.

Lenke die Aufmerksamkeit der Teilnehmer auf die unzähligen Eindrücke um sie herum – als eine Quelle der Inspiration. Die Einstimmung auf die Geräuschkulisse kann ihren Gehirnen helfen, noch größere Sprünge zu machen.

DIE UNÜBLICHEN VERDÄCHTIGEN

Ideation ist keine exklusive Domäne der Kreativen oder Entwicklungsabteilungen. Frag ein paar ganz unbeteiligte Mitarbeiter um ihre Meinung; sie werden dich überraschen.

Vergiss deine übliche Perspektive. Nutze einen ganz anderen Blickwinkel. Wenn du immer wieder zu bekanntem Wissen zurückkehrst, versuche eine neue Basis für deine Ideen zu finden.

NUN HAST DU ...

- **4 BIS 6 BUSINESS MODEL CANVAS** AUSGEFÜLLT S. 142
- EINE IDEENWAND MIT **MINDESTENS 500 IDEEN** S. 144
- **4 BIS 6 VALUE PROPOSITION CANVAS** AUSGEFÜLLT S. 106

NÄCHSTE SCHRITTE

- **CRASHTEST FÜR DEINE IDEEN** S. 156
  Benutze Prototypen
- **WAS IST DEIN STANDPUNKT?** S. 46
  Hast du deine Visionen wirklich ausgereizt? Musst du deinen Standpunkt nochmal ändern?
- **WÄHLE GESCHÄFTSMODELLE** S. 68
  Auf Basis deiner Design-Kriterien.
- **KREIERE VALUE PROPOSITIONS** S. 106
  Auf Basis deiner Geschäftsmodelle.

WIEDERHOLUNG

ES GIBT NICHT **DIE EINE RICHTIGE LÖSUNG.** IDEEN SIND SPRUNGBRETTER.

SPASS IST DAS BESTE **IDEATION-ELIXIR.**

GUTE IDEEN SIND KEINE MAGIE. **WIRF DEINEN KREATIVEN MOTOR AN.**

BENUTZE WERKZEUGE, UM DEINE IDEEN VORANZUBRINGEN. GEH TIEFER FÜR BESSERE IDEEN.

TRIFF EINE AUSWAHL DEINER IDEEN. DU KANNST NICHT 500 IDEEN AUF EINMAL TESTEN.

SCHAFF DIR RAUM FÜR DETAILLIERTES DENKEN.

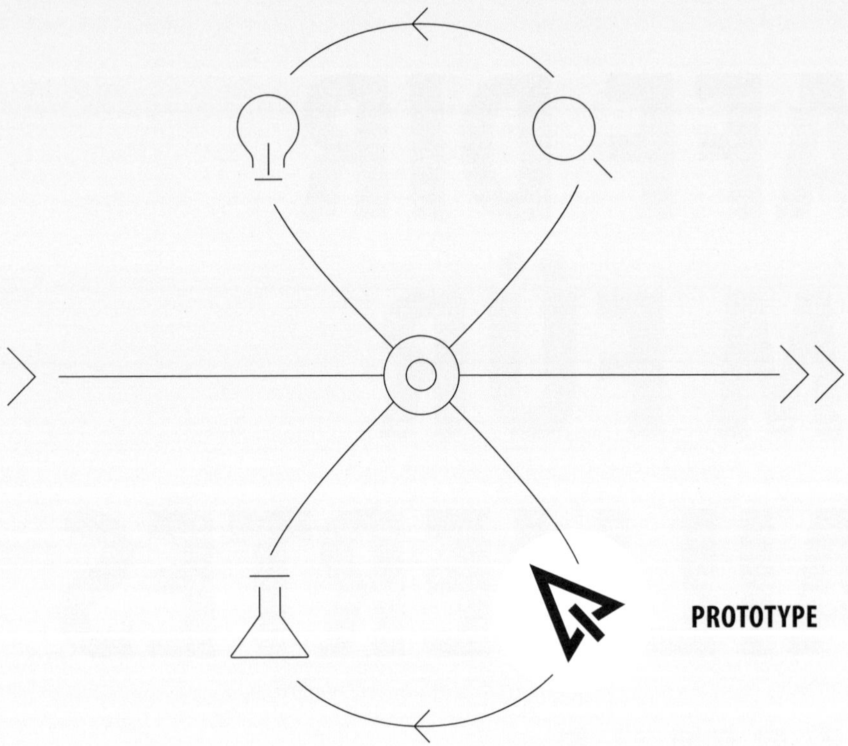
PROTOTYPE

DIE DESIGN JOURNEY **PROTOTYPE**

BRING DEINE **IDEEN ZUM LEBEN**

ENTWERFE EINEN PROTOTYP

BAUE EINEN PROTOTYP

DAS **MACHER-MINDSET**

Es ist ein befriedigendes Gefühl, Zeit und Energie in gute Ideen zu investieren. Die technischen Herausforderungen sind oft schon bekannt. Es ist verlockend, einen großen Sprung vorwärts zu wagen und „die großen Probleme zu lösen", wie beispielsweise die Entwicklung der richtigen Algorithmen. Aber warum ist das so?

DER MYTHOS „MACH ES UND SIE WERDEN KOMMEN"

Oft ist es spannend (und ganz bequem), allein oder im Team den ganzen Tag lang über Ideen zu brüten. Du hast wahrscheinlich unzählige Stunden und viel Energie auf die „coolsten" Details deiner Idee verwendet. Wenn du technisch begabt oder Teil eines technischen Teams bist, wirst du dich bestimmt zuerst auf die technischen Herausforderungen einer Idee stürzen.

Wir machen das, weil wir am liebsten diejenigen Probleme angehen, die wir ganz bequem allein und ohne fremde Hilfe lösen können. Wir versuchen, vorwärts zu kommen und „die großen Probleme zu lösen", wie den richtigen Algorithmus zu entwickeln, neue Vertriebskanäle zu finden oder Fertigungssysteme zu optimieren. Das Lösen von Rätseln macht Spaß und setzt viel Energie frei. Aber wenn es darum geht, kundenorientierte Produkte zu entwickeln, gibt es einfach keine Abkürzungen. Du musst dich der härtesten Herausforderung stellen: Wird die Idee von den Kunden angenommen? Es hat also keinen Sinn, sich zukünftigen Problemen zu widmen, wenn das heutige Problem noch nicht gelöst ist. Beginne am Anfang!

FANGE KLEIN AN

Denke wie ein Ingenieur oder Architekt. So wie die Wright-Brüder zuerst Flugdrachen konstruiert haben, bevor sie versuchten, Flugzeuge zu bauen. Architekten beginnen immer mit den Modellen. Natürlich weißt du auch, warum sie das so tun: Wenn sie Stonehenge entwerfen, ist es viel billiger, es in einem kleinen Maßstab zu testen, bevor sie Hunderte von Menschen einstellen, um 60-Tonnen-Steine herumzuschieben.

Leonardo da Vinci schuf Hunderte von Skizzen und baute Modelle seiner Maschinen in seiner Werkstatt, bevor er jemals Geld ausgab, um den Prototyp zu bauen. Skizzen haben ihm nicht nur geholfen, seine potenziellen Konstruktionsprobleme zu lösen; sie halfen ihm auch, seine Ideen seinen Gönnern zu erklären und anzupreisen.

Die Wright-Brüder, die Architekten von Stonehenge und Leonardo da Vinci waren Meister im Erstellen von Prototypen. Sie gingen nicht davon aus, eine abstrakte Idee beim ersten Versuch einwandfrei konstruieren zu können. Darüber hinaus wussten sie bereits, dass andere Leute ihre Idee verstehen müssen, um sich dafür begeistern zu können. Die Idee muss greifbar werden!

IDEEN SIND NICHT REAL

Eine Idee ist nichts weiter als eine Idee: etwas, das auf dem Papier großartig erscheint. Ideen sind abstrakt und haben wenig Substanz. Natürlich sind manche Ideen wirklich großartig und haben das Potenzial, vieles zu verändern. Aber dieses Potenzial kann nur entfacht werden, wenn die Idee in die Realität umgesetzt wird. Das Coole daran ist: Je früher du auf deiner Design Journey einen Prototyp baust, desto leichter ist es, sein Potenzial zu erkennen.

PROTOTYPEN SIND GREIFBAR; SIE SIND ARTEFAKTE

Eine bekannte Geschichte handelt davon, wie die Dropbox-Gründer ihren Prototyp den Kunden präsentierten. Die Idee schien einfach: Daten überall zu speichern und überall synchron abrufen zu können. Die technische Machbarkeit war sicher, aber Drew Houston, CEO bei Dropbox, wollte wissen, ob die Kunden dieses Produkt ausprobieren würden. Anstatt also Zeit und Geld darauf zu verwenden, die Entwicklung seiner Vision abzuschließen, drehte er ein Video über die Idee von Dropbox. Es war kein Verkaufsvideo. Es war ein Prototyp seiner Idee und kostete ihn nichts außer etwas Zeit. Letztlich hat der Prototyp Drew und seinem Team geholfen, die Kundenwünsche kennenzulernen, und hat die Marke zu dem gemacht, was sie heute ist.

PROTOTYPEN GEBEN IDEEN FORM UND FUNKTION.

Prototypen wie das Dropbox-Video sollen kein vollwertiges Produkt darstellen. Sie werden so konstruiert, dass der Kunde bereits den Mehrwert des Produktes erleben kann. Der wahre Wert ist jedoch, dass die Kundenerfahrungen zu einer besseren Idee führen werden. Deshalb ist ein Prototyp aufschlussreicher als eine Idee oder eine Beschreibung auf Papier. Ein Prototyp ermöglicht es dir, verschiedene Perspektiven kennenzulernen.

Der Grund, warum Prototypen – speziell visuelle Prototypen – so gut funktionieren, liegt in der Wissenschaft: Wir lieben es, visuell und auditiv zu experimentieren. Wenn wir etwas sehen, berühren und in Aktion erleben können, dann begreifen wir es viel besser als durch eine Beschreibung. Das ist es, was ein Prototyp für uns tun kann.

TIPP! Bring mit greifbaren Werkzeugen deine Ideen in Form. Ob mit Stift und Papier, Haftnotizen oder Präsentationssoftware; manchmal sind die einfachsten Dinge auch die praktischsten Werkzeuge.

CRASHTEST FÜR DEINE IDEEN

Hauche deiner Idee Leben ein und lerne daraus. Darum geht es beim Erstellen eines Prototypen. Stell dir einen kontrollierten Crashtest deines Prototyps vor. Über welchen Aspekt möchtest du gerne mehr erfahren? Egal wie deine Idee aussieht, der Prototyp hilft dir, sie in der realen Welt zu testen. Es gibt zwei Arten von Prototypen: Prototypen, die dir ein besseres Verständnis der Technik vermitteln; und Prototypen, die von einem Kunden ausprobiert werden können. In beiden Fällen musst du dich fragen, was du testen möchtest. Was möchtest du wirklich wissen? Im Kapitel über die Validierung findest du viele großartige Werkzeuge, um deinen Prototypen mit Kunden zu testen. Auch wenn du zur Visualisierung deiner Idee einen schnellen Mockup mit deinem Team planst, ist es immer wichtig zu wissen, welchen Aspekt du ausprobieren möchtest.

DESIGNE DEINEN PROTOTYP ZUM TESTEN

Sobald du genau weißt, was du ausprobieren möchtest, ist es Zeit, einen ersten kostengünstigen Prototyp zu bauen. Starte klein und versuche, nicht zu komplex zu werden. Frage dich selbst: Kann ich ihn noch einfacher bauen? Was könnte ich weglassen? Sind alle Funktionen wirklich nötig?

Es ist nie zu früh, einen Prototyp zu entwerfen. Ob du nur ein Element oder das gesamte Produkt testen möchtest: Definiere, was genau du wissen möchtest, fang an und versuche, dabei nicht komplex zu werden. Drew Houston von Dropbox bringt es auf den Punkt: „Nicht starten [ist] schmerzhaft; nicht lernen [ist] tödlich."

BRUCHSTÜCKHAFT HEISST NICHT GLEICH SCHLECHT

Im Frühstadium müssen die Prototypen noch nicht ausgereift sein. Tatsächlich können sie sogar nahezu hässlich sein. Die Prototypen sollten so gut konstruiert werden, dass sie ihren Zweck erfüllen. Sei es, sie mit Kunden zu testen oder um mit dem Team zu prüfen, ob sie sinnvoll sind.

Du kommst zurück zur Frage, welcher Prototyp der richtige für die Aufgabe ist. Am Beginn deiner Reise ist es noch nicht notwendig, deine Energie in die Frage nach dem perfekten Design zu stecken. Das wäre eine Verschwendung von Ressourcen, die du an anderer Stelle nutzen kannst. Bei deinem Prototyp geht es hauptsächlich um die fundamentalen Aspekte des Produktes. Es ist nicht nur okay, so zu tun als ob – es wird sogar von dir erwartet. Halte es simpel, und lerne so viel du kannst. Aber du solltest dabei schnell sein und möglichst vieles ausprobieren.

NICHT ABWARTEN

Interessanterweise sind erfahrene Designer oft sehr vorsichtig bei gut aussehenden Prototypen. Ein hübscher Prototyp kann so faszinierend wirken, dass er dich oder andere komplett von den grundliegenden Problemen der Idee ablenkt.

Die Leute werden es lieben, wie dein Prototyp aussieht, aber du wirst nicht herausfinden, was du in diesem Test eigentlich lernen wolltest. Oft bedeutet das, dass du völlig in die falsche Richtung gelenkt wirst. Der Detaillierungsgrad deines Prototyps sollte direkt mit dem Stadium deiner Reise verbunden sein. Mach es zuerst Low-Fi und dann später High-Fi.

In diesem Kapitel zeigen wir dir noch eine Reihe von Beispielen und Werkzeugen, die dir helfen, deinen Prototyp zu bauen. Es ist nie zu früh, um anzufangen. Wirklich nie. ■

SEI DEIN EIGENER **PROBAND**

Du kannst nicht alle Probleme ganz allein lösen. Du solltest dein Design ausprobieren. Nicht nur für die potenziellen Kunden, sondern auch für dich selbst.

In jedem Design-Prozess ist es wichtig, dass das Design-Team selbst die Aufgabe so perfekt wie möglich versteht. Was wollen wir designen? Wie funktioniert es? Wie fühlt es sich an? Wenn es ein digitaler Service ist, wie kannst du ihn schnell auf deinem Bildschirm zum Leben erwecken (oder auf einem Blatt Papier)? Vielleicht kannst du PowerPoint oder Keynote dafür verwenden. Wenn es ein physisches Produkt ist, gibt es andere Dinge, die du verändern kannst, um das Aussehen deines Prototyps darzustellen?

Mach dich auf jedem Schritt deiner Reise mit dem Design vertraut. Der beste Weg ist, es selbst auszuprobieren. Als Designer bist du dein eigner Proband.

Wenn du einen Prototyp baust und mit ihm interagierst, wirst du viele neue Ideen erhalten, wie du Probleme lösen kannst, wie deine Kunden reagieren und was deine nächsten Schritte sein werden.

Wenn du ein Produkt entwirfst, dann versuche, es zu Beginn so zu benutzen, wie deine Kunden es benutzen würden. Wenn du einen Prozess oder einen Service gestaltest, dann sei selbst dein Kunde.

PROTOTYPING MEISTERN

1 MACH EINE SKIZZE

Skizzen sind eine großartige Möglichkeit, um sich einem Prototyp schnell aus verschiedenen Blickwinkeln zu nähern. Du kannst eine Skizze auf der Rückseite einer Serviette machen, auf Karton, in Kalkulationstabellen, aus Legosteinen, mit dem Schweißgerät oder mit Salz-und Pfefferstreuer auf deinem Mittagstisch bauen.

Was eine Skizze ausmacht, ist die Ungenauigkeit. Sie ist grob. Es geht nicht um die Details. Die Details können später bearbeitet werden.

2 HALTE ES EINFACH

Was wäre, wenn du kein Budget und keine Zeit hättest? Was könntest du in 30 Minuten oder weniger erreichen? Lustigerweise wird das Hinzufügen von Einschränkungen deine Kreativität erhöhen. Es befreit dich von dem Drang, es perfekt machen zu wollen, und hilft dir, deine Einstellung für das Endprodukt zu überdenken.

TIPP! Frage dich selbst: Musst du es wirklich bauen? Bekommst du, was du brauchst (oder vieles davon) auch von bestehenden Produkten? Kannst du bestehende Produkte kombinieren?

MacGyver (ja, das ist jetzt ein akzeptiertes Verb im Oxford Dictionary!) mit deinem Team den abscheulichsten Prototyp nur mit Materialien aus deiner Schublade. Er wird in kürzester Zeit fertig sein, und ihr werdet etwas Neues daraus lernen.

3 HILFSMITTEL IN DEINER UMGEBUNG

Wenn du weißt, was du testen möchtest, brauchst du für deine frühen Prototypen keine teuren Materialien. Du kannst aus Büromaterialien, Papier und allem, was du gerade zur Hand hast, basteln. Eine Kaffeetasse wird zum Kunden, dein Telefon ist der Ladenmanager, und du kannst deren Interaktion direkt im Store ausprobieren. Du benötigst keine teuren Komponenten oder Prozesse zum Testen deiner Idee: Finde heraus, wie du es selbst machen kannst.

4 PROTOTYPEN AUSPROBIEREN

Du kannst viele Ideen generieren, teilen und weiterentwickeln. Aber du wirst auch einige dieser Ideen tiefer erforschen müssen – vor allem wenn es darum geht, ein paar Ideen zum Ausprobieren und Validieren zu wählen. Was ist der Kerngedanke? Welche Probleme gilt es zu lösen und für wen? Was werden die Kunden bezahlen, und wie werden sie es an erster Stelle finden?

Du wirst nicht in der Lage sein, jede Idee tief zu erforschen. Aber es wird einige Ideen geben, zu denen du mehr Kontext benötigen wirst, um wirklich zu verstehen, worum es geht und welche Annahmen du getroffen hast , als sie generiert wurden.

5 PRÄSENTATION IST WICHTIG

Die Präsentation ist Teil des Prototyps. Auch wenn es nur eine gekritzelte Notiz ist, um jemandem den Wert deiner Arbeit zu zeigen und dir eine ehrliche Meinung einzuholen. Du musst die Idee so präsentieren, als wäre sie das Produkt selbst. Die Art, wie du präsentierst, setzt Erwartungen frei. Und die falsche Präsentationsart bedeutet, dass du nicht herausfinden wirst, was du lernen möchtest.

6 HALTE DEN ZEITPLAN EIN

Setze dir selbst eine knappe Frist: Wenn du gegen die Zeit arbeitest, bist du kreativer und versuchst, schnellstmöglich einen Prototyp zu finden, den du bauen kannst. Andernfalls riskierst du, deinen Prototyp zu einem Produkt zu machen und unnötige Funktionen hinzuzufügen. ■

PROTOTYP **WÄHLEN**

Wie kannst du ein großes, haariges Problem mit einem Prototyp lösen? Suche das Problem!

Eine Gruppe von MBA-Studenten nahm sich dem Problem des Registrierungsprozesses für ein Wahlprogramm an.

Sie haben ein neues Registrierungs-Erlebnis geschaffen und die Leute dabei aufgenommen, wie sie es nutzen. Unbezahlbar!

Prototyping Voting von Team MACCR, Innovation Studio 2015, DMBA. (Riley Moynes, Cynthia Randolph, Meghan Luce, Amodini Chhabra und Chandrima Deuri).

STORIES DES **PROTOTYPING**

KARTENDECK

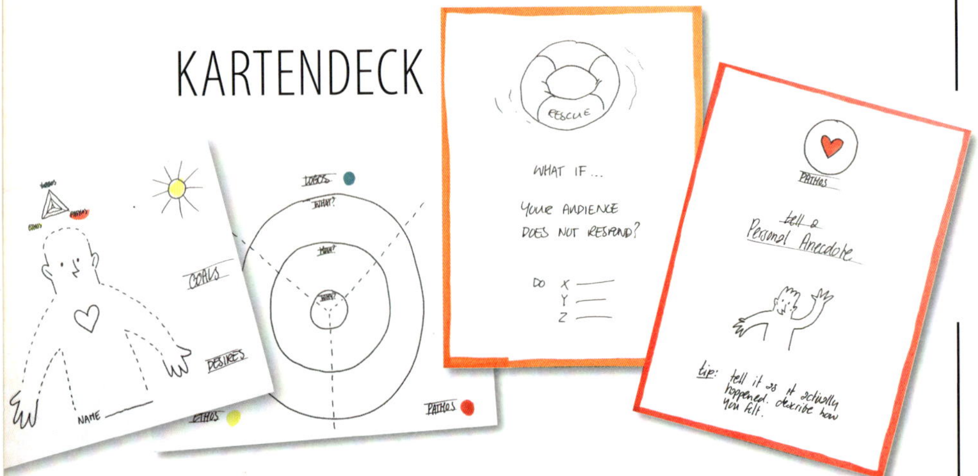

Während der Suche nach einem geeigneten Storytelling-Format entwickelten wir diesen Prototyp: ein Kartendeck, mit dem jeder Geschichten in zehn Schritten schreiben und erzählen kann.

Mehr Infos über Storytelling findest du auf Seite 74.

VIP-PROTOTYP

Ein großes Bankinstitut hatte die Idee, einen VIP-Service für ihre russischen Filialen einzurichten. Loyale Kunden sollten schneller bedient werden. Eine Marktumfrage sollte die Kundenreaktionen abfragen. Wir schlugen ihnen vor, das Modell als Prototyp selbst in einer Filiale zu testen. Das Kundenfeedback war positiv und gab ihnen noch mehr Ideen für noch größere Verbesserungen.

DER BUSINESS-JET-PROTOTYP

Um herauszufinden, ob ihre neue Idee für einen Business-Jet-Service zwischen Amsterdam und Paris umsetzbar wäre, befragten die Start-up-Gründer Geschäftsleute im Thalys-Schnellzug, ob sie ein Ticket kaufen würden. Sie wählten die richtige Methode und das richtige Publikum für ihren Test aus. Dieser einfache und effektive Prototyp kostete sie nur den Preis eines Zugtickets. Die Ergebnisse, die sie erhielten, waren von unschätzbarem Wert.

PLAYMOBIL® DURCHLAUF

Vor einem großem Strategie-Event mit Hunderten von Führungskräften einer großen europäischen Bank kam ihr CFO auf die Idee, den Durchlauf der gesamten Veranstaltung mit Playmobil-Figuren auszuprobieren. Das half allen Teilnehmern, ihre Rollen zu verstehen und zur richtigen Zeit am richtigen Ort zu sein. So konnten Engpässe erkannt werden, die auf dem Papier unmöglich sichtbar geworden wären.

DIE BLASE ZERPLATZT

Mit dem Impact-Hub Amsterdam halfen wir sozialen Start-ups, ihre Ideen in reale Unternehmen zu verwandeln. Ein Teilnehmer mit einer Idee für einen Bio-Shampoo-Spender für Fitness Studios hatte ein Aha-Erlebnis. Er dachte, einen teuren Shampoo-Spender zu entwickeln, wäre der erste Schritt zu seinem eigenen Unternehmen. Wir überzeugten ihn, vorab ein paar von seinen Shampoo-Flaschen mit einem schönen Schild im örtlichen Fitness-Studio zu platzieren. Anstatt Hunderte von Euro und viel Zeit zu investieren, bekam er sein Feedback noch am selben Tag.

PREIS-SCHILD-PROTOTYP

Ein Start-up wollte die Preisstruktur seines neuen Produktes testen. Sie platzierten das Produkt in verschiedenen Läden zu verschiedenen Preisen. Warum sollte dein Produkt überall gleichviel kosten?

VERWENDE EIN LOGO

Beim Innovationsworkshop eines großen Unternehmens wurden die Teams aufgefordert, wie ein Start-up zu handeln. Damit es sich für die Teams „echt" anfühlte, wurde die gesamte Einrichtung geändert, und die Teilnehmer erhielten T-Shirts mit ihrem Start-up-Logo. Das brachte die Teams in die richtige Stimmung!

CASE STUDY AUTODESK®

PROTOTYPEN DER ZUKUNFT

Das Software-Unternehmen Autodesk entwickelt und vertreibt Design-Software seit mehr als 30 Jahren. Bekannt ist es vor allem durch sein Flaggschiff, AutoCAD.

HINTER COMPUTERBASIERTEM DESIGN

Während viele Leute Autodesk namentlich nicht kennen, hat die Software AutoCAD das Leben der meisten Menschen tangiert. Viele der von Menschen geschaffenen Dinge auf der Erde (entworfen und erstellt in den letzten 30 Jahren) – vom Stuhl, auf dem du sitzt, zu dem Gebäude, in dem du dich befindest, zum Auto, in dem du fährst und dem Spezialeffekt-Blockbuster, den du gesehen hast, sind zumindest teilweise mithilfe der Autodesk-Software entstanden. Obwohl die Autodesk-Software sehr verbreitet ist, hat die Führung des Unternehmens im letzten Jahrzehnt intensiv darüber geforscht, wie sich das Unternehmen noch entwickeln könnte. Neben den kleinen Verbesserungen der bestehenden Produkte erfand Autodesk neue Werkzeuge, um die Designprobleme zu lösen, denen sich ihre Kunden in der Zukunft stellen werden.

Carl Bass, CEO von Autodesk, ist selbst ein „Macher" und war nicht nur daran interessiert, potenzielle Märkte zu erschließen. Er interessierte sich auch für das Erstellen von Prototypen, um einen echten Einblick in die Bedürfnisse der

Eine Illustration des Hafengebäudes in San Francisco aus der Graphic Novel *Prelude to Then.*

Zukunft zu bekommen. Carl ist ein Innovator mit einem hohen Maß an Risikobereitschaft. Als solcher mag er Prototypen und Experimente. Diese Einstellung durchdringt heute die Unternehmeskultur von Autodesk. Trete mit Maurice Conti, dem Leiter des Autodesk Applied Research Labors und strategische Innovation, in das Firmenbüro des CTO ein.

CARL BASS: BEWEISE ODER WIDERLEGE DEINE ANNAHMEN SCHNELL, UM DARAUS ZU LERNEN.

DIE HERAUSFORDERUNG

Im Jahr 2010 hat Autodesks CTO Jeff Kowalski Maurice Conti beauftragt, einen Blick auf den „toten Winkel" zu werfen, den er selbst nicht finden konnte. Conti musste dort nach Möglichkeiten suchen, wo noch niemand gesucht hat. »

AHA

Conti begann damit, den Blick auf die Bereiche zu werfen, die sich traditionell nicht im Fokus von Autodesk befinden. In der Produktion – einer der wichtigsten Sparten von Autodesk – sah Conti das Potenzial für hochentwickelte Robotertechnik. Obwohl es vorab keinerlei Strategie, spezifische Projekte oder konkrete Intentionen gab, wurde somit etwas Zukunftsentscheidendes entdeckt.

Am interessantesten erschien Conti die Idee, dass Roboter verwendet werden könnten, um menschliche Fähigkeiten zu erweitern. Das war ein grundsätzlich neuer Standpunkt zu der aktuellen Debatte, dass Roboter die menschliche Arbeit ersetzten. Conti vertritt den Standpunkt, dass es viele Tätigkeiten gibt, die weder Mensch noch Maschine zufriedenstellend bewältigen können. Wenn jedoch eine symbiotische Zusammenarbeit zwischen Mensch und Technik stattfindet, wird die Arbeit sicherer, effizienter und effektiver durchgeführt werden können.

Conti tauchte mit seinem Team tiefer in diese Idee ein. Nach einer Beobachtungsphase entschieden sie sich für ein Szenario, bei dem Menschen und Roboter zusammenarbeiten würden (ohne die Angst, dass die Roboter die Menschen verletzen könnten). David Thomasson, Forschungsingeniuer in Contis Team, begann damit, kleine, erschwingliche Desktop-Roboter zu programmieren. Diese sollten Menschen bei der Arbeit beobachten und lernen. „Der Roboter beobachtet einen Holzfäller bei der Arbeit. Er lernt die Technik und kann diese entweder in gleicher Weise oder in einer Variation wiederholen. So können beide zusammenarbeiten."

Aus der Entwicklung dieses Prototyps ergaben sich wieder neue Fragen. Gibt es einen einfacheren Weg, um Industrieroboter zu programmieren? Die bisherige Software fokussiert darauf, den Roboter eine einzige Tätigkeit tausende Male wiederholen zu lassen. Aber was wäre, wenn er tausende Tätigkeiten nur einmal ausführen sollte? Können wir mit dem Roboter auch ohne CAD und CAM in Echtzeit interagieren? Nur mit Gestik und Sprache? Oder könnten wir dem Roboter mit Lernprogrammen beibringen, selbst seine Arbeit zu optimieren? Sodass man ihm nicht mehr sagen muss, was er tun soll, sondern nur, welches Ergebnis gewünscht ist?

Nach Contis Philosophie muss man diese Fragen erst verstehen, um sie dann mithilfe von Prototypen zu beantworten.

»

KÜCHE DER ZUKUNFT
Bild aus einer Graphic Novel des Applied Research Lab

DESIGN JOURNEY Bild aus einer Graphic Novel des Applied Research Lab

CASE STUDY AUTODESK: **PROTOTYPEN DER ZUKUNFT**

DIE MORAL VON DER GESCHICHTE IST …

Contis Team verfügt über einen einzigartigen F&E-Ansatz, den sie „Risiko und Determinismus" nennen. Die Produktentwicklung von Autodesk ist darauf getrimmt, qualitativ hochwertige Software termingerecht zu liefern. Sie können nicht viel riskieren, das Unternehmen vertraut auf diesen Determinismus. Conti dagegen kann das ganze Risiko auf sich nehmen, sodass die Produktentwicklung dies nicht tun muss. Ein kleines Team von einem halben Dutzend Designern und Ingenieuren baut schnell und iterativ Prototypen aus neuen Ideen. Diese können schnell die zentralen Herausforderungen verstehen und Chancen nutzen, ohne dabei in Ressourcen investieren zu müssen.

Aus Contis Sicht ist der Schlüssel zum Erfolg folgender: Ein direkter Draht zum Management gibt die nötige Sicherheit, um Risiken anzupacken und innovative Ideen zu entwickeln. Es entsteht eine sehr kurze Rückkopplungsschleife, sodass die erzielten Ergebnisse schnell die Strategie beeinflussen können.

Sehr knappe Zeitvorgaben zum Bau des Prototyps sind ein Muss. Typischerweise arbeitet das Applied Research Lab in dreimonatigen Runden. Manche Konzepte benötigen eine längere Entwicklungszeit, aber der Prototyp entsteht schnell und iterativ. Darüber hinaus müssen Ideen und Prototypen mit der Vision und Kernstrategie des Unternehmens verknüpft werden. Das Team hat einen starken Fokus darauf, Wertschöpfung für das Unternehmen zu generieren.

Ein Prototyp muss nicht physisch gebaut werden oder sehr viel Geld kosten. Storytelling ist ein großartiger Weg, um frühe Ideen zu transportieren.

In diesem Sinne hat Conti Methoden entwickelt, um zukunftsweisende Konzepte effektiv zu erforschen. Sie nennen es Strategische Zukunft, aber die Technik wird auch SciFi-Zukunft, Szenario-Planung oder World Building genannt.

Durch die Verwendung von Storytelling in Form von Graphic Novels kann Autodesk, ohne Zeit und Geld zu verlieren, neue Geschäftsmodelle validieren und ausführen und jede Idee von der Zukunft zum Leben erwecken. ■

FERNE ZUKUNFT

AUTODESK APPLIED RESEARCH LAB

Ein Prototyp der Zukunft erfordert Kreativität und einen starken Standpunkt.

EINFACH IRRE

Bei Autodesk werden Prototypen von möglichen Zukunftsvorstellungen erschaffen, oft 18 Monate im Voraus. Wenn es allerdings um Prototypen der fernen Zukunft geht, dann tritt das Applied Research Lab in Aktion.

Wenn du an die Zukunft des Designs denkst, assoziierst du diese sicher mit Robotern und Benutzeroberflächen wie im Film „Minority Report". Wenn du noch tiefer und weiter eintauchst, wirst du ganze Fachgebiete finden, die auf den ersten Blick überirdisch erscheinen. Denk zum Beispiel an die synthetische Biologie. In diesem Moment entwerfen Forscher und Ingenieure von Autodesk biologische Strukturen im Nano-Bereich. Wie biologische Lockboxen, die einzelne Moleküle mit Medizin gegen Krebs durch eine Blutbahn tragen und sich nur öffnen, wenn sie Krebszellen begegnen. Oder 3D-Druck-Hefezellen mit spezifischen Genomen.

Die Herausforderung von Investitionen in die ferne Zukunft ist es, zu rechtfertigen, warum diese Forschung oder dieser Prototyp relevant ist. An diesem Punkt kommt das Storytelling ins Spiel.

STORYTELLING

Im vergangenen Jahr hat Evan Atherton, Senior Research Engineer im Autodesk Applied Research Team, mit einer kleinen Gruppe Graphic Novels entwickelt, um damit Geschichten über die ferne Zukunft zu erzählen. Dieses Team schafft bildreiche Zukunftsvorstellungen der Welt, z. B. in 300 Jahren, und unterstützt damit die heutige Arbeit von Autodesk. Im Zentrum steht die Idee, diese Geschichten zu veröffentlichen und damit Menschen innerhalb und außerhalb des Unternehmens eine gemeinsame Plattform zu geben, Fragen zu stellen. Und während die Ergebnisse für sich selbst sprechen, sind die Kosten dafür minimal. ■

PROTOTYPING-WERKZEUG

WELCHE MATERIALIEN BRAUCHE ICH?

Der Autor Mokokoma Mokhonoana sagte: „Ein Blankoscheck tötet Kreativität.“ Einschränkungen sind Zündstoff für Kreativität! Wenn du in einem frühen Stadium bist, spiele einfach mit verschiedenen Konzepten, verwende Materialien, die leicht verfügbar und günstig sind. Ein Material, das die ästhetischen Optionen

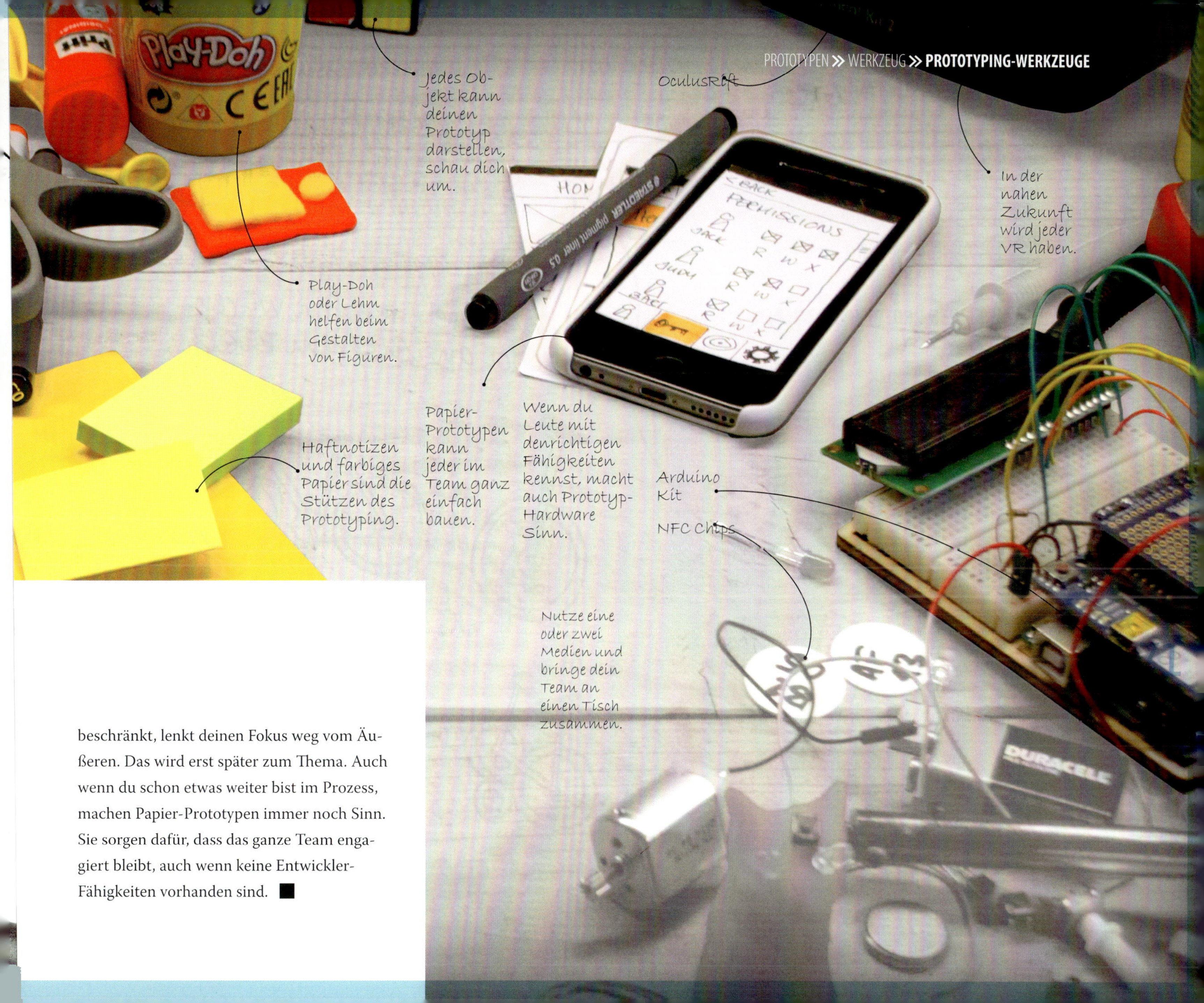

beschränkt, lenkt deinen Fokus weg vom Äußeren. Das wird erst später zum Thema. Auch wenn du schon etwas weiter bist im Prozess, machen Papier-Prototypen immer noch Sinn. Sie sorgen dafür, dass das ganze Team engagiert bleibt, auch wenn keine Entwickler-Fähigkeiten vorhanden sind. ■

WERKZEUG **PAPIER**

Vier Wege, um deine Ideen mit Papier-Prototypen umzusetzen.

GREIFBAR
Prototyp aus Papier

± 30 MIN
Session

MAX 5
pro Gruppe

1 PROTOTYP EINES PROZESSES

GESTALTE EIN SPIELBRETT
Skizziere den Prozess auf einem Spielbrett. Vergiss nicht, dass Fallstricke, Sackgassen und Energie-Booster in den Prozess gehören.

SPIELE DEN PROZESS
Nutze Spielfiguren für jede Abteilung. Spiele verschiedene Szenarien auf Basis der täglichen Prozesse durch. Notiere, was passiert ist.

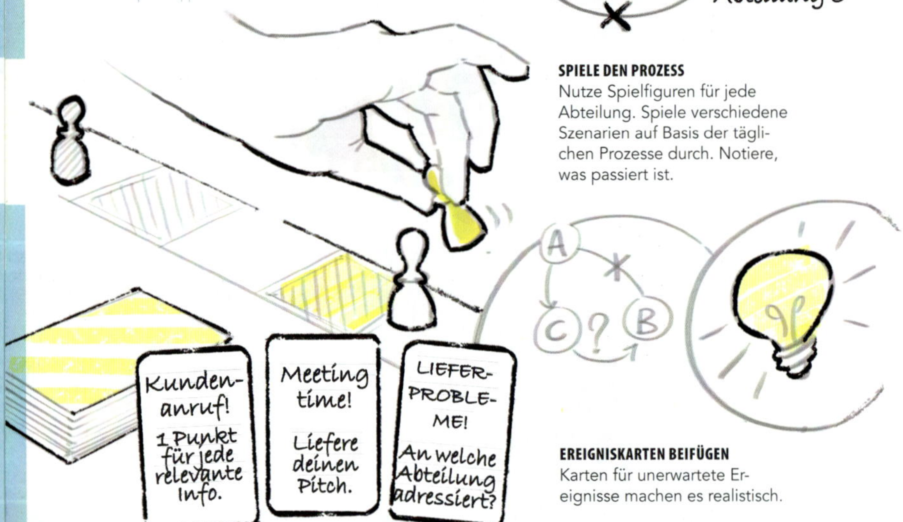

EREIGNISKARTEN BEIFÜGEN
Karten für unerwartete Ereignisse machen es realistisch.

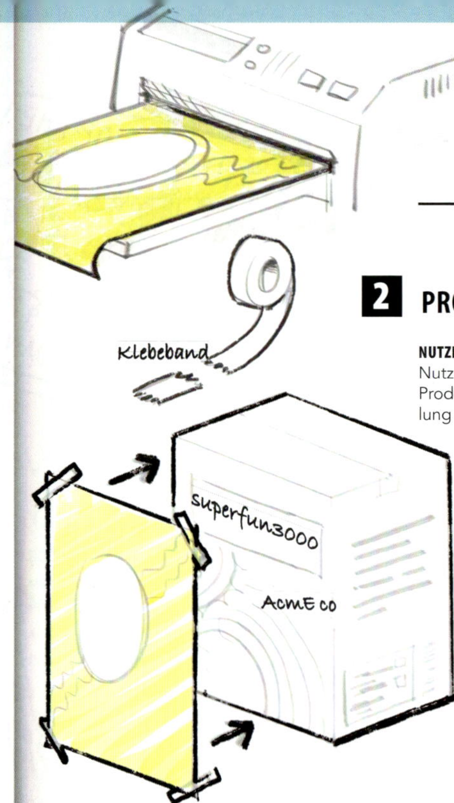

2 PRODUKT-PROTOTYP

NUTZE DEN WETTBEWERB
Nutze ein bestehendes Produkt oder das Produkt eines Wettbewerbers zur Entwicklung deines Prototyps.

FIKTIVE MARKE
Designe ein Marken-Layout und drucke es aus.

KLEBE ES AUF
Klebe dein neues Design auf die Produkt-Box.

FÜHLST DU ES?
Wie sieht die Box jetzt aus, wie fühlt sie sich an? Hol dir Feedback ein.

STELLE ES INS REGAL
Stell es in einem echten Laden ins Regal, um zu sehen, wie die Leute darauf reagieren.

HAST DU . . .

…HSTE SCHRITTE

WIEDERHOLUNG

PROTOTYP ≠ LÖSUNG. SEI DEINE EIGENE VERSUCHSPERSON UND **TESTE DEINE IDEEN.**

DU KANNST NICHT ALLES IM KOPF LÖSEN. **PROTOTYPEN LÖSEN (UNBEKANNTE) PROBLEME.**

NIMM DAS MACHER-MINDSET AN. „EINFACH IST NICHT SCHLECHT“. **FANG EINFACH AN!**

HALTE ES SIMPEL, **„MACGYVER“ ES DIR ZUSAMMEN.**

BAUE EINEN PROTOTYP DER ZUKUNFT MIT **STORYTELLING.**

3 ANWENDUNGS- ODER WEBSEITEN-PROTOTYPEN

BEVOR DU MIT DER PROGRAMMIERUNG BEGINNST
Beginne noch nicht mit der Programmierung, sondern sieh erst, wie es auf einem kleinen Bildschirm aussieht.

ZEIGE NICHT ALLES
Lass die Details und unwichtigen Dinge – erst einmal – weg, wenn du es anderen zeigst.

SEI SELEKTIV
Finde heraus, was du wirklich testen möchtest.

WIEDERHOLE
Arbeite dran, bis du fühlst, dass es fertig ist.

KLEBE ES AUF
Kleb es auf ein Smartphone oder Tablet.

TESTE DIE RESONANZ
Probiere sie aus. Nimm die App mit raus oder in die Umgebung, wo sie genutzt wird.

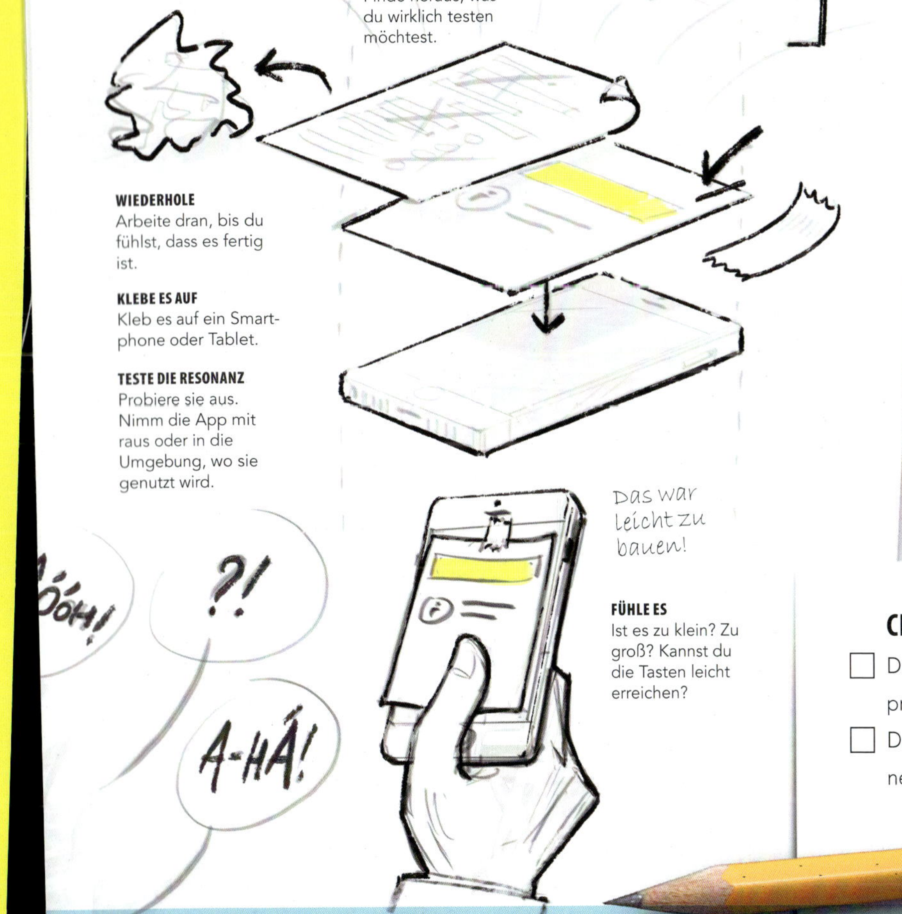

FÜHLE ES
Ist es zu klein? Zu groß? Kannst du die Tasten leicht erreichen?

4 INTERAKTIVE PROTOTYPEN

NUTZE ONLINE-TOOLS
Du möchtest es noch interaktiver? Mit Mockup-Tools erweckst du deine Skizze zum Leben.

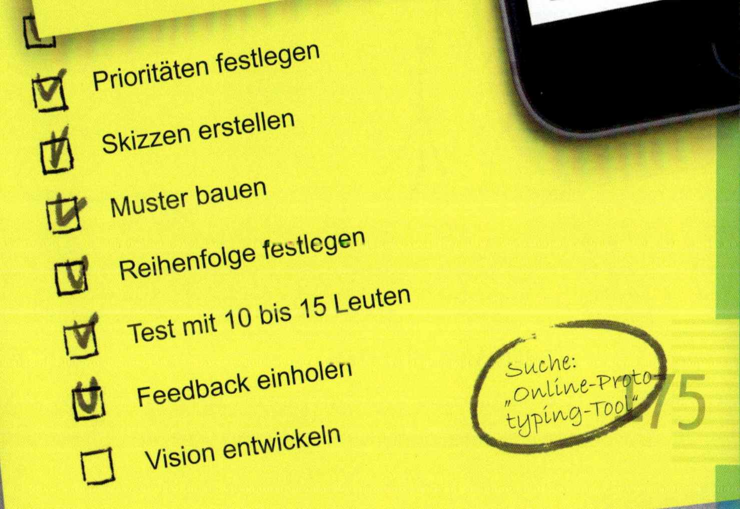

CHECKLISTE

- ☐ Du kannst deine Idee jetzt ausprobieren und anderen zeigen.
- ☐ Du hast externes Feedback und neue Einblicke erhalten.

NÄCHSTE SCHRITTE

- › Hol dir Feedback von anderen zu deinem Prototyp ein.
- › Mach ein Experiment mit deinem Prototyp.

PROTOTYPING HACKS

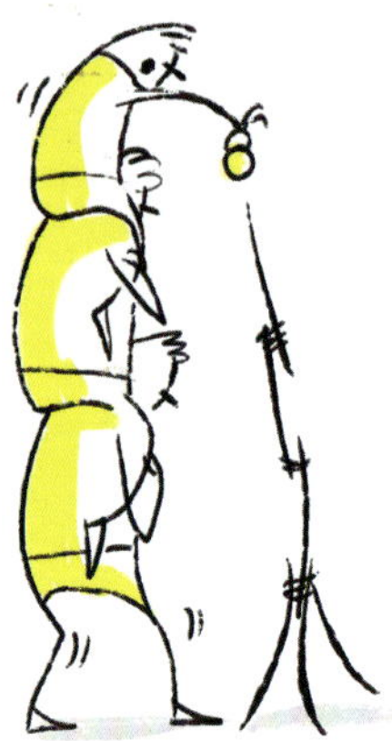

GEMEINSAM ARBEITEN

Gemeinsam einen Prototyp zu bauen ist wie visuelles Denken, nur laut. Es gibt mehr Wiederholungen, mehr Menschen sind involviert, und du gewinnst Botschafter für deine Idee.

Jeder wird auf die Ideen des anderen aufbauen. Aber Vorsicht: Gruppen sollten nicht mehr als aus fünf Personen bestehen. Das ist das (bewährte) Maximum, um alle aktiv und dynamisch zu halten.

KUNDEN EINBEZIEHEN

Wenn du offen für Unerwartetes bist und die Komfortzone verlassen möchtest, dann lass doch deine Kunden das Problem lösen, an dem du gerade arbeitest.

Du solltest die Design-Kriterien und den Umfang festlegen. Eines ist sicher: Sie werden sich das Thema nicht aus der Sicht des Unternehmens ansehen. Dieser Outside-in-Ansatz wird dir sicherlich helfen, blinde Flecken zu finden.

WETTBEWERBS-TRICK

Nimm das Produkt (und die Verpackung) eines Wettbewerbers und füge deinen Produktnamen und deine Angaben dazu.

Dieser Ansatz erspart dir Zeit, dein eigenes zukünftiges Produkt zu entwickeln. Dies eignet sich gut, wenn du z. B. Farbe, Gewicht und Dimension deines Produktes testen möchtest. Du findest heraus, was die Kunden über die bestehenden Produkte denken.

SPIELE ES DURCH

Lass dein Team seine Ideen zeichnen, anstatt sie aufzuschreiben. Die Teammitglieder können ihre eigenen oder fremde Ideen skizzieren. Es macht Spaß und zwingt sie, konkret anstatt abstrakt zu denken.

Eine Alternative dazu ist LEGO Serious Play, wenn das Team Zweifel an seiner Fähigkeit zum Zeichnen hat.

BENUTZE DEIN LIEBLINGS-WERKZEUG

Im Buch *Sprint* von Jake Knapp, John Zeratsky und Braden Kowitz von Google Ventures hat das Design-Team ein Roboter-Interface nur mithilfe von Keynote, der beliebten Präsentationssoftware, erstellt.
Der Prototyp war nicht nur echt genug, um Reaktionen von Kunden zu erhalten. Es dauerte auch nur ein paar Stunden und kostete sie nichts, da sie bereits die Software besaßen.

VISUE

Wo find
storming
des Unte
gehemm
Der ideal
der Arbei
Verwende
und Menü
Deine näch
entstehen!

DENK DARAN: NIE AM KLEBER SCHNÜFFELN.

«

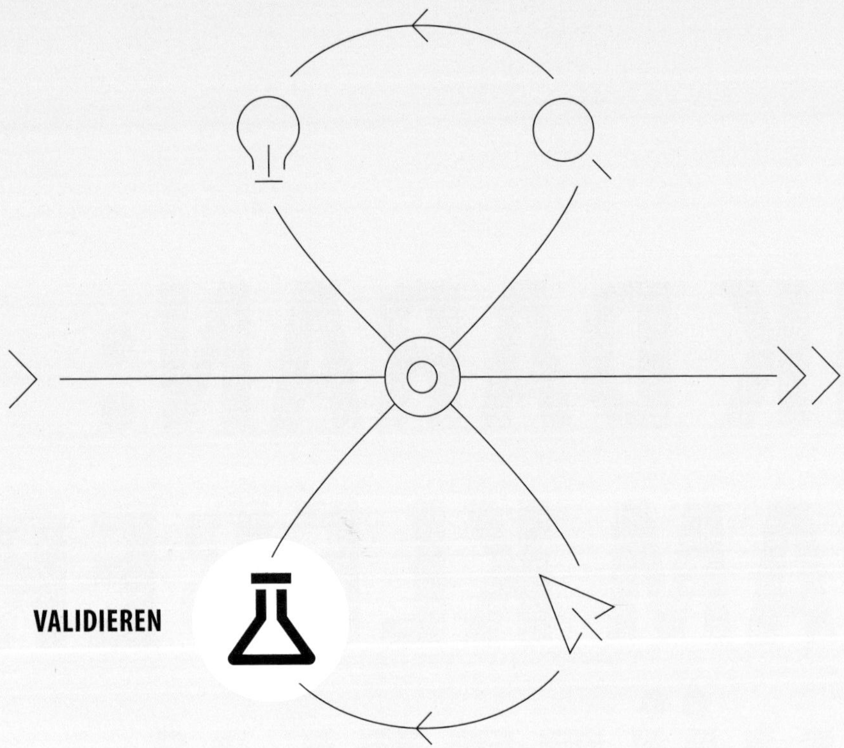
VALIDIEREN

DIE DESIGN JOURNEY **VALIDIEREN**

FINDE **RISKANTE ANNAHMEN**

MACHE **EXPERIMENTE**

VERFOLGE DEINE **PIVOTS**

VERGISS DEINE **LIEBLINGE**

Wir alle haben Ideen. Manchmal halten sie uns nachts wach. Diese Ideen müssen wir weiterverfolgen. Wahrscheinlich sind sie die besten Ideen überhaupt. Aber Ideen sind nur Ideen. Wenn Ideen weiterentwickelt werden, nehmen sie Einfluss: Je mehr, umso besser.

DIE BESTE IDEE DER WELT

Jeder Einzelne von uns hat eine andere Antwort, um die Geschäftsprobleme zu lösen (oder die Geschäftsmöglichkeiten zu sehen), denen wir gegenüberstehen. Jeden Tag hören wir von Firmen, die Killer-Apps, Produkte oder Dienstleistungen anbieten, die sie in die Stratosphäre katapultieren.

DIE BESTEN IDEEN SIND WERTLOS, BIS SIE GETESTET WERDEN

Du denkst vielleicht: „Sicherlich ist unsere Idee auch so gut. Wir kennen unsere Firma und unsere Produkte besser als jeder andere, richtig?" Das ist ein Irrtum. Solange sie nicht in der realen Welt getestet wurde, ist sie nur eine Idee, die auf Annahmen basiert. Im bekannten Spiel „Jenga" fällt der Stapel, wenn die Basis wackelt. Genauso verhält es sich, wenn eine deiner Kernannahmen falsch ist – dein Gedankengerüst wird wackeln und schließlich umfallen. Wir erkennen oft nicht, dass unsere Idee nur eine von vielen Möglichkeiten ist. Auf der Design-Reise gibt es nicht die eine richtige Lösung – nur viele Möglichkeiten. Es ist deine Aufgabe, die Validierung vorzunehmen und deine beste Idee lebensfähig zu machen.

KEINE DVD FÜR DICH

Im Jahr 2011 entschied sich Netflix, seine Streaming- und DVD-Sparte in zwei separate Unternehmen mit separaten Namen und unterschiedlichen Webseiten zu teilen. Netflix, der Streaming-Service, und Qwikster, der DVD-by-Mail-Service. Auf dem Papier sah diese Idee wohl gut aus. Durch die vollständige Trennung der beiden Geschäftsmodelle wäre das Unternehmen in der Lage, spezielle operative und Marketingstrategien für jede Einheit zu entwickeln. Macht Sinn.

Für den Kunden machte es überhaupt keinen Sinn. Netflix liefert eine Reihe von Dienstleistungen, die seine Kunden zufriedenstellen sollen. Der Grund des Netflix-Aufstiegs war seine Fähigkeit, sich dem Unterhaltungsbedarf seiner Kunden ständig anzupassen. Die Idee und die daraus resultierende Entscheidung, das Unternehmen und die Dienstleistungen in zwei Teile zu teilen, wurde durch die Netflix-Kunden niemals validiert. Kurz nach dem Split schrieb Reed Hastings, CEO von Netflix: „Es ist klar, dass zwei Webseiten für viele unserer Mitglieder die Dinge schwieriger machen würden, also werden wir Netflix als einen Dienst für Streaming und DVDs belassen."

Am Ende kostete es Netflix aufgrund der fehlenden Validierung viel Zeit und Ressourcen, um etwas auszurollen, was die Kunden gar nicht wollten. Nur um kurz danach die Entscheidung wieder rückgängig zu machen.

VALIDIERE DEINE ANNAHMEN

Durch die Validierung von Annahmen lernst du jeden Tag etwas Neues. Und genauso oft wirst du feststellen, dass deine ursprünglichen Annahmen falsch waren. Deine Experimente und Tests werden fehlschlagen. Das bedeutet, dass du eine Menge über deine ursprüngliche Idee lernen wirst. Und du wirst lernen, wie man es besser macht, bevor man Investitionen tätigt und große Risiken auf sich nimmt.

SEI RÜCKSICHTSLOS

Die Validierung bedeutet, dass sich deine Idee weiterentwickeln muss. Neben der ursprünglichen Idee gilt das auch für die Aspekte, die du magst, deine „Lieblinge". Der Glaube ist nicht genug: Es geht um Beweise. Wie ein Wissenschaftler oder Detektiv musst du rücksichtslos in dem Streben nach Beweisen sein, wo auch immer es dich hinführt. Und es ist wichtig, dass du lernst, deine Lieblingsideen zu vergessen. Das ist, was Design und Innovation ausmacht. Das nächste Mal, wenn du eine Idee hast, die dein Geschäftsmodell radikal verändert, prüfe sie, bevor du sie umsetzt. Du wirst Zeit und Ressourcen sparen und sogar noch etwas Besseres erschaffen. Deine Kunden werden dich dafür lieben! ■

DEINE ERSTE IDEE IST **QUATSCH**

Von den über 500 Start-ups, die wir gesehen haben, blieb keines bei seiner Anfangsidee. Die Erfolgreichen haben ihr ursprüngliches Geschäftmodell verändert.

„Pivot" ist ein wichtiges Schlagwort für Start-ups. Der Begriff, der von Eric Ries eingeführt wurde, beschreibt eine radikale strategische Änderung des Geschäftsmodells bei Start-ups. Ein Pivot kann auf Kundensichtweisen, neuen Technologien oder Marktumständen sowie aus Erkenntnissen von Tests mit Prototypen basieren.

Durch die Generierung neuer Erkenntnisse kann ein Start-up-Team entscheiden, sein Produkt an einem neuen Kundensegment oder etwas ganz anderes mit dem gleichen Kundensegment zu testen, eine ältere Idee zu testen, alles zu verändern oder auf dem gleichen Kurs zu bleiben.

Wichtig ist, dass sich Gründer schnell bewegen, ihrem Standpunkt treu bleiben und gut informiert sind. Sie müssen für Veränderung offen sein. Die Alternative sind riskante Sprünge von einer Vision zur anderen, was wahrscheinlich in eine Todesspirale führen wird.

Start-ups, die in ihre Idee verliebt sind und nicht den Kurs wechseln wollen, haben eine dramatisch niedrige Erfolgsquote.

Mehr dazu in:
The Lean Startup von Eric Ries

KLEB ES

Wir lieben die Post-it-Notizen von 3M, weil sie einfach die besten sind. 3M ist heute berühmt für Post-its, tatsächlich kamen sie jedoch per Zufall auf die Idee. Im Jahr 1968 versuchte ein 3M-Wissenschaftler, einen neuen superstarken Kleber zu entwickeln, entdeckte aber dabei zufällig einen Klebstoff, der leicht klebend und wiederverwendbar war.

Fünf Jahre später benutzte ein Kollege den Leim, um ein Stück gelbes Papier als Lesezeichen zu befestigen. Diese Idee wurde bei 3M zur Tradition. Und 3M zum Pionier einer völlig neuen Produktlinie.

KAU ES

Der berühmte amerikanische Kaugummi-Hersteller begann eigentlich mit etwas anderem. Zuerst verschenkte William Wrigley Jr. Kaugummi nur mit der Seife, die er verkaufte. Dann bemerkte er, dass der Kaugummi viel beliebter war als die Seife. Er änderte schnell sein Geschäftsmodell und begann, seine eigene Kaugummi-Linie zu produzieren.

EIN AUFMERKSAMES PUBLIKUM

Heute ist Twitch.tv der Ort, an dem E-Sport-Fans die Livestreams ihrer Lieblings-Gamer sehen, nebenbei Videospiele zocken und bei Turnieren mitspielen können. E-Sport-Fans sind ein sehr loyales Publikum, das Millionen von Stunden Livestreams pro Jahr anschaut. Twitch.tv ist ein Spin-off von Justin.tv, einem früheren Livestream, der auf ein viel breiteres Publikum gerichtet war.

DER PIVOT. ER WURDE AUCH „THE FUCK-UP" GENANNT.

// Marc Andreessen, Investor, Entrepreneur, Ingenieur

PAYPAL

PayPal hat sich zwar immer auf Zahlungen konzentriert, aber viele Veränderungen durchgemacht. PayPal wurde von einer Firma namens Confinity im Jahr 1999 entwickelt, um Menschen zu ermöglichen, Zahlungen von ihren PDAs aus (tragbare Digitalcomputer, wie der Palm Pilot, eine frühe Inkarnation des Smartphones) „zu beamen".

Nach der Verschmelzung mit einem Finanzdienstleistungsunternehmen namens X.com wurde PayPal das bevorzugte Online-Zahlungssystem für eBay-Verkäufer, die den Namen berühmt machten.

TAUCHE EIN

Slack, die beliebte Chat-App für die Arbeit, begann als etwas ganz anderes: als Videospiel namens Glitch. Als sich herausstellte, dass Glitch kein beliebtes Produkt werden würde, schwenkte das Unternehmen um zu einem neuen Namen und einem neuen Produkt.

Die lustige Sache ist, dass Stewart Butterfield, Slacks Gründer, dies zuvor schon einmal getan hat: Im Jahr 2004 begann er mit der Entwicklung des Spiels „Neverending", das er schließlich in die beliebte Foto-Sharing-Website Flickr verwandelte.

LERNE VOM MEISTER DES PIVOTS »

GOSPARC DE MEISTE

VIELE ARTEN VON PIVOTS

// EMANUELE FRANCIONI
CO-FOUNDER, GOSPARC

R DES PIVOTS

Jedes Geschäft entwickelt sich und muss sich wandeln können. Wenn es das nicht macht, wird es aussterben. Dies ist mit dem Commodore passiert, einem großartigen Produkt, das weltweit auf großes Interesse gestoßen ist. Allerdings hatte das Unternehmen vergessen, seine nächste Veränderung (Pivot) vorzunehmen.

Wenn du mich fragst, wie wir einen Pivot vornehmen, würde ich dich fragen, was genau du mit Pivot meinst. Aus meiner Sicht ist ein Pivot ein Ausdruck aus der Start-up-Szene, der die strategische Änderung des Geschäftsmodells bedeutet. Ich glaube, die Transformation deines Unternehmen ist der Schlüssel zum Überleben. Du musst offen sein für ungedeckte Kundenbedürfnisse, die erfüllt werden möchten.

Unser Team kam von TomTom, dem Hersteller von Navigationssystemen. Wir hatten eine Leidenschaft für Satellitennavigationssysteme. Unser Ziel war es, das beste Satellitennavigationssystem zu kreieren. Wir rackerten uns fast eineinhalb Jahre ab und entwickelten etwas, was wir für die beste Outdoor-Positionierungstechnologie der Welt hielten. Wir mussten nur das richtige Publikum und Geschäftsmodell finden.

»

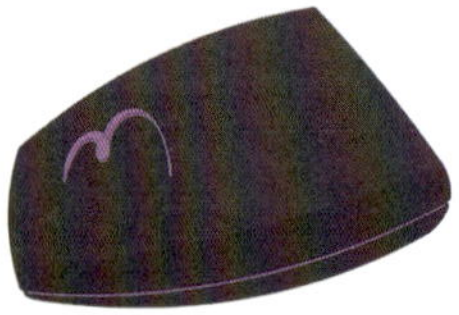

CASE STUDY GOSPARC: **DER MEISTER DES PIVOTS**

Geld sparen. Es ist nicht wirklich das, was Konsumenten wollen. Es ist nicht so cool. Aber es funktioniert. Wir haben festgestellt, dass einige Erstanwender technisch orientiert sind. Wir konnten technische Spielereien auch umsetzen. Aber wir wollen etwas völlig Neues für die Community schaffen. In diesem Stadium müssen wir also andere Kunden finden, um zu skalieren.

BUSINESS

Unternehmen interessieren sich nicht so sehr dafür, Geld zu sparen. Aber sie wollen Parkplätze für ihre Mitarbeiter schaffen und ihre Flotten verwalten. Um unsere Lösung mit Unternehmen zu testen, haben wir eine Echtzeit-Flottenverfolgung entwickelt. Plötzlich wurde dies ein Produkt für den Geschäftsbetrieb. Wir haben es geschafft, mehr zu gewinnen, als wir verloren hatten. Auch die Steuerbehörden sahen das. Wir hätten nun endlich einen Piloten konstruieren können. Aber natürlich ist das nicht passiert ...

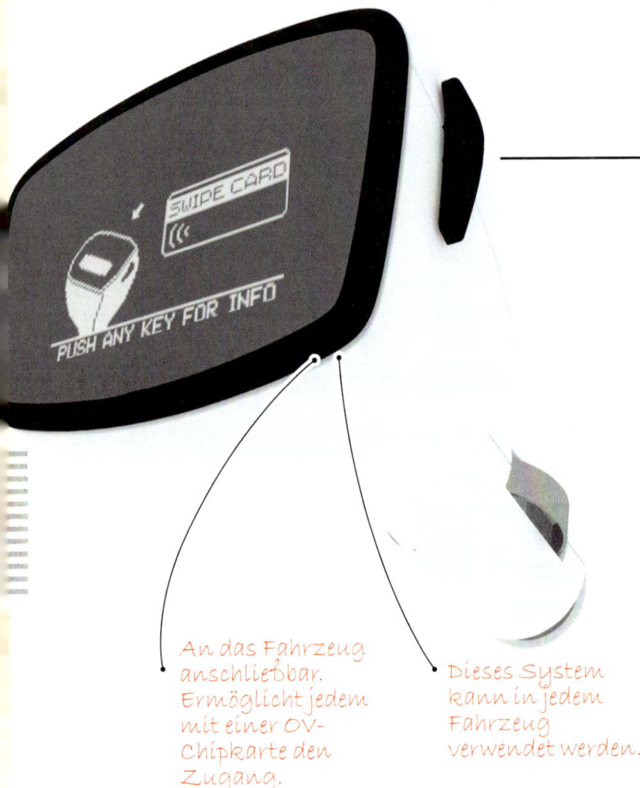

NEU: **UNSERE KILLER-APP!**

Wir haben durch Zufall die Killer-App entwickelt. Wir sprachen in der Pilotphase mit vielen Firmen des öffentlichen Verkehrs, und es kam immer wieder die gleiche Frage auf: Wie sollten die Passagiere ein- und aussteigen? Kann ein Passagier selbst in den Bus einsteigen? Ist das eher skalierbar als das niederländische OV-Chip-System, welches 8.000 Euro für die Installation und weitere 15.000 pro Monat pro Fahrzeug für die Wartung kostet? Unsere Lösung scheint die Bedürfnisse der Kunden ganz gut zu treffen.

Wir sind etwas Großem auf der Spur! ... Denken wir zumindest.

HEY! FOLGE HAUSTIEREN!

Wie wäre es, Haustiere und Kinder nachverfolgen zu können? Wir haben uns eingearbeitet. Wir sahen ein erstes Interesse, aber am Ende sahen die Hundebesitzer und Eltern doch keine große Notwendigkeit, entsprechende Werkzeuge zu kaufen. Wir wären naiv, wenn wir weitermachen würden.

PIVOT: HART UND WEICH

Ich denke, es gibt zwei Arten von Pivots: harte und weiche. Bei der harten Variante änderst du dein Produkt vom Kern bis zur Technologie. Von einem Segment zum anderen. Und es gibt weiche Pivots. Diese bestehen aus kleinen, inkrementellen Veränderungen an deinem Geschäftsmodell. Auch weiche Pivots helfen dir, dort hinzukommen, wo du morgen sein möchtest.

SEI **ROCKSTAR**

Beim Business Model Canvas und Lean Thinking ist es wie beim Gitarrespielen. Du spielst die Akkorde immer und immer wieder, bis die Musik verinnerlicht wird.

Dann solltest du wieder von vorn beginnen. Vielleicht spielst und singst du gleichzeitig. Und schneller als du denkst, hast du eine ganze Gruppe, die mit dir singt!

DEIN WEG VOM PIVOT ZUM ZIEL »

CASE ONETAB: **REIFE GESCHÄFTSMODELLE** MIT **PIVOTS**

Wenn du eine Tischrechnung in einem Pub in Australien eröffnen willst, musst du vorher (wie in vielen anderen Ländern auch) deine Kreditkarte hinterlegen. Und das ist ein Streitthema. Scott und Paul hatten eine Erleuchtung in ihrer Lieblingsbar: eine App, die alles lösen würde.

NACH DREI FLASCHEN WEIN SIND WIR „FERTIG ZUM START …“

1 KARTENHAUS

Scott Cross und Paul Wyatt waren überzeugt, dass die Rechnungslegung mit einer App viel einfacher wäre. Es würde das Warten, den Kartenverlust, das Unterschreiben oder sogar das Einsammeln der Karten ersparen.

2 NICHT MEIN PROBLEM

Sie entwickelten eine App, basierend auf der Annahme, dass Kunden für diese App bezahlen würden. Scott und Paul lagen falsch. Die App konnte das wahre Problem nicht lösen.

3 DAS PROBLEM DES WIRTES

Das eigentliche Problem lag beim Barbesitzer: Betrug, verlorene oder vergessene Kreditkarten, unbezahlte Rechnungen. Die Kunden wären sicher bereit, für eine Lösung zu bezahlen, die dieses Problem löste.

4 EIN HIMMLISCHES MATCH

Bei OneTab erkannte man, dass mehr Bequemlichkeit für den Kunden und weniger Administration für den Wirt durch eine Plattform gewährleistet werden konnte. Letzterer würde für die Lösung bezahlen, da der Kunde sicher mehr bestellen würde!

5 ZUGANG ZUM WISSEN

POS-Anbieter erleichterten den Kneipen den Zugang. Ein zusätzlicher Anreiz war das Generieren von Benutzerdaten durch OneTab. Von einer App zur Multiplattform: Erfolg in vier Pivots. ■

EXPERIMENTE DURCHFÜHREN

Ein Prototyp weckt deine Ideen zum Leben. Jetzt kannst du sie sehen und fühlen und deine Annahmen schnell testen. Der Fokus der Validierung ist die Präzision im Design-Prozess. Validierung erfordert Experimente, um deine Annahmen zu testen und die Ergebnisse zu messen.

WAS WEISST DU WIRKLICH?

Wenn du so sehr an deine Idee glaubst und du Beweise ignorierst, die darauf hindeuten, dass deine Kunden das Produkt nicht mögen, oder schlimmer, völlig desinteressiert sind, folgst du einem gefährlichen Weg, auf dem viele Start-ups gescheitert sind. Deine Idee ist nichts weiter als ein Stapel von ungetesteten Annahmen, Annahmen, die auseinandergenommen und validiert werden müssen, um zu sehen, ob sie wirklich wahr sind. Das ist der einzige Weg, um herauszufinden, was wahr ist und was nicht.

Bevor du große Entscheidungen triffst (und Investitionen tätigst), ist es sinnvoll, rational zu sein und so viel zu lernen wie möglich.

EXPERIMENTE

Du musst lernen, und zwar schnell. So wie kleine Kinder laufen lernen. Um Annahmen zu validieren, wirst du Experimente durchführen und analysieren. Die Daten liefern den Beweis, der für die Bestätigung oder Korrektur deiner Annahmen nötig ist. Mit Daten und Fakten und einer rationalen Einstellung wird es leichter, sich und dem Team zu beweisen, dass ihr auf der richtigen Spur seid.

DAS SPIEL DER RISKANTEN ANNAHMEN

Also beginnen wir zu validieren und zu experimentieren. Aber was sollten wir zuerst testen? Gemäß unserer Jenga-Metapher sind deine Ideen der Turm, und alle Steine sind Annahmen. Wenn eine der Basis-Annahmen des Stapels nicht richtig ist, kann der gesamte Turm umfallen. Wenn du etwas von oben entfernst, wird nicht viel passieren. In diesem Buch findest du eine visuelle Vorlage, um die riskantesten Annahmen mit deinem Team leicht zu finden.

WIE FÜHRE ICH EIN EXPERIMENT DURCH?

Sobald du die riskanteste Annahme gefunden hast, ist es Zeit, mit dem Experimentieren zu beginnen. Auf den nächsten Seiten erfährst du, wie du dein Experiment Schritt für Schritt aufbauen kannst. Mit dem Experiment-Canvas kannst du dein nächstes Experiment schnell konstruieren und durchführen.

FALSIFIKATION VS. VERIFIKATION

Dein Experiment soll nicht nur deine Hypothese bestätigen; es soll sie auch falsifizieren können. Erst nach einer Vielzahl von Experimenten, bei denen es unmöglich scheint, deine Hypothese zu widerlegen, kannst du sie akzeptieren.

Und selbst dann bist nicht ganz sicher. Wenn du die Gelegenheit hast, ein anderes Experiment auszuprobieren, dann mach es. Suche aktiv nach einem anderen Ergebnis. Es kann dich etwas kosten, diese Daten zu sammeln, aber es wird sich am Ende lohnen!

VERÄNDERN ODER AUSHARREN

Nach deinem Experiment ist es Zeit, einige Schlussfolgerungen zu ziehen. Im Wesentlichen gibt es drei mögliche Ergebnisse: Dein Experiment entspricht dem Ergebnis, das du vorhergesagt hast, oder es widerspricht der Vorhersage, oder du bist nicht sicher.

Wenn du dein Bestes versucht hast und das Experiment mit dem Ergebnis übereinstimmt, ist es Zeit, die Annahme als „validiert“ zu bezeichnen. Du kannst nun die nächste riskante Annahme prüfen. Wenn du nicht sicher bist, dann überprüfe dein Experiment-Setup. Hast du die richtigen Fragen gestellt? Hast du mit den richtigen Probanden gesprochen? Wenn dein Experiment dem Ergebnis widerspricht, musst du die Richtung ändern: Du brauchst einen Pivot.

DEIN NÄCHSTES EXPERIMENT

Du kannst sicher sein: Ohne Experimente und eine Reihe von Veränderungen wirst du die Ziellinie nicht erreichen. Damit du zurückblicken kannst und die Muster erkennst, während du die Ergebnisse verfolgst, haben wir das Lean Startup Validation Board in dieses Buch aufgenommen. ■

Mehr dazu in: *Running Lean* von Ash Maurya

SCHLANKE EXPERIMENTE DURCHFÜHREN

Im Jahr 2010 habe ich einen Ansatz entwickelt, um Start-ups erfolgreicher zu machen: den Lean Canvas. Diese Methode basiert auf Validierung: laufende Experimente und Testen von Annahmen. Seitdem hat sich das Lean Canvas in eine globale Bewegung verwandelt, die den Ansatz nutzt und weiterentwickelt.

Experimente sind zwar bei der Prüfung von Annahmen sehr effektiv, aber nur Experimentieren reicht nicht aus. Der Output deiner Experimente kann nur so gut sein wie die Qualität deiner Annahmen.

Es ist wichtig, die riskanten Annahmen zu finden und die richtigen Experimente durchzuführen, um die benötigten Daten zu erhalten.

Aus dem Grund mache ich den Experiment-Report, den du in diesem Buch findest.

Ash Maurya
Gründer, Lean Startup
Autor von *Running Lean*

DIE **RISKANTESTE ANNAHME**

Wir kennen alle diesen Punkt: Deine Idee ist so toll, sie ist ausgereift. Du möchtest so schnell wie möglich anfangen (vielleicht sogar heute). Die meisten von uns lieben diese Aufregung. Aber woher weißt du, dass du auf die richtige Idee setzt? Wovon hängt der Erfolg deiner Idee ab? Das ist deine riskanteste Annahme. Sie muss getestet werden.

WAS WEISST DU WIRKLICH?

Die Niederländer lieben ihren Käse. Das bestätigen die langen Warteschlangen in fast jedem Käseladen in den Niederlanden, vor allem im Zentrum von Amsterdam. Dieses „Problem" wollte ein cooles neues Start-up in Amsterdam mit einer mobilen App lösen. Die Kunden sollten Käse-Sandwiches vorbestellen können, um nicht mehr lange warten zu müssen. Es schien einfach. Nach dem Erstellen der Costumer Journey identifizierte das Team die riskanteste Annahme: Die Kunden hassen Warteschlangen.

Das Start-up-Team ging auf die Straße, um diese Annahme zu validieren. Nachdem sie mit über 50 Kunden gesprochen hatten, stellte sich allerdings heraus, dass die Kunden das Warten nicht als Problem sahen. Die Kunden waren bereit, für frisch gemachte Sandwiches zu warten, die von gut aussehenden Menschen hinter der Theke zubereitet wurden.

Das Team stellte fest, dass ihre riskanteste Annahme falsch war. Und dies zum Preis von ein paar Gesprächen in der Mittagspause. Ob du für ein kleines Start-up oder eine große Organisation arbeitest, validiere deine riskantesten Annahmen immer so schnell und billig wie möglich. So verschwendest du keine wertvolle Zeit und Ressourcen auf etwas, das wahrscheinlich nie funktionieren wird. Aber das ist oft schwieriger als gedacht.

DIE RISKANTESTE ANNAHME IST NICHT LEICHT ZU FINDEN

Stell dir vor, du möchtest auf der Haupteinkaufsstraße einen Laden mit maßgeschneiderten Jeans eröffnen. Sicherlich lieben die Menschen Jeans und sind bereit, dafür Geld auszugeben. Aber ist das deine riskanteste Annahme?

Wenn du an deine Kunden und ihre Ängste denkst, findest du weitere Annahmen und Fragen: Sind die Menschen überhaupt bereit, Geld auszugeben? Haben sie Zeit, auf eine maßgeschneiderte Jeans zu warten? Sind sie bereit, ein paar Wochen später zurückzukommen, um ihre Jeans abzuholen?

TIPP! Stelle die richtigen Fragen beim Validieren deiner Annahmen. Lies den *The Mom Test* auf Seite 89.

WENN SICH GRÜNDER IN IHR PRODUKT VERLIEBEN, DANN VALIDIEREN SIE NUR, WAS SIE VALIDIEREN MÖCHTEN UND NICHT, WAS GUT FÜRS GESCHÄFT WÄRE.

// Marc Wesselink, Startupbootcamp

Mithilfe des Business Model Canvas und des Kontext Canvas findest du noch mehr Annahmen und Fragen: Auf welche Schlüsselressourcen können wir bauen, um etwas zu produzieren, was die Kunden wollen? Können unsere Partner rechtzeitig und zum richtigen Preis das Material liefern? Zu welchem Preis müssten wir Jeans verkaufen, um einen Gewinn zu erzielen?

Der erste Schlüssel zur Identifizierung deiner Liste der riskantesten Annahmen ist, ein Team zusammenzubringen, um die Idee anzupacken und ein Brainstorming zu machen. Und wenn du niemanden im Team mit Erfahrungen zum Geschäftsmodell und Kontext hast, dann lade Branchenexperten aus deinem Netzwerk ein.

ANNAHMEN IDENTIFIZIEREN

Als Designer liegt dein Fokus beim Kunden. Es ist also sinnvoll, dass deine ersten Annahmen auf Kundenproblemen basieren. Aber das sind nicht die einzigen Annahmen. Um Weitere zu finden, kannst du auch das Business Model Canvas auf Seite 116 nutzen. Wenn du die Kundensegmente und Wertvorschläge in dein Business Model Canvas zeichnest, musst du diese auch mit Einnahmequellen verknüpfen. In allen vier Segmenten findest du Annahmen: (1) Es gibt Kunden, die kaufbereit sind (2) für dein Produkt (3) zu einem bestimmten Preis (4) auf einem bestimmten Absatzkanal. Das ist die rechte Seite deines Business Model Canvas. Diese Annahmen musst du bestätigen, damit du einen Wert generieren kannst.

Auf der linken Seite deines Canvas findest du alle operativen Annahmen wie Schlüsselpartner und notwendige Ressourcen. Und natürlich darfst du nicht die Kosten für die Erstellung deiner Lösung vergessen. Nutze mit deinem Team Werkzeuge (Haftnotizen, Marker und eine große Wand), um die Annahmen zu ordnen und um herauszufinden, auf was du nicht verzichten kannst oder welche wahrscheinlich falsch ist. Je früher du dies tust, desto schneller kommst du in die Lage, sie zu validieren. ■

NUTZE DIE **WISSENSCHAFT**

Experimente, Messungen und Metriken klingen nach Wissenschaft. So ist es auch.

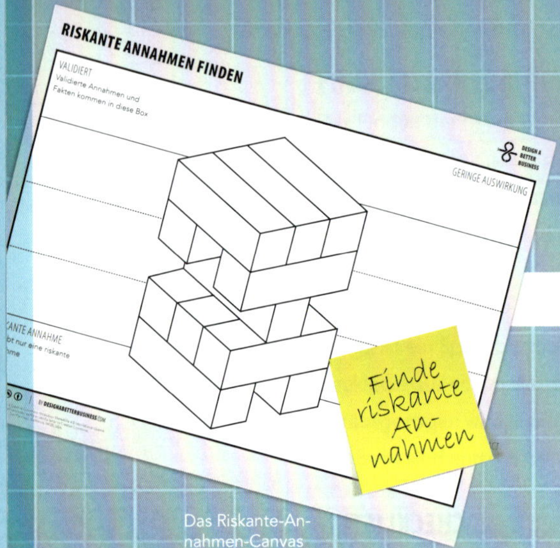

Das Riskante-Annahmen-Canvas findest du auf Seite 200.

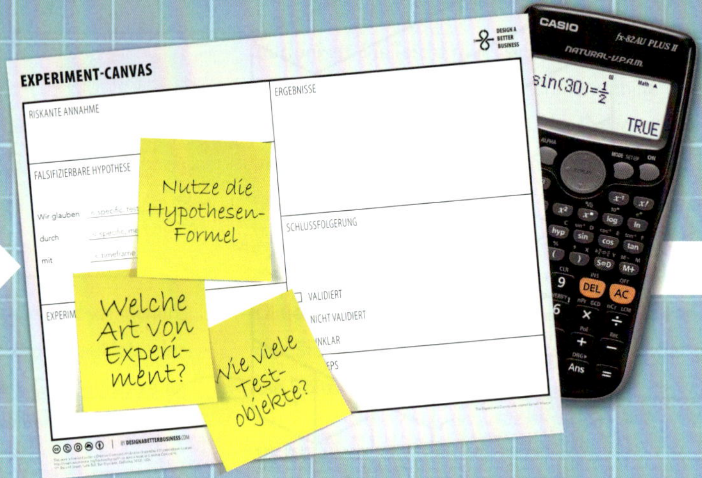

Schätze die Ergebnisse des Experiments. Was wird passieren?

Das Experiment-Canvas findest du auf Seite 204.

1

RISKANTESTE ANNAHME

Finde die riskanteste Annahme. Wenn diese falsch ist, platzt deine gesamte Idee.

2

HYPOTHESEN

Stelle eine Hypothese für die Annahme auf. Was heißt das wirklich? Wie kann ich sie messen?

3

TESTSUBJEKT

Finde eine repräsentative Testgruppe für dein Experiment. Daumenregel: Finde 20 bis 30 Leute.

4

PROTOTYP

Erstelle den einfachsten Prototyp, um deine Annahmen zu testen. Hole dir Inspiration aus dem Kapitel über Prototypen.

Trage deine Ergebnisse und Schritte aus den Experimenten in ein Logbuch ein.

Es geht nicht darum, nur deine Hypothese zu bestätigen. Versuche, sie zu falsifizieren.

Prüfe nach einem positiven Ergebnis nochmal nach. Hast du die richtigen Fragen gestellt? Warst du kritisch genug?

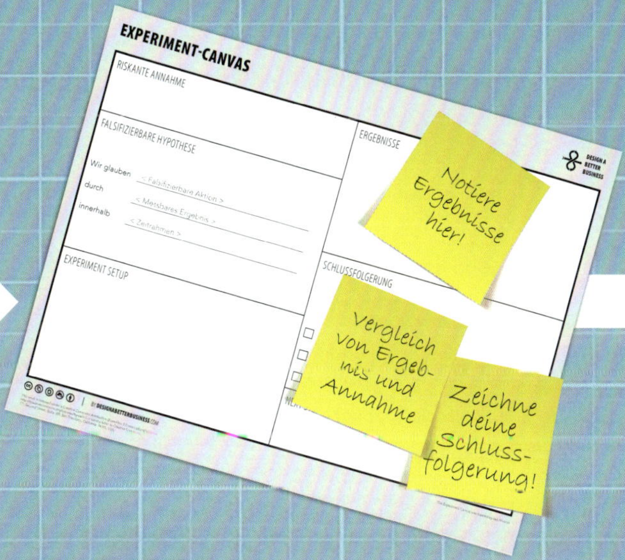

Auf den Punkt

DRANBLEIBEN

Nimm die riskanteste Annahme und validiere sie.

Weit weg

PIVOT

Zurück zum Zeichenbrett! Überdenke deinen Point of View und finde eine neue Lösung zum Validieren.

Nah dran

EXPERIMENTIEREN

Vielleicht haben wir den Test verpfuscht. Überprüfe das Setup, die Themen und die Hypothese. Versuche, das Ergebnis zu replizieren.

5

EXPERIMENTIERE

Führe dein Experiment durch. Mach dir keine Sorgen, wenn nicht alles planmäßig läuft. Es geht um das Lernen.

6

SAMMLE DATEN

Vergleiche deine Daten mit deinen Thesen. Sind sie weit entfernt? Hast du den Nagel auf den Kopf getroffen? Oder nah dran?

7

ENTSCHEIDE

Basierend auf deinen Ergebnissen kannst du nun auf der Idee beharren, alles ändern oder das Experiment wiederholen.

WERKZEUG **EXPERIMENT-CANVAS**

Kreiert von Ash Maurya

GREIFBAR
Experimentiere

± 15–30 MIN
Volldampf

3–5
Leute pro Gruppe

Sobald du deine riskantesten Annahmen gefunden hast, suchst du einen Weg, sie zu messen und zu testen. Das Experiment-Canvas bietet eine einfache Möglichkeit, deine Annahmen in messbaren, beobachtbaren Experimenten zu testen.

DAS RICHTIGE EXPERIMENT

Der Zweck des Experiment-Canvas ist, das richtige Experiment zur richtigen Zeit mit dem Team durchzuführen. Mit dem Experiment-Canvas ist es einfach, ein klar definiertes Experiment zu entwerfen: Beginne mit der Identifizierung deiner riskantesten Annahmen, definiere dann eine falsifizierbare Hypothese und gestalte das passende Experiment-Setup. Nach dem Ausführen des Experiments überprüfst du die Ergebnisse und planst die nächsten Schritte.

BASTLE EINE GUTE HYPOTHESE

Deine Hypothese ist eine Aussage, die du in Bezug auf deine riskante Annahme für wahr hältst. Schreibe sie auf, bevor du das Experiment durchführst. Es wäre sehr einfach, die Bedingungen danach zu ändern, um die Daten anzupassen. Aber das würde dir einen wertvollem Einblick rauben.

TRIFF DEINE VORHERSAGEN

Quantifiziere deine Hypothese. Wie viele Kunden werden es kaufen? Wie oft? In welchem Zeitraum? Es ist okay, eine ganze Bandbreite zu wählen, solange du sie vorher definierst. Deine definierten Metriken müssen umsetzbar (d.h. sie müssen sich direkt auf die Hypothese beziehen) und zugänglich (d.h. sie müssen sichtbare Ergebnisse generieren) sein.

Verknüpfe die Ergebnisse wieder mit der Annahme, die du testest. Gib alle qualitativen Ergebnisse und Variablen an. Welche unterschiedlichen Antworten erwartest du? Wie wirst du sie gruppieren?

EXPERIMENTIERE

Mit dieser Hypothese bist du bereit für dein Experiment. Erfasse die Daten sofort, sodass du später überprüfen kannst, ob die Ergebnisse korrekt interpretiert wurden. ■

Das Experiment Canvas Template wurde von Ash Maurya erfunden und für dieses Buch leicht abgeändert.

NUTZE DIE **HYPOTHESENFORMEL**

Wir glauben (eine testbare Aktion) wird (ein messbares Ergebnis) in (Zeitrahmen)

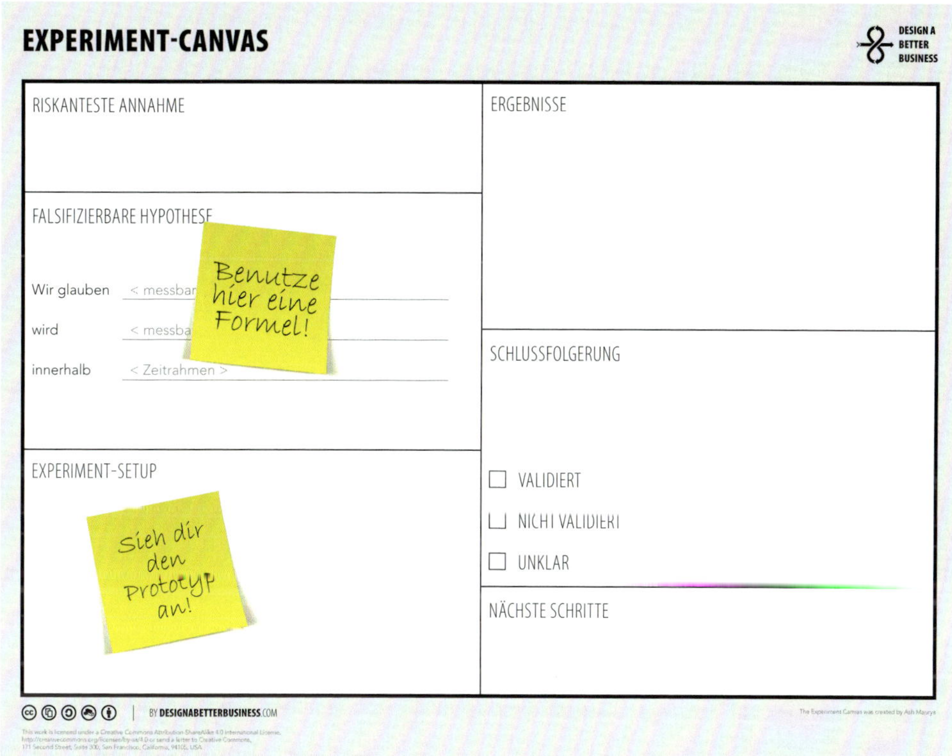

DOWNLOAD
Lade das Experiment-Canvas hier herunter www.designabetterbusiness.com

CHECKLISTE

- ☐ Du hast eine Hypothese, mit der du die riskanteste Annahme testen kannst.
- ☐ Deine Hypothese passt in die Struktur.
- ☐ Du hast messbare Ziele definiert.
- ☐ Deine Daten sind präzise.

NÄCHSTE SCHRITTE

- Baue einen Prototyp für dein Experiment.
- Führe das Experiment durch und sammle Daten.
- Ändere, beharre oder wiederhole.

RISKANTESTE ANNAHME
Was ist deine riskanteste Annahme? Und warum ist sie so wichtig?

FALSIFIZIERBARE HYPOTHESE
Verkünde das erwartete Ergebnis im Voraus. Versuche, eine gute Schätzung statt falscher Präzision zu erreichen!

EXPERIMENT-SETUP
Welchen Prototyp möchtest du testen? Was sind die wichtigsten Variablen? Sind sie quantitativ oder qualitativ?

ERGEBNISSE
Gib die qualitativen und/oder quantitativen Daten aus deinem Experiment wieder.

SCHLUSSFOLGERUNG
Fasse deine Ergebnisse zusammen. Hat dein Ergebnis die Hypothese bestätigt oder ungültig gemacht? Oder war es unklar?

NÄCHSTE SCHRITTE
Solltest du alles ändern, auf der Idee beharren oder das Experiment wiederholen?

WERKZEUG **VALIDIERUNGS-CANVAS**

Das Konzept stammt von Ash Maurya

FOKUS
Prozess

± 15 MIN
Session

TEAM
Alle zusammen

Du führst dein Experiment durch und verfolgst den Fortschritt. Deine Tests werden mal positiv, mal negativ sein. Auf dem Weg wirst du Dinge hinzufügen oder ändern. Dieses Tool wird dazu beitragen, deine Fortschritte im Zeitverlauf zu dokumentieren.

VERSTEHE DEINE PIVOTS

Ein Experiment reicht selten aus, um zu beweisen, dass du recht hast. Einige Start-ups machen viele Pivots, bevor sie den richtigen Produkt-Markt-Fit finden. In jedem Fall ist es absolut notwendig, dass du weißt, wo du schon warst, bevor du weitergehst. Es wäre eine Verschwendung von Zeit und Ressourcen, das gleiche Experiment zu wiederholen und zu hoffen, dass sich die Ergebnisse (magisch) verändern. Rückblickend wird es dir helfen, deine Entscheidungen zu verstehen und falsche Annahmen nicht mehr in den Prozess aufzunehmen.

VALIDIERUNGSPROZESS

Das Ziel des Validierungsprozesses ist, so schnell und viel wie möglich zu lernen. Du möchtest wenig Zeit und Mühe in diesen Prozess stecken und das Ergebnis maximieren. In diesem Sinne musst du Experimente iterativ durchführen. Das Validierungs-Canvas ist das zentrale Nervensystem dieses Prozesses.

Das Validierungs-Canvas von Ash Maurya's Lean Start-up-Bewegung wurde für dieses Buch adaptiert.

DEINE BESTE SCHÄTZUNG

Du beginnst mit deiner aktuellen Value Proposition. Dies ist deine „beste Vermutung" zur Frage, wer dein Kunde ist, welches Problem du für ihn lösen sollst und was deine Lösung für dieses Problem ist. Mach es nicht zu kompliziert. Starte klein, und zwar mit der einfachsten Lösung, die du testen kannst. Im Laufe der Zeit wird sich deine „beste Vermutung" ändern.

EXPERIMENTIERE

Deine aktuelle „beste Vermutung" basiert auf Annahmen. Finde die riskanteste Annahme: diejenige, die, wenn sie falsch ist, deine Vermutung völlig widerlegt. Wähle einen Weg, um diese Annahme zu testen und zu definieren. Was sind die Mindestkriterien für den Erfolg? Verbinde diese mit dem Experiment-Canvas und führe das Experiment durch.

Bei den Experimentiermethoden kannst du wählen aus Erkundungstechniken, Pitching oder einem Concierge-Modell. Durch Erkundungstechniken erfährst du mehr über das Problem, das du lösen möchtest.

Pitching wird dir helfen zu verstehen, wie wichtig das Problem für den Kunden ist. Ist es ein Muss oder nicht so wichtig? Das Concierge-Modell wird dir zeigen, ob du die Erwartungen des Kunden ohne fremde Hilfe erfüllen kannst. ■

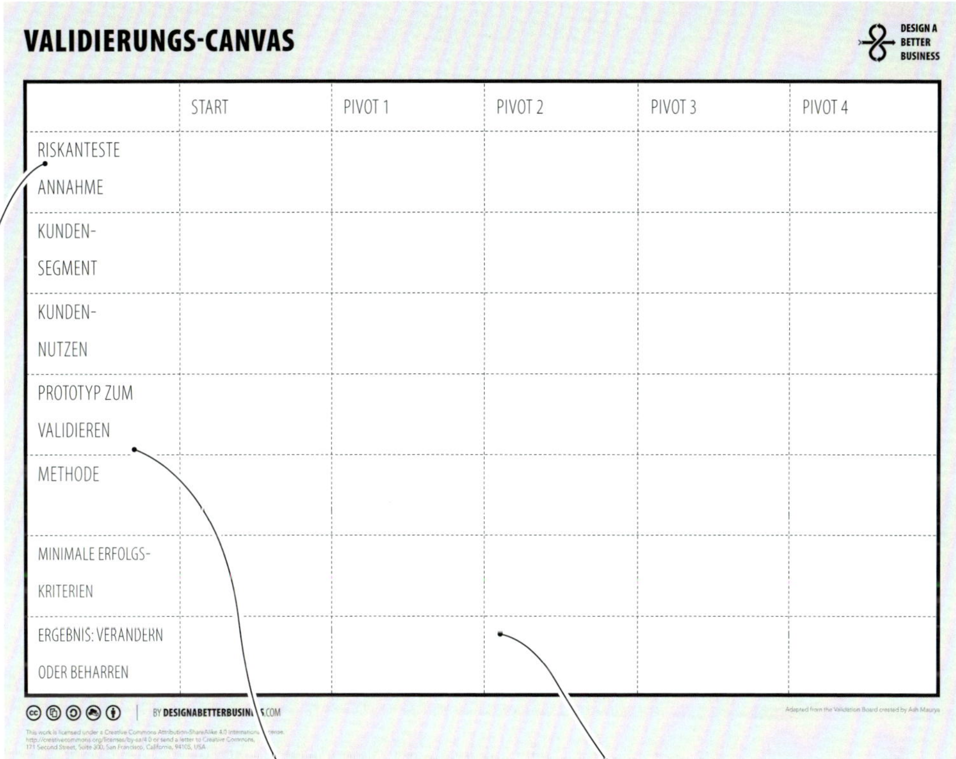

VALIDIERUNGS-CANVAS

DESIGN A BETTER BUSINESS

	START	PIVOT 1	PIVOT 2	PIVOT 3	PIVOT 4
RISKANTESTE ANNAHME					
KUNDEN-SEGMENT					
KUNDEN-NUTZEN					
PROTOTYP ZUM VALIDIEREN					
METHODE					
MINIMALE ERFOLGS-KRITERIEN					
ERGEBNIS: VERÄNDERN ODER BEHARREN					

BY DESIGNABETTERBUSINESS.COM

Adapted from the Validation Board created by Ash Maurya

RISKANTESTE ANNAHME
Was ist deine riskante Annahme, die du im Experiment testen möchtest?

KUNDE
Definiere deine Value Proposition. Teile sie auf: deine Kunden, das Kundenbedürfnis, welches du befriedigst, und die Lösung, mit der du dies tust.

VALIDIEREN
Beschreibe deine Testmethode. Welche Art Experiment ist es?

Was sind die minimalen Kriterien für einen Erfolg?

RESULTAT
Finde anhand der Ergebnisse heraus, ob dein Experiment die Annahme bestätigt oder widerlegt. Hast du etwas verändert? Oder bist du beharrlich geblieben?

Im Lauf der Zeit kannst du deine Fortschritte erkennen.

DOWNLOAD
Lade das Validierungs-Canvas hier herunter: www.designabetterbusiness.com

CHECKLISTE

☐ Du hast dein Experiment weiterverfolgt.

NÄCHSTE SCHRITTE

› Ändere, beharre oder wiederhole.

BEISPIEL **DIE JOURNEY VON Abrella**

LET IT RAIN

Nach einem regnerischen Urlaub in Taiwan vor drei Jahren gründete Andreas Søgaard ein soziales Start-up namens Abrella.

1 Andreas fand im regnerischen Taiwan einen Ständer mit Schirmen. Er nahm spontan einen Schirm mit und brachte ihn zurück, als der Regen aufhörte.

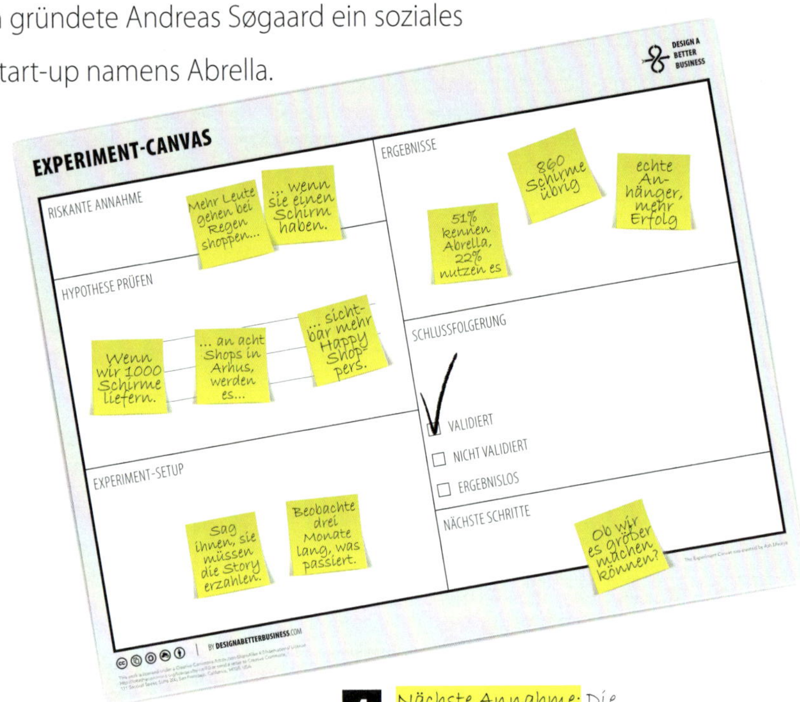

2 Er hatte eine Idee. In seiner Heimat Dänemark gibt es 171 Regentage pro Jahr. Er sollte ein Social Umbrella Business gründen! Seine erste Annahme: Shop-Besitzer werden die Idee lieben. Abrella war geboren.

3 Zurück in Dänemark sprach er an einem regnerischen Tag mit Shop-Besitzern. Sie sagten ihm, sie hätten bei Regen 75 Prozent weniger Umsatz.

4 Nächste Annahme: Die Kunden gehen nicht in den Shop, weil sie auf dem Weg dahin nicht nass werden möchten.

5 Er startete ein Pilotprojekt. Er wollte wissen, ob die Menschen die Schirme wegwerfen oder stehlen. Er fand acht Läden, die zu Botschaftern von Abrella wurden.

6 Der Pivot war erfolgreich. Die Annahme, dass die Kunden die Schirme nicht stehlen, wurde bestätigt. Die Nachfrage nach Schirmen war hoch und die Shop-Besitzer konnten die Kundenbeziehungen ausbauen.

Andreas fragte 200 Leute auf der Straße, ob sie Abrella kennen. 52 Prozent antworteten nach dem Pilotprojekt mit Ja. Die Leute mochten die Idee. Geschichte. Nachgedacht: Anstatt die Schirme in China zu bestellen und drei Monate darauf zu warten, kann man sie schneller bei IKEA kaufen.

9 Sie fanden heraus: Leute die einen Schirm brauchen, sind meist von außerhalb der Stadt. Locals finden meist einen trockenen Platz. Deshalb wurden nun Hotels zu neuen Botschaftern.

1000 Schirme wurden sichtbar platziert. Das Wasser der nassen Schirme lief in die Behälter, aus denen dann Blumen wuchsen.

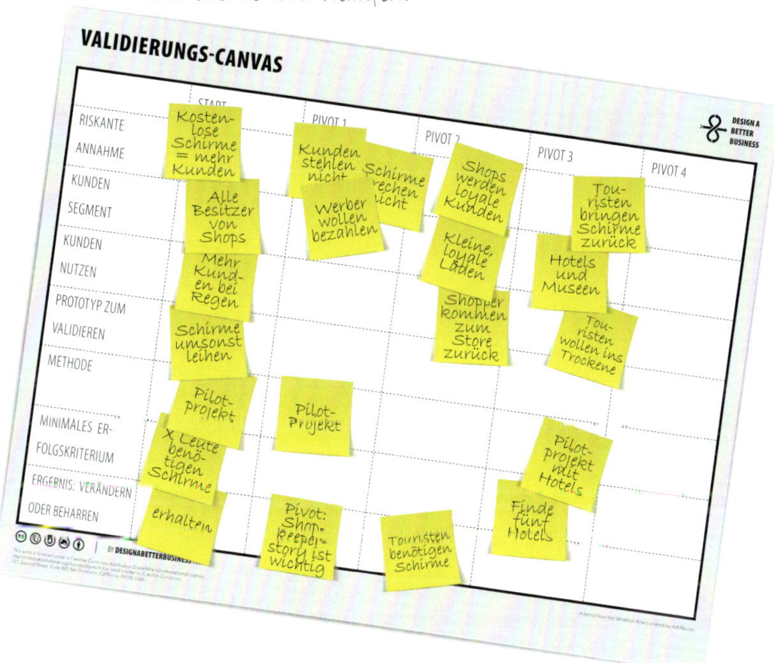

Der Fokus lag nun auf der Logistik: wenige Orte, viele Schirme. Teilweise waren die Schirmständer in den Shops leer. Ein neues Kundensegment wurde gefunden: die Botschafter-Shops. Diese wurden bei Engpässen per Fahrrad mit Schirmen beliefert.

7 Mattias Edstrom stieg bei Abrella als Co-Founder ein. Es gab mehr Werbung, mehr Shops, mehr Schirme. Sie wurden 2015 zum innovativsten Start-up Dänemarks. Großartig!

8

VALIDIERUNGS-HACKS

TIPP! Wenn du das nächste Mal ein Experiment planst, dann gehe es zuerst mit ein paar Kollegen durch und behebe alle Probleme. Es wäre schlecht, wenn du anfängst, tausenden Menschen die falschen Fragen zu stellen.

QUALITATIV VS. QUANTITATIV

Die Ergebnisse eines quantitativen Tests sind oft einfach zu interpretieren. Dein erster Schritt ist jedoch, herauszufinden, was du testen möchtest. Führe dafür ein qualitatives Experiment durch. Was tun Menschen typischerweise? Denke daran, dass ein qualitativer Test nicht bedeutet, dass du keine Daten sammeln kannst.

Qualitative Experimente eignen sich großartig, wenn man viele Daten über das Kundenerlebnis erfassen will. Stelle aber sicher, dass du nur testest, was die Leute tatsächlich tun, anstatt was sie meinen zu tun. Es ist auch wichtig, sie nicht über ihr zukünftiges Verhalten auszufragen, da die Kunden wahrscheinlich nicht in der Lage sein werden, zu antworten, ohne zu raten. Frage sie stattdessen nach ihrem aktuellen Verhalten.

Danach sicherst du deine Ergebnisse am besten mit einem quantitativen Test ab. So siehst du, ob die Menschen tatsächlich das gleiche Verhalten in der Realität zeigen. Ein qualitativer Test gibt Einblicke, wie gut dein quantitativer Test geeignet ist, die Dinge zu messen, die du messen möchtest.

Denke daran, dass qualitative Tests nur schwer in Situationen anzuwenden sind, in denen du die Reaktion auf eine sehr kleine Veränderung feststellen möchtest. Wenn du nur zwei verschiedene Farben für einen Knopf online testen willst, sind die Daten eines qualitativen Tests nutzlos.

Die Leute werden dir erzählen, ob sie dein Produkt kaufen (oder nicht kaufen) wollen. Diese Information ist jedoch nutzlos. Nur ein Test ihres echten Kaufverhaltens hat echten Wert.

MACH EINEN KLEINEN TEST

Ein Experiment kostet Zeit und Mühe. Bevor du ein umfangreiches Experiment durchführst, probiere es erst in einem kleinen Maßstab aus, um Probleme vorab zu beheben. In der Discovery Channel Show „Mythbusters" werden regelmäßig Experimente im kleinen Maßstab ausgeführt, um die möglichen Ergebnisse abzuschätzen. So wird sichergestellt, dass großangelegte Tests zuverlässige Ergebnisse liefern werden.

BEEINFLUSSE NICHT DAS ERGEBNIS

Versuche während deines Tests absolut nichts zu tun, was das Ergebnis beeinflussen könnte. „Verkaufe" deinen Prototyp nicht an die Testpersonen. Online geht das ganz einfach mit „Analytics", aber offline kann es schwieriger sein. Versuche, den Prototyp so natürlich wie möglich zu präsentieren. Die Testpersonen könnten bspw. ihre Erfahrungen selbst mit einer Kamera oder in einem Notizbuch festhalten.

TESTE DEN WETTBEWERB

Wenn du noch keinen Prototyp zum Testen hast, probiere dies aus: Hol dir Testpersonen, um ein konkurrierendes Produkt zu testen. Finde deren Meinung heraus.

Auch wenn du noch keine direkten Konkurrenten hast, kann dies wertvolle Einblicke geben. Du kannst deine Annahmen auf andere Dinge übertragen.

Es gibt einige coole Beispiele von Unternehmen, die dieses einfache Experiment mit einem handelsüblichen Küchenprodukt ausprobiert haben. Sie konnten so einige ihrer grundlegenden Annahmen entkräften. Es kostete sie nur eine Küchenmaschine und einen Nachmittag ihrer Zeit, um einen großartigen Pivot zu entwickeln.

A-/B-TESTS OFFLINE

Zeige Benutzern verschiedene Versionen der gleichen Werbung oder Webseite und finde heraus, auf welche die meisten klicken. Die Daten werden dir zweifelsfrei sagen, ob eine Änderung sinnvoll wäre.

Offline kannst du die gleiche Taktik verwenden. Du musst nicht jeder Testperson den gleichen Prototyp zeigen. Erstelle eine Broschüre deines Produkts (z.B. mit Keynote oder PowerPoint), ändere den Preis, die Farbe oder andere Variablen, und du erkennst, wie dies das Ergebnis beeinflusst.

Verändere immer nur jeweils eine Variable, andernfalls wird das Ergebnis verwirrend!

Wenn du mehrere Experimente mit verschiedenen Werten pro Variable gleichzeitig durchführst, sparst du viel Zeit. ■

TIPP! Erstelle ein paar Versionen außerhalb deiner Komfortzone. Wenn du eine Preisspanne testest, wähle einen lächerlichen (hohen) Preis. Vielleicht stellt sich heraus, dass die Kunden diesen Preis weniger lächerlich finden, als du dachtest.

NUN HAST DU ...

- DEINE **RISKANTESTEN ANNAHMEN IDENTIFIZIERT** S. 200
- MINDESTENS EIN **EXPERIMENT** S. 204
- DEINE **RISKANTESTE ANNAHME VALIDIERT** S. 206

NÄCHSTE SCHRITTE

- **DEIN NÄCHSTES EXPERIMENT** S. 200
  Prüfe die nächste riskante Annahme.
- **PRÜFE DEINEN STANDPUNKT** S. 68
  Hast du deine Vision wirklich geprüft? Musst du deinen Standpunkt ändern?
- **GEHE ZURÜCK** S. 46
  In die Double Loop.
- **BIST DU FERTIG?** S. 244
  Finde heraus, ob du bereit für das Investment bist.

WIEDERHOLUNG

DIE BESTEN IDEEN DER WELT SIND **WERTLOS,** BIS **SIE GESTESTET WURDEN.**

DEINE ERSTE IDEE REICHT NICHT; DU MUSST **OFT UND FRÜH SCHEITERN.**

IRREN HEISST LERNEN. **VERABSCHIEDE DICH VON DEINEN „LIEBLINGEN“.**

BESTÄTIGE NICHT, SONDERN **FALSIFIZIERE.**

VERÄNDERN ODER BEHARREN. ES GIBT NICHT NUR EINE LÖSUNG.

DAS IST KEINE ÜBUNG.

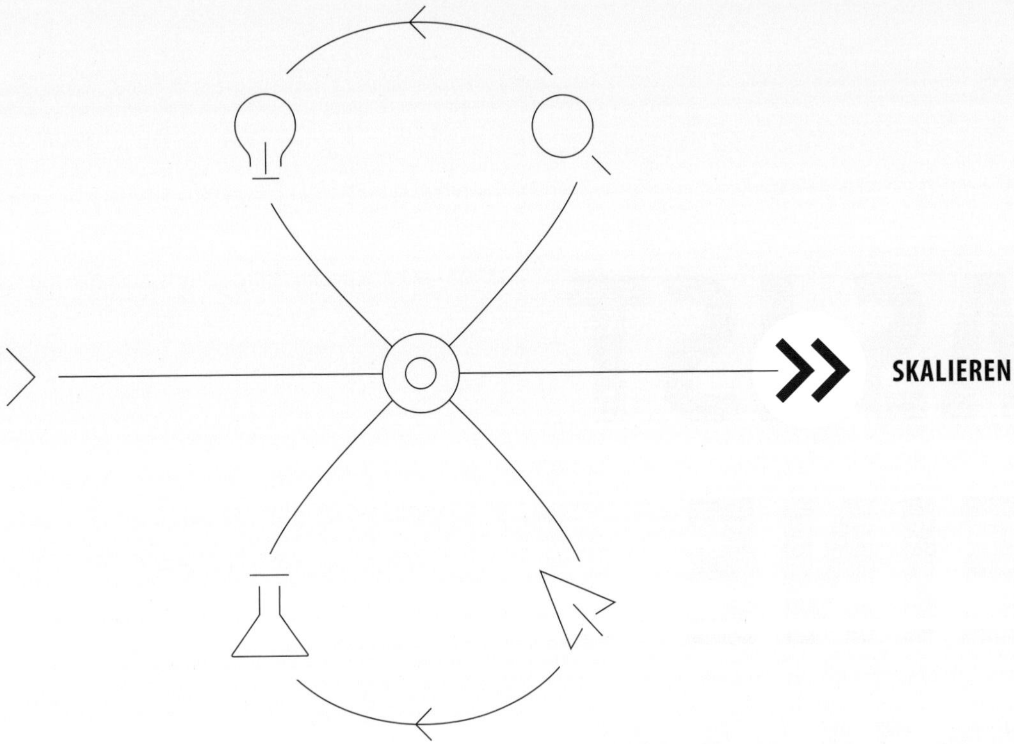
SKALIEREN

DIE DESIGN JOURNEY **SKALIEREN**

LERNE, WANN DU **SKALIERST**

VERSCHIEDENE WEGE, ZU SKALIEREN

INVESTMENT-LEVEL ERREICHEN

WANN **SKALIERE** ICH

Ganz gleich, ob du die Design Journey als Start-up oder als Firma beginnst, eines ist sicher: Es wird eine Achterbahnfahrt, und sie endet nicht, wenn du eine Idee hast. Es ist eine Reise, auf der dein Design-Prozess skaliert wird.

DAS ENDE DER SCHLANGE

Dies ist die letzte Etappe deiner Reise ... Nach dem Durchlaufen der Doppelschleife, der Gestaltung eines besseren Geschäftsmodells und dem Kennenlernen deines Kunden kannst du dir selbst auf die Schulter klopfen. Du hast es geschafft! Zumindest einmal. Nun sei bereit, es ist Zeit, wieder in Fahrt zu kommen.

MISSTRAUEN TÖTET INNOVATION.

Das Entwerfen einer Innovation ist nicht genug. Es ist keine einmalige Sache. Wie bei jedem Beruf braucht Design auch Praxiserfahrung. Wenn du es immer wieder machst, wird dich das zur Meisterschaft führen. Dann wird die Praxis der Gestaltung zu einer Haltung.

AUFBAU DES SPIELS

Der Aufbau des Spiels wird die Zahlen zu deinen Gunsten verändern. Das Nutzen von Design-Prozessen für bessere Geschäfte wird deine Erfolgschancen verbessern. Eine Design-Haltung, die das Verstehen, die Vorstellung, das Erstellen von Prototypen und deren Validierung begünstigt, ermöglicht dir die Ausführung und Skalierung deiner Idee. Das Beste von allem ist, dass du nicht nur deine eigenen Chancen besser einschätzen kannst, sondern auch in der Lage sein wirst, auf mehrere Spiele gleichzeitig zu wetten.

Die Geschichte hat bewiesen, dass die Unternehmen, die Lernen und Forschung in ihre DNA integriert haben, auch diejenigen sind, die Ungewissheit in Chancen verwandeln können. Sie können das Spiel zu ihren Gunsten erfolgreich ausführen. Und es ist nie zu spät, damit zu beginnen.

LERNE VON ANDEREN

Wie können wir, von einem erfolgreichen Ergebnis ausgehend, Design in unsere Kernkultur implementieren? Der beste Weg ist, von anderen Reisen, Erfolgen und Misserfolgen zu lernen. In diesem Kapitel werden wir eine Reihe von Ansätzen zur Skalierung erforschen und bewerten. Wir betrachten einen besonderen Kooperationsraum, einen erfolgreichen Beschleuniger, eine große Bank mit eigenem Innovationslabor und ein großes Energieunternehmen, das Design-Kapazitäten durch Akquisition aufbaut. Wir werden auch ein paar große Software-Unternehmen ansehen, die den Design-Prozess in ihre jeweiligen Kulturen einbinden.

TIPP! Es geht nicht nur um Design, sondern auch um ein Netzwerk an Leuten, die dein Team braucht, um bessere Antworten auf deren Fragen zu bekommen.

DIE ZUTATEN

Es gibt vier Hauptzutaten für die Design-Skalierung in deinem Unternehmen.

Wir haben es schon gesagt und werden es wieder sagen: Geh den Weg nicht alleine. Du musst ein Netzwerk aufbauen und Wege finden, um es zu erschließen. Du benötigst Zugang zu Kunden, talentierte, gleichgesinnte Menschen, Feedback, Experten – und auch Investoren. Jeder kann sich einen Umhang mit einem riesigen „D" anziehen. Aber ohne Netzwerk bist du nur ein Kerl mit einem Stapel Haftnotizen und einem Marker, der einen Umhang bei der Arbeit trägt.

Zweitens benötigst du Unterstützung für deine Design-Bemühungen. Maurice Conti von Autodesk zufolge brauchst du eine direkte Verbindung zum Management, wenn du deine Design-Reise begonnen hast. Dies gibt dir Zugriff auf wichtige Ressourcen wie Zeit, Raum, Gelder oder Menschen.

Drittens benötigst du schnellen Zugriff auf praktisches Wissen. Eine bewährte Methodik, wie sie in diesem Buch aufgeführt ist, wird dir die Hilfe und die Unterstützung geben, um auf deinem Weg voranzukommen. Aber du musst auch von anderen lernen, die bereits viele Fehler gemacht haben in der Umsetzung der Methodik.

Die letzte und wichtigste Zutat ist Vertrauen. Du musst dem Prozess vertrauen. Und du brauchst andere, die dir vertrauen. So wirst du ermutigt, Fehler zu machen, Risiken einzugehen und auch zu scheitern. Die meisten bestehenden Unternehmen haben sich dieses Vertrauen hart erarbeitet. Aber es ist sehr viel wert. Warum? Misstrauen tötet Innovation. Und wenn Misstrauen besteht, dann folgt auch oftmals eine detaillierte Budget- und Zeitüberprüfung deines Projektes.

BIST DU REIF FÜR DIE INVESTITION?

Mit Steve Blank's Investment Readiness Level (IRL) wird messbar, wo dein Unternehmen jetzt gerade steht und was die nächsten Schritte zu einem nachhaltig erfolgreichen Unternehmen sein könnten. ■

Du findest das Investment Readiness Level auf Seite 244.

TIPP! Du brauchst einen direkten Draht zum Management. Hierbei können dir Botschafter wirklich helfen

DIE KONTINUITÄT DER **SKALIERUNG**

Oracle

People driven

Firmen, die ihre Mitarbeiter in Design schulen

Eneco Quby
S. 226

Startup-bootcamp
S. 223

Autodesk
S. 164

Outside in

Firmen, die in Start-ups investieren, ohne dabei ihre eigenen Prozesse oder ihre Kultur zu ändern

RBS
S. 224

Matter
S. 228

DAS ENDE DER WARTESCHLANGE

Skalierung ist nötig, wenn du bereit bist, deine einfache Idee nun vollständig auszuführen. Für bestehende Unternehmen signalisiert die Ausführung oft das Ende des Design-Prozesses. Start-ups, die noch auf der Suche nach ihrem nachhaltigen Geschäftsmodell sind, nutzen die Skalierung für den Aufbau eines größeren, besseren Produkts, das Geld in die Kasse spülen soll.

Das Kontinuum der Skalierung ist eine 2x2-Matrix. Diese beschreibt, wie Design-Prozesse im Unternehmen zu skalieren sind.

Start-ups hören nie auf, die doppelte Schleife zu verfolgen; sie hören nicht auf, ihren Standpunkt zu validieren und an das sich entwickelnde Verständnis ihrer Kunden anzupassen.

SKALIERUNG GESTALTEN

Wenn wir von einer Skala sprechen, ähnelt dies der Idee eines Start-ups: Beim Skalieren geht es darum, ein Problem anzugehen,

Process driven

Firmen, die ihren Fokus auf Prozess-Design legen. Sie skalieren auf einem Makro-Level.

DMBA S. 232

1871 S. 222

Google

SEB LAB S. 225

Uber

Inside out

Firmen, in denen Design jeden betrifft, die ganze Unternehmenskultur.

Amazon

Walmart

die Einsätze zu erhöhen und die Design-Reise fortzusetzen (mit einer eigenen Kultur). Skalierung bedeutet auch, die in diesem Buch beschriebenen Prozesse anzuwenden, um herauszufinden, wie man diese auf eine ganze Organisation ausrollt und bessere Wege findet, um aus Ungewissheit Chancen zu schaffen. Wie bei Meta! Es gibt viele Möglichkeiten, um Design in einer Organisation skalierbar zu machen.

Auch wenn wir in diesem Buch Werkzeuge beschreiben, um Unternehmen zu gründen und zu innovieren und – beim Skalieren geht es weniger um spezifische Werkzeuge, sondern eher um eine organisatorische Denkweise. Jede Organisation hat ihre eigene kulturelle Konstruktion und einzigartige Herausforderungen und Chancen. Deshalb gibt es kein perfektes Werkzeug für die Skalierung. ■

Adobe S. 227

BESCHLEUNIGER.
DAS NEUE JAGDGEBIET DER SKALIERUNG.

VERSCHIEDENE WEGE DER **SKALIERUNG**

Beschleuniger (Acceleratoren), Gründerzentren und Start-up-Studios sind relativ neue Konstrukte, die sich auf Skalierung konzentrieren. Hier verwenden Start-ups Design-Prozesse und Pivots, um am Ende entweder zu skalieren oder auszubrennen. Wenn du das Design in deiner Organisation skalieren möchtest, ist es wichtig zu wissen, wie erfolgreiche Unternehmen dies tun.

ETWAS ÜBER BESCHLEUNIGER

Bei einer Web-Suche nach Beschleuniger-Programmen erhältst du mehr als 2000 Treffer. Zum einen wegen des geringen Kapitaleinsatzes und zum anderen wegen des explosiven Erfolgs namhafter Beschleuniger wie Y Combinator, Techstars und anderen. Dank der guten Presse und Erfolge haben große Unternehmen wie die Royal Bank of Scotland, Sephora, Nike, Target, Google und die Los Angeles Dodgers die Arbeit an ihren eigenen Beschleunigern begonnen.

Beschleuniger sind sowohl für Start-ups als auch für große Unternehmen sinnvoll. Größere Unternehmen können dank ihres Netzwerks und ihrer Ressourcen ihre Beschleuniger nutzen, um Start-ups und Gründer zu unterstützen.

WAS IST EIN START-UP-ACCELERATOR-PROGRAMM?

Ein Start-up-Beschleuniger-Programm ist ein intensives Business- und Persönlichkeitsentwicklungsprogramm, das ein kleines Team von Gründern mit großen Ambitionen bei Wachstum und Wirkung unterstützt. Die Unterstützung erfolgt in Form von Mentoring, erschwinglichen Büroflächen oder Startkapital. Kurz gesagt, das Programm besteht aus folgenden Kernelementen:

- Ein offener, wettbewerbsintensiver Bewerbungsprozess
- Die Bereitstellung von Investitionsgeldern für eine Beteiligung
- Eine limitierte Anzahl von kleinen Teams
- Bereitstellung von Programmevents und ein intensives Mentorenprogramm
- Ein letzter Demo-Tag, an dem die Start-ups ihre Ideen präsentieren und ihre Chancen auf eine Finanzierung erhöhen

Früher waren es Investment-Unternehmen, die in die vielversprechendsten jungen Unternehmen investiert haben. Die Hoffnung war, dass die Start-ups in der nächsten Runde ihre Finanzierung erhöhen und (hoffentlich) gekauft werden oder an die Börse gehen. Heute gibt es neue Denkweisen und verschiedene Arten von Beschleuniger-Programmen mit unterschiedlichen Visionen. ■

ÜBERBLICK DER BESCHLEUNIGER

ARBEITSPLATZ

Ein Bürostandort, an dem Schreibtische, Büroräume und Einrichtung (Infrastruktur) zu einem reduzierten oder niedrigen Preis für wachsende Start-ups zur Verfügung gestellt werden.

START-UP-WOCHENENDEN, HACK-A-THONS UND BOOTCAMPS

Veranstaltungen über 48 bis 72 Stunden, die neue Start-up-Teams schaffen, die sich in begrenzter Zeit mit einer Geschäftsidee auseinandersetzen.

START-UP-BESCHLEUNIGER

Profitgesteuerte, themenbezogene Programme, um neue Unternehmen zu unterstützen, die von kleinen Gründungsteams geführt werden. Die initialen Ideen wurden bereits von den Gründern entwickelt.

CORPORATE-START-UP-BESCHLEUNIGER

Nicht-gewinnorientierte Programme, um neue Unternehmen zu unterstützen. Der Schwerpunkt dieser Programme liegt darin, ein Netzwerk aufzubauen, die Unternehmenskultur zu verändern, Zugang zu Ideen und Technologien zu bekommen und Arbeitsplätze zu schaffen.

START-UP-STUDIOS

Ein kleinerer und praktisch orientierter Beschleuniger: Ein Start-up-Studio beherbergt mehrere Start-ups unter einem Dach. Die Leiter des Studios unterstützen dabei jedes Start-up durch ihr Know-how.

RICHTIGER ORT, **RICHTIGE ZEIT.**

Wir waren zur richtigen Zeit an der richtigen Stelle, als wir das Startupbootcamp gründeten. Weltweit tauchten viele neue Beschleuniger auf, und wir hatten großes Interesse daran, Gründern zu helfen.

Ein Beschleuniger ist keine Raketenwissenschaft. Es erfordert vielmehr eine langfristige Vision, die Geduld, ein Ökosystem mit sachkundigen Förderern aufzubauen, und die Pflege des Geschäftsmodells. Unsere wichtigsten Erkenntnisse: Die Gründungspartner müssen das Geschäftsmodell finanzieren. Die meisten Modelle benötigen zusätzliche Erlösströme wie Innovationsprogramme und Corporate Innovation Education. Die Mehrheit der Start-ups existiert nur kurz. Wir sind für die Langstrecke.

Ruud Hendriks & Patrick de Zeeuw
Gründer,
Startupbootcamp

1871. DER CO-ARBEITSPLATZ MIT DEM TWIST

1871

Die gemeinnützige Community „1871" wurde in Chicago gegründet. Dort sollten Designer, Programmierer und Gründer voneinander lernen, sich gegenseitig ermutigen und die Reise durch die Start-up-Lernkurve miteinander teilen.

DIE WAHRHEIT IST: DIE GARAGE WIRD ÜBERBEWERTET. SIE IST KALT IM WINTER, HEISS IM SOMMER UND EINSAM DAS GANZE JAHR ÜBER.

// Howard Tullman, CEO, 1871

ZURÜCK INS JAHR 1871

Das große Feuer in Chicago im Jahr 1871 war ein bitterer Schlag für die boomende Wirtschaft. Die Notwendigkeit, die Stadt wieder aufzubauen, führte zu großen Innovationen und praktischem Einfallsreichtum. Im Jahr 2012 wollte eine Gruppe von Chicagos Technologie-Boostern diese Leidenschaft neu entfachen. Daraus wurde „1871".

Wie sieht eine boomende Wirtschaft aus? Eine boomende Wirtschaft schafft eine Umgebung, die Unternehmertum und Innovation fördert und Unternehmen wachsen lässt. 1871 ist ein unternehmerisches Drehkreuz für digitale Start-ups, mit Sitz in der 12. Etage des Chicago Merchandise Marktes. Es ist ein Ort für Unternehmer, die eine kollaborative und flexible Arbeitsumgebung suchen, um die Geschäfte ihrer Träume zu entwerfen und umzusetzen. Das Interessanteste an 1871 ist, dass es dafür konzipiert wurde, Gründern beim Networking zu helfen.

Durch dieses Netzwerk haben Start-ups jederzeit Zugang zu einem potenziellen Kundenstamm, der ihre Ideen validieren kann. Und neue Start-ups sind in der Lage, Mitgründer zu finden, um ihre Ideen weiterzuentwickeln. Deshalb geht es bei 1871 vor allem um Skalierung: die Skalierung eines Netzwerks, um die Design-Reise voranzutreiben.

ZUM MITNEHMEN

Es ist schwer, ein erfolgreiches Geschäft aufzubauen. Am schwierigsten gelingt es alleine. 1871 hilft Gründern, Teams aufzubauen und an ihrer Resilienz und Beharrlichkeit zu arbeiten.

MENSCHENORIENTIERT

INSIDE-OUT

ARBEITSPLATZ

startupbootcamp

STARTUPBOOTCAMP. DIE BESCHLEUNIGER

Patrick de Zeeuw besuchte die USA und verliebte sich in das Techstars-Konzept. Er wollte so vielen Start-ups wie möglich helfen, aber er konnte das unmöglich alleine. Mit seinem Freund Ruud Hendriks starteten sie das Startupbootcamp. Hier liest du, was sie gelernt haben.

MENSCHENORIENTIERT

OUTSIDE-IN

START-UP-BESCHLEUNIGER

WIE MAN TEAMS BILDET

Wir haben unsere Bewerbungskriterien im Laufe der Jahre feingeschliffen. Du kannst dich dem Startupbootcamp anschließen, wenn du die 4M´s erfüllst:

MARKT	Hast du deine Nische klar definiert?
MODELL	Möchtest du Geld verdienen?
MANAGEMENT	Hast du drei Partner – und alle drei sind Produktmanager?
MOMENTUM	Ist das der richtige Moment?

Okay, der letzte Punkt ist etwas schwammig.

ZUM MITNEHMEN

Ein Start-up-Beschleuniger funktioniert anders als das Immobiliengeschäft; es geht darum, einen Wert durch Netzwerke und Wissen zu generieren. Es geht darum, Teams zu bilden, die das Büro verlassen, um Kundenbedürfnisse zu finden.

Du darfst keine Angst haben zu scheitern. Deine Ausbildung oder große Unternehmen können dich gelehrt haben, Angst vor dem Scheitern zu haben. Aber hier lernst du daraus.

Habe keine Angst zu sagen: „Ich weiß es nicht." Das ist okay. Wir wissen es auch nicht. Mach dir klar, was du nicht weißt.

Einige Unternehmen verzetteln sich in internen Kämpfen. Handle immer direkt: Löse interne Probleme, bevor sie zu großen Problemen werden.

DIVERSITÄT KANN MAN NICHT „SCHAFFEN", ABER SIE MACHT TEAMS HOCHEFFIZIENT.

// Patrick de Zeeuw, Co-Founder Startupbootcamp

RBS. FIRMEN-START-UP-BESCHLEUNIGER

RBS

NatWest, RBS und die Ulster Bank sind drei zukunftsorientierte Banken. Ihre Beschleuniger-Hubs bieten einen kostenlosen Arbeitsbereich und die Möglichkeit, sich mit befreundeten Start-ups, speziell ausgebildeten Bankangestellten und erfahrenen Unternehmen zu verbinden.

WIR BRINGEN IHR BUSINESS ZUM LAUFEN.

// Ross McEwan, CEO, RBS

BESCHLEUNIGER-KNOTENPUNKTE

NatWest, RBS und die Ulster Bank betreiben in Partnerschaft mit Entrepreneurial Spark kostenlose Beschleuniger-Hubs in ganz Großbritannien. Sie zielen auf Bewerber aus allen Branchen und bieten Arbeitsbereiche sowie die Möglichkeit, sich mit Gründern, speziell geschulten Bankangestellten und erfahrenen Mentoren zu verbinden.

Am Ende des Programms gibt es eine „Graduierungs"-Veranstaltung mit den Gastgebern, Unternehmern und Beratern. Dies gibt den Absolventen die Möglichkeit, potenzielle Investoren zu finden.

Alison Rose, Chefin des Handels- und Privatbankings bei RBS: „Wir sind entschlossen, Entrepreneure in ganz Großbritannien mit ihren positiven Auswirkungen auf die Wirtschaft zu unterstützen. Deshalb schaffen wir unternehmerische Ökosysteme im ganzen Land, die Start-ups die beste Chance auf Erfolg geben."

ZUM MITNEHMEN

Gordon Merrylees, Head of Entrepreneurship bei NatWest, RBS und der Ulster Bank: „Wir werden 7.000 Unternehmer über einen Zeitraum von fünf Jahren kostenlos unterstützen. Mit unserem Partner Entrepreneurial Spark stellen wir neue Mindsets und Geschäftsmodelle vor. Wir als Bank vermitteln Wissen und Zugang zu Netzwerken und Märkten. Dadurch werden unternehmerische Gemeinschaften aufgebaut. Unsere Mitarbeiter sind engagiert, nicht nur zu helfen, sondern auch zu lernen. Wir haben jetzt unsere eigene Entrepreneurial Development Academy gegründet, wo Kollegen eigene Projekte entwickeln und mehr über Gründertum lernen können. Das bedeutet, dass sie bessere Gespräche mit Kunden führen können und die Herausforderungen besser verstehen."

PROZESSORIENTIERT

OUTSIDE-IN

FIRMEN-BESCHLEUNIGER

SEB

SEB INNOVATIONS-LABOR. INHOUSE-INKUBATOR

Mart Maasik, Direktor Innovation bei SEB LAB, beschreibt das LAB als großartigen Ort für die Zusammenarbeit mit „Nonprofessional" (Business-) Entwicklern und diversifizierten Teams. Sie begannen, zusammen mit den Studenten der externen Partner zu experimentieren.

MENSCHENORIENTIERT

INSIDE-OUT

FIRMEN-BESCHLEUNIGER

UNSERE AMBITION

Unser Ziel ist einfach: Wir wollen unsere Leute begeistern und befähigen, um Innovationen zu schaffen. Es geht in erster Linie um Menschen. Wir wollen eine kritische Masse von erfahrenen und inspirierenden „Leuchttürmen" haben, die zur Bereitstellung von Lösungen als Teil des LAB beitragen. Manchmal nennen wir das LAB ein Basislager, das Menschen zur persönlichen Entwicklung aufsuchen, um die Organisation systematisch zukunftssicher zu machen.

ZUM MITNEHMEN

Wir haben seit dem Start des LAB viel gelernt. Viele Dinge entwickeln sich als neue Fähigkeiten, die Menschen als Teil ihrer Erfahrung lernen. Zuallererst geht es darum, die Kunden zu verstehen und ihre Erfahrungen als Teil einer größeren Reise zu verstehen. Sie haben die Fähigkeit, die Punkte zu verbinden. Wenn der Service infrage gestellt wird oder vereinfacht werden muss, ist es besser, sich das ganze System anzusehen, als direkt nur in die Technik abzutauchen. Wenn wir auf ein neues Service-Konzept zielen, ist es wichtig zu lernen, wie man eine Vision anhand von Beweispunkten entwickelt und in die Gesamtgeschichte integriert. Letztlich bedeutet Teamführung eine große Lernkurve für die meisten Menschen. Diversifizierte Teams führt man am besten, wenn man selbst umfangreiche Kenntnisse hat.

Wir haben auch gelernt, dass Menschen in einer sicheren Umgebung wirklich gerne experimentieren. Wir fanden heraus, dass Kundeninterviews für die meisten Menschen am Anfang schwer sind. Aber die Erkenntnisse aus den Interviews sind sehr groß: Das Lernen wird beschleunigt, wenn die Validierung zunimmt.

FÜR LEUTE MIT STANDARDISIERTEM ARBEITSFOKUS WIRKT DER INNOVATIONS-PROZESS OFT SCHWAMMIG.

// Mart Maasik
Head of Innovation at SEB LAB

QUBY & ENECO. ZUSAMMENBRINGEN

Quby

Ivo de la Rive Box kam im Jahr 2005 zu Quby, um bei der Start-up-Skalierung zu helfen. Nach fünf Jahren Entwicklungsarbeit und vielen Pivots überzeugte ihn Tako in 't Veld von Enecos mit der Idee, ein erfolgreiches Thermostat-System zu starten.

EINE ORGANISATION SIEHT NUR RISIKEN, WO EIN START-UP CHANCEN SIEHT. ZUSAMMEN KÖNNEN SIE VIEL ERREICHEN.

// Tako in 't Veld, Head of Quby Smart Energy

WIR BLIEBEN UNTER DEM RADAR

Um das Start-up nicht gleich nach dem Zusammenschluss zu ersticken, schützte Tako sie vor der Unternehmensbürokratie. Erst als das Team erfolgreich in die Organisation integriert und die Pilotprojekte erfolgreich waren, wollte der Vorstand einen vollständigen Einblick in die nächste Arbeitsphase erhalten.

ZUM MITNEHMEN

Wenn du dir ein Start-up mit einer eigenen Kultur und Arbeitsweise an Bord holst, dann erwarte nicht, dass die Mitglieder sich reibungslos in eine bestehende Unternehmensumgebung integrieren.

Das willst du auch nicht. Sie sollten sich nicht an dich anpassen, aber du solltest dich an sie anpassen! Werde Mitglied ihres Teams, bring Bier zu ihrer Happy Hour mit und versuche zu verstehen, was sie so einzigartig macht. Wenn das Start-up mehr Zugkraft bekommt, ermutige andere Mitglieder der Firma, möglichst dauerhaft mit auf diesen Zug aufzuspringen. Eine Unternehmenskultur mit schnell wechselnden Teams und austauschbaren Stellenbeschreibungen ist einem kleinem Start-up fremd.

Bei Eneco hat sich die Energie und die Begeisterung der Quby-Mitglieder mittlerweile weit verbreitet, und die Menschen in der Organisation sind stolz auf ihr neues Produkt. Die Startup-Infusion hat dazu beigetragen, die Mentalität des Unternehmens zu verändern. Anstatt nur ein Energieunternehmen auf einem Rohstoffmarkt zu sein, sieht sich Eneco nun als datengesteuertes und serviceorientiertes Unternehmen, welches ein hochwertiges Produkt liefert, das Energieverkäufe und -einsparungen unterstützt.

MENSCHENORIENTIERT

OUTSIDE-IN

KAUFE EIN START-UP

ADOBE. THE INNOVATION HIVE

Ann Rich, Senior Managerin für Adobe's Accelerated Design & Innovation Team, erkannte, dass sich der Design-Prozess aus Adobe HIVE gut für die Suche nach Lösungen für große Herausforderungen eignete. Er fehlte nur noch die Skalierung.

PROZESSORIENTIERT

INSIDE-OUT

FIRMEN-PROGRAMM

PROBLEME INDIVIDUELL LÖSEN

Adobe, ein Softwareunternehmen mit über 14.000 Mitarbeitern, unterscheidet sich nicht von vielen anderen großen Organisationen, die mit einer globalen Belegschaft und vielen Produkten verschiedene Märkte bedienen. Es ist eine Herausforderung, vom Verbraucher bis hin zu kreativen Fachleuten und Verkäufern zusammenzuarbeiten und Probleme zu lösen.

PILOTPROJEKTPHASE

2014 hatten Adobe's Chief of Staff Joy Durling und Kim Mains, Director of Planning & Business Operations, eine Vision zur Beschleunigung von Innovationen und zur Bewältigung der größten Herausforderungen von Adobe. Zusammen mit 8Works, einem Beratungsunternehmen, starteten sie einen Prototyp und verwandelten einen Teil des Hauptsitzes von Adobe in das, was heute als HIVE bekannt ist. Durling und Mains wollten testen, ob Adobe für Design Thinking bereit war und das Design zur Beschleunigung der Lösungsentwicklung für (große) geschäftliche Herausforderungen nutzen würde. Über 400 Menschen lösten ihre Probleme mit der HIVE-Methodik, die speziell für die Zusammenarbeit entwickelt wurden. HIVE wurde zum Erfolgskonzept. Im Jahr 2015 wurde Ann Rich, eine Innovations- und Designstrategin, angeheuert, um die HIVE-Prinzipien in der gesamten Organisation anzuwenden.

ZUM MITNEHMEN

Eine der wichtigsten Erkenntnisse dieser Reise war, dass es schwierig sein kann, seine Erfahrungen in die Alltagsarbeit zu integrieren. Um zu skalieren, musste HIVE die Fähigkeit zur Weiterentwicklung behalten. Das beste Feedback, das Ann von einem Adobe-Mitarbeiter in Bangalore erhalten hatte, war: „Wann kannst du uns zeigen, wie das geht?" ■

DIES IST VIEL GRÖSSER ALS DER PHYSISCHE RAUM.

// Ann Rich, Senior Manager Accelerated Design & Innovation

Matter. DIE DESIGNORIENTIERTEN BESCHLEUNIGER

Corey Ford, Managing Partner bei Matter: „Matter ist ein designorientiertes Accelerator-Programm, welches Gründer bei ihrer Medienarbeit unterstützt. Es geht um Vorhabens-Beschleunigung, darum, noch schneller zu bekommen, was man will. Es ist intensiv, aber es zahlt sich aus."

VORHABENS-BESCHLEUNIGUNG

Bei Matter spielt Beschleunigung eine große Rolle. Es geht darum, schneller anzukommen, und nicht, einen Arbeitsbereich zu erhalten. Es geht darum, Portfoliounternehmen dabei zu helfen, einen Markt besser und schneller zu erreichen, als es mit ihren bestehenden Strukturen, ihrer Finanzierung oder ihren Beraternetzwerken möglich wäre.

Matter's Fünf-Monats-Beschleuniger-Programm beginnt mit einem einwöchigen Bootcamp, gefolgt von vier einmonatigen Design-Sprints. Es ist wirklich intensiv, aber es zahlt sich aus.

DESIGN THINKING STEUERT ALLES

Design Thinking zieht sich durch den gesamten Lebenszyklus eines Unternehmens. Unser Programm befindet sich am Schnittpunkt von Design Thinking, Entrepreneurship und der Zukunft der Medien. Das erste Stück ist absolut kritisch. Weil Design Thinking grundsätzlich den Menschen in den Mittelpunkt stellt, gelten die Lektionen nicht nur auf der ersten Betaebene, sie gelten auch für Vertriebsstrategie, Fundraising, geografische Expansion und die Praxis. Teams, die unser Programm durchlaufen, nehmen Fähigkeiten mit, die sie noch Jahre später antreiben.

WAS MACHT MATTER ANDERS?

Wir bei Matter haben eine experimentierfreudige Unternehmenskultur entwickelt. Unser Fokus liegt darin, ein Erlebnis für unsere Entrepreneure und Partner zu schaffen und ihnen mit einer Oldschool-Medienorganisation zu helfen, ihr absolut größtes Potenzial zu entfachen. Wir stellen sehr viel mehr als nur Platz und finanzielle Mittel zur Verfügung. Es geht uns nicht darum, den höchstmöglichen finanziellen Nutzen zu generieren.

UNSERE DENKWEISE STEUERT UNSERE ARBEIT

Es gibt klare Botschaften über einzigartige Denkweisen, nach denen wir leben. Hinter jeder Denkweise, wie „Be Bold and Disruptive" und „Tell Stories", artikulieren wir klare Verhaltensweisen und Aufforderungen zum Handeln. Diese fungieren als

WIE FINDEN WIR EINE TRAGFÄHIGE, MACHBARE IDEE IN EINEM 20-WOCHEN-PROZESS?

Erinnerung daran, wie wir auf unsere Investoren, unsere strategischen Partner, unsere Entrepreneure, unsere Mentoren und die Gesellschaft wirken möchten. Sie sind die „Signalgeneratoren" der Kultur, die wir wollen. Du musst die Kultur in alles, was du tust, integrieren.

DIE BESTEN ENTREPRENEURE SIND DAZU FÄHIG, SICH VON IHREN LIEBLINGEN ZU VERABSCHIEDEN.

ES GEHT UM DAS FEEDBACK

Regelmäßige Feedbacks sind Kern unseres Prozesses. Jeden Monat müssen unsere Entrepreneure einen Pitch einreichen und ein Produkt in einem Panel von diversen Experten und einer Gruppe von Mentoren in einem sogenannten Design Review präsentieren. Es ist ein sicherer Raum, um konstruktive Kritik und frische Perspektiven aus verschiedenen Blickwinkeln zu bekommen. Es geht darum, unbekannte Dinge über das Unternehmen aufzudecken. Jeder Design Review durchläuft neun Fragen, die an der Wand aufgehangt werden, damit jeder sie sehen kann. Zum Beispiel: „Überwiegt deine Aufregung oder dein Zögern?" Wir bitten das gesamte Publikum darauf zu antworten, einschließlich der anderen Entrepreneure. Das macht sie auch zu besseren Empfängern von Rückmeldungen. Meine Hypothese ist, dass die Entrepreneurship-Reise einsam ist. Die meisten Leute warten viel zu lange, bevor sie Feedback erhalten. Und wenn sie Feedback bekommen, ist es häufig zu spät, und das Feedback kommt zu hart.

VISUELLER BUSINESSPLAN AUF EINER SEITE

Ein so kurzer Businessplan erlaubt es uns, unser Geschäft durch sehr intuitive und klare Fragen zu verstehen. Er ist der Treiber der Frage nach unserer Lebensfähigkeit. Viele geschäftliche Details sind im Plan gefesselt. Lange Passagen werden in „Wie könnten wir"-Fragen entpackt. Dadurch wird der Business-Jargon verständlicher. Wenn du z.B. meine Gründer fragst, ob sie wissen, was „nachhaltiger Wettbewerbsvorteil" ist: 90 Prozent von ihnen werden sagen, sie haben es schon einmal gehört, aber sie wissen nicht, was es bedeutet.

DIE DINGE, DIE WIR SUCHEN

Wir suchen nach Teams, die ihre ursprünglichen Ideen und Pläne loslassen können. Unser Team GoPop, das von BuzzFeed gekauft wurde und nun mobile Prototypen betreibt, ist ein gutes Beispiel dafür. Die Mehrheit der Teams klammert sich an etwas, das nicht funktioniert. Solange, bis sie keine Zeit mehr haben. Und dann gibt es einige Teams, denen ein Licht aufgeht. Sie können sich selbstbewusst von Dingen verabschieden. Ohne zu wissen, was als Nächstes kommt. Sie kennen Geschichten von Menschen, die dies vor ihnen getan haben und das gibt ihnen die Kraft, es zu tun, das Vertrauen, in den Abgrund hinunterzugehen. »

MATTER. DIE DESIGNORIENTIERTEN BESCHLEUNIGER

EMPHATIE UND DER MENSCHLICHE FAKTOR

Die Schönheit eines Design-Ansatzes liegt darin, dass alles mit dem Faktor Mensch beginnt. Der gesamte Entdeckungsprozess basiert auf Manpower. Wenn du versuchst, ein Geschäft aufzubauen, das nicht geerdet ist, baust du es auf Sand.

Wenn du die Menschen verstehst, die dein potenzielles Angebot nutzen und kaufen, ist es viel einfacher, die richtigen Prototypen zu bauen und zu testen. Ohne diese Empathie finden Lean Start-ups zwar oft die optimale Version von dem, was sie schaffen wollten. Aber ohne jemals herauszufinden, was sie hätten schaffen können. Im Wesentlichen ist Lean Start-up ein guter Weg, um zu einem lokalen Maximum zu kommen, aber nicht unbedingt zu einem globalen.

ES GEHT UM DIE GESCHWINDIGKEIT

Wenn wir Unternehmen für unseren Beschleunigungsprozess bewerten, entscheiden wir, ob diese zu uns passen. Dies basiert auf den Fähigkeiten und der Erfolgsgeschichte des Teams sowie auf unserer Affinität für ihre Produkte und Dienstleistungen. Wir wollen ihren Antrieb sehen, mit dem sie im Nebel des Entrepreneurships navigieren: Sie sind fokussiert, hochkollaborativ, benutzerzentriert, von ihrem Prototyp angetrieben und bereit, durch die Wüste zu gehen, um die Medienlandschaft zu verändern.

Sie nutzen die seltene Gelegenheit, von allen Personen in diesem Ökosystem – Mentoren, Medienpartner und Investoren – wechselseitig zu profitieren. Sie sehen Feedback als ein Geschenk an. Und sie wollen die nächste Etappe ihres Wachstums viel schneller erreichen, als sie dies in ihrem gegenwärtigen Tempo könnten. ■

Investiere etwas Zeit in die Interaktion mit Mentoren und Organisationen, um echtes Feedback zu bekommen.

Das Wissen über die Skalierung innerhalb von Organisationen ist zukünftigen Führungskräften zugänglich. Diese erlernen Design-Tools und -Fähigkeiten, während sie die Designer-Mentalität übernehmen.

Rund um die Welt gibt es MBA-Programme, die Design Thinking mittlerweile in ihre Curricula aufgenommen haben. In einigen Fällen, wie auf den nächsten Seiten beschrieben, wurde das Design vollständig mit dem Business verschmolzen.

Die Welt verändert sich, und bestimmte Fähigkeiten und eine neue Haltung werden gefordert. MBA-Programme wollen gewährleisten, dass ihre Absolventen, die Führungskräfte von morgen, die benötigten Fähigkeiten und Denkweise verinnerlicht haben. Ob du willst oder nicht, die zukünftigen Entscheider deines Unternehmens sind Designer. Design kommt. Bist du bereit?

DESIGNER SIND DIE LEADER DER ZUKUNFT

MASTERING BUSINESS ADMINISTRAT / AMBIGUITY

Bringen wir Führungskräften die richtigen Fähigkeiten für die heutige dynamische, unvorhersehbare und aufregende Umwelt bei?

FRAGE DICH, WAS DIE FRAGE UND NICHT, WAS DIE ANTWORT IST.

Wenn du vor mehr als fünf Jahren dein Studium in BWL absolviert hast, dann kennst du die Inhalte der Disziplinen Marketing, VWL, Finanzen, Beschaffung, Produktion, oder Unternehmensführung durch Vorträge, Lehrbücher, Fallstudien und Gruppenarbeiten. Du hast gelernt, dass sich das Marketing um vier P's dreht, die Konkurrenz fünf Kräfte umfasst, und die Strategie auf einer von drei Entscheidungen beruht: Marktführer, Nischenanbieter oder Low-Cost-Anbieter. Ein Leader war jemand, der das große Bild vermitteln konnte, und Manager hatten operative Fähigkeiten, um Projekte und Leute zu überwachen. Seitdem hat sich viel

CCA DMBA
CALIFORNIA COLLEGE OF THE ARTS

Nathan Shedroff ist der Gründungsvorsitzende des MBA's im Design Strategie-Programm am California College of the Arts. Shedroff entwickelte eine völlig andere Art von Graduierten-Programm: Es setzt die aufstrebenden Führungskräfte den Denkweisen, Disziplinen und Praktiken aus, die es ihnen erlauben, eine bessere Zukunft zu konzipieren. Diese sollte nicht nur rentabel, sondern auch nachhaltig und sinnvoll sein. „Die Designer lernen, dass sie nicht auf jemanden warten müssen, um Änderungen vorzunehmen. Im Kontext von Nachhaltigkeit und Ressourcenknappheit brauchen wir 6 Milliarden Menschen, die so denken, damit sich etwas positiv verändern kann. Stell dir nur den Prozess der Bildung vom Kindergarten aufwärts vor: Irgendwo zwischen Kindergarten und 12. Klasse verlernen die Kinder ihre Kreativität."

// Nathan Shedroff, Associate Professor and Program Chair, Design MBA Programs; designmba.cca.edu getane, denn heute sind es ständige Veränderungen und Störungen, die alte Strategien zu Staub zerfallen lassen.

INNOVATION VORANTREIBEN

Der Wettbewerb basiert nicht mehr darauf, wer den größten Anteil an (definierten) Kundenbedürfnissen befriedigen kann. Es geht darum, auf echte Kundenbedürfnisse auf ganz neue Art und Weise zu reagieren – in Echtzeit, weil diese sich ständig ändern. Mit einem Klick können Kunden einen Service oder ein Produkt finden, das sie sich wünschen.

Und wenn sie nicht zufrieden sind, kann ihr globales Megaphon sofort mit einigen bösen Tweets Schaden verursachen. Innovation ist heute die Regel, nicht die Ausnahme. Es gibt eine Vielzahl von verschiedenen Geschäftsmodellen, und dauerhafter Erfolg ist viel komplizierter zu erreichen, als in den Fallstudien traditioneller MBA-Kurse beschrieben wurde.

Was müssen also künftige Führungskräfte wissen, um erfolgreich in einer dynamischen, unvorhersehbaren und ja, aufregenden Umwelt bestehen zu können?

INTUITIVE FÄHIGKEITEN

Vor zwölf Jahren hat der Autor Daniel Pink uns geraten, den MFA (Master of Fine Arts) als den neuen MBA zu sehen. In seinem Buch „A Whole New Mind: Why Right Brainers Will Rule the Future" prognostiziert Pink, alles in der Welt würde mehr automatisiert, ausgelagert und reichhaltig in seinen Angeboten werden. Er argumentiert, dass mehr pädagogische und organisatorische Aufmerksamkeit auf High-Touch- und High-Konzept-Fähigkeiten, wie Empathie, Erzählungen und Spielen, gesetzt werden sollte. Kurzum, er drängt zu einem disziplinierten Aufbau unserer kreativen und intuitiven Fähigkeiten sowie unserer prozessgesteuerten, quantitativen Fähigkeiten. Pinks Visionen handeln vor allem von Dingen, ohne die wir nicht mehr leben könnten wie Smartphones und Uber. Er hatte recht in seinen Vorhersagen, er wusste nur nicht, wie schnell sie eintreten würden.

AMBIGUITÄT

Die DMBA glaubt, es sei Zeit, Pinks MFA als neuen Standard für MBA-Programme zu integrieren. Wir können damit beginnen, den Titel unserer Programme zu ändern. „Mastering Business Administration" ist von gestern (was wollen wir denn noch administrativer machen?). Das Modell, das wir lehren müssen, heißt „Mastering Business Ambiguity". Seit acht Jahren ist Lisa Kay Solomon Teil des

WANN WARST DU DAS LETZTE MAL ZUFRIEDEN DAMIT, „NICHT ALLES" ZU WISSEN?

// Emily Robin
DMBA-Absolventin 2016

ALLES IST BIS ZUM BEWEIS NUR EINE ANNAHME.

// Shribalkrishna Patil
DMBA-Absolvent 2016

DIE TAGE DES „MASTER IN BUSINESS ADMINISTRATION“ SIND VORBEI.

bahnbrechenden MBA in Design-Strategie und konzentriert sich auf die Integration von kreativen und analytischen Problemlösungsfähigkeiten. Individuelle Lösungen sollen nachhaltig und leistungsorientiert gestaltet, erfasst und skaliert werden. Als eines von 13 progressiven Graduiertenprogrammen am California College of the Arts wird das DMBA-Modell von der renommierten 111-jährigen Kunst- und Design-Schule inspiriert.

ADAPTIVE PROBLEME

Bei der DMBA umfasst jedes der vier Semester einen Theoriekurs, Best Practices, dynamische Werkzeuge und praktisches Engagement mit echten Kunden oder konkreten Fragestellungen. Die Klassen sind so konzipiert, dass die Studenten nicht nur an Gewinne denken, sondern auch die sozialen, gemeinschaftlichen und ökologischen Auswirkungen ihrer Arbeit berücksichtigen. Im „Innovationsstudio“ behandeln die Studenten komplexe Probleme, wie die Zukunft des Geldes, der Arbeit und des Wähler-Engagements. Diese Herausforderungen beginnen bereits am ersten Tag als Einstimmung auf die konvergenten Prozesse, die sie während des gesamten Programms erleben und üben werden.

TEAM BUILDERS

Komplexe Probleme anzugehen, verlangt Mut. Die Studenten finden Lösungen und wenden die gleichen Werkzeuge an, die du in diesem Buch findest. Sie lernen visuelles Denken, Design Thinking sowie Perspektivwechsel vorzunehmen und die offene Befragung durchzuführen. Sie lernen, sich in produktiven Teams mit unterschiedlichen Perspektiven auf nahezu jedem Kommunikationskanal auszutauschen. Und sie haben die Möglichkeit, direkt mit einer breiten Palette von Branchenexperten zu arbeiten. Diese kommen nicht nur zu Vorträgen, sondern sind für die Studenten auch Mentoren und Netzwerker.

WER KANN DIR BEI DER SKALIERUNG HELFEN?

»

// Sebastian Ibler
DMBA-Absolvent 2016

Why?
Why?
Why?
Why?
Why?
Why?
Why?
Why?
Why?
Why?
Why?
Why?
Why?
Why?
Why?
WHY?
Why?
Why?
Why?
Why
Why?
Why?
Why?
Why?

BECAUSE...

> **AM TEAM ZU ARBEITEN IST GENAUSO WICHTIG, WIE ALS EIN TEAM ZU ARBEITEN.**
>
> // Jennifer Muhler

IDEEN IN ACTION

In jedem Semester haben die DMBA-Studenten die Möglichkeit, originelle Lösungen zu finden. Sie nutzen dynamische Frameworks und Tools, um bestehende Geschäftsmodelle abzuklopfen und neue zu erfinden. Sie müssen neugierige, methodische Forscher sein und ihre eigene Intuition und ihr strategisches Urteil verfeinern. Sie müssen neue Wege finden, um ihre Einsichten in Experimente und in die Tat umzusetzen. Sie lernen, ihre Ideen durch überzeugende Geschichten und Erfahrungspräsentationen zu teilen und die emotionalen Bedürfnisse hervorzuheben. Die Studenten wachsen mit der Ungewissheit und Mehrdeutigkeit. Sie gehen Risiken ein und bewegen sich außerhalb ihrer Komfortzonen, um neue Kompetenzen aufzubauen, selbst wenn dies frühes Versagen bedeutet.

DAS SIND UNSERE NEUEN LEADER

Am wichtigsten ist, dass die DMBA-Studenten eine eigene optimistische Denkweise erlernen – sie lernen, dass es in ihrer Rolle als Führungskräfte nicht eine einzige, bewährte „richtige" Lösung gibt. Sie können nur den Raum und die Voraussetzungen für das Team schaffen, um Neues in die Welt zu bringen. Sie kennen eine neue Sprache, neue Werkzeuge, neue Fähigkeiten und können diese kontinuierlich als Chancen auf Veränderung nutzen. Wenn du in der Zukunft etwas verändern willst, dann brauchst du diese Mentalität. ■

// Bücherregal eines DMBA-Studenten

DMBA-Alumni

Mehrdeutigkeit in der realen Welt meistern

WELCHES VERHEXTE PROBLEM WÜRDEST DU GERNE LÖSEN?

ADAM DOLE, DMBA-ABSOLVENT 2010
DESIGNT OFFENE GESUNDHEITSSYSTEME

Kurz nach Abschluss der ersten DMBA-Klasse wurde Adam zum Presidential Innovation Fellow ernannt und arbeitete im Weißen Haus in Partnerschaft mit dem US Department of Health and Human Services, um Partnerschaften mit dem privaten Sektor voranzutreiben und das Wachstum der personalisierten Gesundheitsversorgung in den Vereinigten Staaten zu beschleunigen.

SUE POLLOCK, DMBA-ABSOLVENTIN 2013
DESIGNT EINEN NACHHALTIGEN PLANETEN

Als Projektdirektorin für das Conservation Program Development bei The Nature Conservancy verwendet Sue Design, um den Wissenschaftlern, Naturschützern, Anwälten, Geldgebern und Nonprofits zu helfen, gemeinsam etwas zu erreichen. Die Einbeziehung der Stakeholder und das Aufbauen von Vertrauen sind für Sue die Schlüssel, um unsere komplexe Arbeit zu erledigen.

MOHAMMED BILAL, DMBA-ABSOLVENT 2014
DESIGNT INTERKULTURELLE COMMUNITIES

Mohammed Bilal ist ein fesselnder Geschichtenerzähler, Produzent und eine TV-Persönlichkeit. Als Executive Director des African American Art and Culture Complex, konzentriert er sich darauf, die Gemeinschaft durch afrozentrische Kunst und kulturellen Ausdruck, Medien und Bildung zu fördern sowie Kinder und Jugendliche zu inspirieren, als Change-Agenten tätig zu werden.

T… CORPORATE
DURCHBRECHE DAS P

Justin Lokitz
Strategie-Designer

Wenn ich den Firmen, mit denen ich gearbeitet habe, einen Tipp geben könnte, so wäre es der den ich mir früher immer selbst gab: Starte dein Design heute. Starte für deine Kunden. Starte die Gestaltung von Geschäftsmodellen. Gestalte Strategien für die Zukunft. Fange einfach an. Obwohl ich nicht immer dieser Meinung war.

DER BEGINN

Vor meiner Einschreibung im California College of Art (CCA) für den MBA in Design-Strategie (DMBA) hatte ich fast 15 Jahre lang für sehr große B2B-Software-Unternehmen wie Oracle, Hexagon und Autodesk gearbeitet. Ich hatte verschiedene Positionen inne, vom Vertriebs-Ingenieur zum Software-Ingenieur, vom Produktmanager zum Strategen. Diese produktfokussierten (vs. kunden-fokussierten) Unternehmen tendierten dazu, über Dinge wie Marktanforderungen (MRDs), Produkt-anforderungsdokumente (PRDs) und Produkt-

LIFE

RADIGMA

Roadmaps zu sprechen. Speziell bei Autodesk, wo ich Senior Product Manager war, arbeiteten die meisten an einjährigen Produktzyklen, die oft auf fünfjährigen Roadmaps basierten.

Als Autodesk große, transformative Schritte in Richtung der Cloud machte, wurde offensichtlich, dass das Unternehmen auf inkrementelle Verbesserungen in einem kontinuierlichen Release-Zyklus setzen musste. Die Arbeit kam mir oft wie ein endloses, zweckloses Ratespiel vor. Ich wusste, es gab bessere Möglichkeiten, um Software zu entwickeln.

Als ich mit meinem MBA anfing, wurden gerade Designpraktiken wie schlanke und agile Entwicklung populär. Auch bei Autodesk begannen Gruppen, zu agilen Entwicklungsmethoden zu wechseln. Als ich meine mehrjährigen Roadmaps erstellte, las ich viel darüber, dass Design Thinking ein Weg sei, bessere Produkte zu entwickeln. Und natürlich wusste ich auch, dass ich nicht nur Produkte entwickeln wollte – ich wollte Produkte produzieren, die wichtig waren.

TRANSFORMATION ZUM DESIGN THINKING

Die meisten Menschen machen ihren akademischen Abschluss, um ihre Berufschancen zu erhöhen. Bei mir war es nicht anders. Als Intrapreneur wollte ich mir bei Autodesk einen Namen machen. Aber ich war auch von der Welt der Möglichkeiten außerhalb von Autodesk fasziniert, zumal die Tech-Szene in San Francisco und Silicon Valley explodierte. Bei der Suche nach MBA-Programmen, die einen unternehmerischen Fokus hatten, stieß ich auf das DMBA-Programm der CCA. Was meine Aufmerksamkeit erregte, war, dass die DMBA-Studenten Design Thinking mit einem Objektiv auf die strategischen Implikationen praktizieren würden, anstatt nur die Theorie hinter diesen populären Begriffen zu lernen. »

ICH SAH GROSSARTIGE CHANCEN IN MEINEM BERUFLICHEN LEBEN, DIE FÜR ALLE ANDEREN MEHR ODER WENIGER VERBORGEN WAREN.

In nur zwei Jahren würde jede Studentengruppe Geschäftsmodelle und Strategien für mindestens sechs reale Kunden in einer (relativ) sicheren Umgebung entwickeln. Ich war begeistert.

Bei Autodesk musste ich ein großes Software-Schiff über Wasser halten. Deshalb konnte ich nicht an verschiedenen Projekten zur gleichen Zeit zu arbeiten – und ich konnte es mir auch nicht leisten, zu scheitern. Also habe ich mich für das DMBA-Programm angemeldet.

AHA-MOMENT

Meine persönliche Reise durch die DMBA war ein bisschen anders als die der meisten meiner Kommilitonen. Ich war älter als 99 Prozent meiner Kohorte – die meisten von ihnen waren Mitte 20. Ich war in meinen (sehr) späten 30er-Jahren. Ich war auch weit entfernt von meinem jüngeren kreativeres Selbst. Nachdem ich lange Zeit für große, produktfokussierte Unternehmen gearbeitet hatte, waren viele Fähigkeiten tief in meinem Unterbewusstsein begraben worden. Doch die Alterslücke zwischen mir und meinen Kommilitonen war nicht das, was mich am meisten überraschte. Vielmehr war ich sehr überrascht, wie viele außerordentlich talentierte und kreative Designer bei der DMBA angemeldet waren. In einem Programm, das sich auf Design konzentriert, war ich natürlich ein bisschen eingeschüchtert. Aber ich wusste, dass das, was ich an den Tisch brachte, von gleichem Wert war: Erfahrung.

Nach einigen anfänglichen Schwierigkeiten bis hin zu gut platzierten Aha-Momenten konnte ich meinen Ansatz für mein berufliches wie privates Leben auf eine völlig neue Art und Weise wieder aufbauen. In der Tat hatte ich im zweiten Monat des Programms meine Denkweise so verändert, dass ich große Herausforderungen und Chancen in meinem beruflichen Leben fand, die für andere mehr oder weniger verborgen blieben.

PARADIGMENWECHSEL

Wie kann man durch ein Design-Objektiv Dinge sehen, die andere nicht sehen? Wie bereits erwähnt, dreht sich das DMBA-Programm um die Kernidee, dass alles entworfen werden kann (und sollte). Wir wissen, wie ein Produkt oder eine Website entworfen werden kann. Aber Innovationen und zukünftige

Unternehmen können mit den gleichen Tools und Techniken entworfen werden. Design-Prozesse bieten wesentliche Rahmenbedingungen, die sich schon vor der Fertigstellung auf die Kundenbedürfnisse konzentrieren. Es gibt reale Beispiele für diese Art zu denken: Airbnb, Uber, Amazon, Procter & Gamble und viele andere Organisationen mit wegweisenden Geschäftsmodellen, von denen man einfach lernen kann. Für mich geschah dies im zweiten Monat eines Kurses namens „Innovation Studio“ von Lisa Kay Solomon.

Ich habe mein bisheriges Wissen durch neue Werkzeuge und eine neue Denkweise ersetzt. Ich erkannte, dass ich meine eigenen Erfahrungen (im Beruf und im Leben) einfach meiner Fähigkeit, Design Thinking in der Praxis in Echtzeit anzuwenden, hinzufügen musste. Zurück bei Autodesk hatte ich eine neue Design-Sichtweise. Mit meinen Design-Kollegen testete ich unsere Annahmen ständig mit einfachen Prototypen und vielen, vielen Fragen. Ich löschte alle meine Präsentationen und entwarf eine neue, visuelle Sprache für strategische Gespräche (ohne viel blabla). Ich fügte meinem Werkzeugkasten jeden Tag ein neues Tool zu. Die von uns entwickelten Innovationen stellten auch einen Paradigmenwechsel dar. Einige dieser technischen Innovationen haben ausstehende Patentanträge – das ist ein netter Nebeneffekt von kundenorientiertem Design. ■

ICH SEHE ~~TOTE MENSCHEN~~ MINDSETS

Im Jahr 2015 verließ ich Autodesk, um ein Büro für Geschäftsmodelle in San Francisco zu eröffnen. Seit dem vergangenen Jahr habe ich mit einer breiten Palette von Kunden gearbeitet, von großen Autoherstellern bis hin zu gemeinnützigen Unternehmen, und ich sehe genau, wie viel Hilfe sie benötigen.

Da sich mein eigenes Design-Paradigma so grundsätzlich verschoben hat, hilft meine Arbeit anderen Menschen dabei, ihre Denkweisen (und Prozesse) zu verlagern. Sie verändern ihren Fokus von zwei Produktstufen – Idee und Ausführung – zu einem designorientierten, kundenseitigen Denken. Gemeinsam finden wir Bedürfnisse und Ideen und validieren kontinuierlich unsere Annahmen. Vertraue den Design-Tools und nutze sie. Sicher, Projekte werden nicht immer gelingen. Aber mit der richtigen Haltung und dem (Kunden-)Fokus wirst du dich der Zukunft nähern. Ich rate meinen Kunden: Fang heute an. Fang an, für deine Kunden zu gestalten. Gestalte Geschäftsmodelle und Strategien für die Zukunft.

FANG AN!

NUN HAST DU ...

- **DEIN INVESTMENT READINESS LEVEL** DEFINIERT S. 244
- EIN KLARES BILD FÜR DIE **NÄCHSTEN SCHRITTE** S. 246

NÄCHSTE SCHRITTE

- **GEH ZURÜCK IN DIE SCHLEIFE** S. 46
  Arbeite am nächsten Investment Readiness Level
- **TEILE DEINE REISE**
  Erzähle uns deine Reise online.

WIEDERHOLUNG

VERTRAUE DER **INNOVATION.**

BESCHLEUNIGER SIND DAS **JAGDREVIER DER SKALIERUNG.**

DESIGNER SIND DIE **LEADER DER ZUKUNFT.**.

FANG AN!

EIN UNTERNEHMEN SIEHT RISIKEN, WO **EIN START-UP MÖGLICHKEITEN SIEHT.**

FÜR AUSSENSTEHENDE KANN **DER INNOVATIONSPROZESS SCHWAMMIG WIRKEN.**

WACHSE ODER GEH HEIM.

NEUE ZUKUNFT. NEUE FIRMEN. NEUE LEUTE.

„Die Welt ändert sich so schnell, dass viel von dem, was Studenten bis zu ihrem Abschluss gelernt haben, in vielen Fällen schon wieder veraltet ist. Das bedeutet, dass Wissen und Erfahrung nicht mehr die primäre Ware sind.
Stattdessen ist es etwas, was viel wertvoller ist: die Fähigkeit zu lernen und die Erkenntnisse daraus in neuen und einzigartigen Szenarien anzuwenden."

// Jacob Morgan, *The Future of Work*

Wer hätte gedacht, dass trotz der digitalen Medien die einfachen Werkzeuge, wie z.B. Haftnotizen und Marker, es uns ermöglichen würden, Unsicherheit zu nutzen, um besseres Business zu entwerfen? Nie zuvor gab es ein Unternehmensumfeld, in dem Firmen sich bemühen müssen, mit der Veränderung um sie herum mitzuhalten. Und die Geschwindigkeit der Veränderung beschleunigt alles. Da große Unternehmen weiterhin auf Geschäftsmodelle aus ihrer Vergangenheit zurückgreifen, fordern Start-ups und andere designorientierte Unternehmen den Status quo heraus. Es entstehen neue Industrien, während andere auseinandergerissen werden.

NACH DEM ABSCHLUSS

In den letzten Jahrhunderten waren besondere akademische Grade und Geschäftspraktiken die Grundlage, durch die große Organisationen gewachsen sind und neue Marktkategorien geschaffen haben. Das Internet bietet offenen und sofortigen Zugang zu Wissen auf globaler Ebene. Noch heute gibt es viele, die unternehmerisches Know-how durch Bildung erlangen möchten. In einer Welt, in der jeder lernen kann, ein Produkt zu entwerfen, zu entwickeln, zu vermarkten und zu verkaufen, indem man einfach nur YouTube-Videos ansieht, werden formale Qualifikationen immer weniger wichtig. Tatsächlich verändert sich etwas: Heute sind Menschen mit praktischen Design-Fähigkeiten oft mehr gesucht als diejenigen, die nur Business-Theorien kennen.

Da die Welt immer weiter vernetzt wird, werden die Menschen Probleme lösen und menschliche Ambitionen auf ganz neue Weise nutzen. Und das werden sie durch Zusammenarbeit und Design tun. Veränderung wird nicht mehr von dem einsamen Genie oder dem Wissen und der Erfahrung des Einzelnen stammen, sondern aus der Weisheit der Menge. Immerhin geht es nicht darum, härter zu arbeiten. Es geht darum, intelligenter zu arbeiten.

DENKE UND ARBEITE WIE EIN DESIGNER

Die neue intelligentere Arbeitsweise ist die eines Designers. Unternehmen, die Design integrieren, werden lernen, dass das Wachstum nicht davon kommt, sich gegen den Wandel zu wehren oder die Kosten zu senken, um die Marge zu erhöhen. Viel mehr erreicht man, indem man den Menschen in den Mittelpunkt stellt und auf den Kunden fokussiert. Solche Unternehmen werden angesichts der Unsicherheit enorme Chancen aufdecken.

Multitalentierte Designer-Teams – die ungewöhnlichen Verdächtigen – werden neue Produkte und Dienstleistungen schaffen, die das Leben der Menschen und als Endergebnis den Planeten verbessern. Die Menschen (Designer), die diese Änderungen schaffen, schätzen die persönliche Interaktion mehr als die Schreibtische im Büro. Sie werden mit schnellen, zyklischen Iterationen – Verständnis, Ideen, Prototyping, Validierung und Skalierung – auf monolithische, lineare Strategien zielen.

ES FÄNGT ALLES BEI DIR AN.

ES FÄNGT BEI DIR AN

Die Veränderungen bei deinem Unternehmen, deinem Produkt, deinem Service und in deiner Haltung beginnen bei dir. Eine wahre Veränderung verlangt, dass du die Rolle des Rebellen einnimmst und aus deiner Komfortzone herauskommst. Du kannst klein anfangen oder groß beginnen. Aber was auch immer du tust, du musst die Veränderung verkörpern, die du in deiner Organisation sehen möchtest. Nur dann kann sich wirklich etwas ändern. ■

Suche, lerne und bleib auf dem Laufenden mit deinen neuen Tools, Fähigkeiten und Denkweisen. Teile deine Erfahrungen mit uns:

www.designabetterbusiness.com

DAS MAKING-OF

EIN BUCH IN 100 TAGEN

Da wir uns für drei Monate in unserem „Keller" in Amsterdam zurückgezogen haben, war das Schreiben dieses Buches eine Reise an und für sich. Wir möchten mit dir den Prozess teilen, den wir dabei erlebten: Wir haben viele Doppelschleifen durchgeführt und unsere Lieblingsideen verworfen. So sollte es sein!

Wir hatten eine Session im kleinen Kreis mit dem 5 Steps® Vision Canvas (Seite 58).

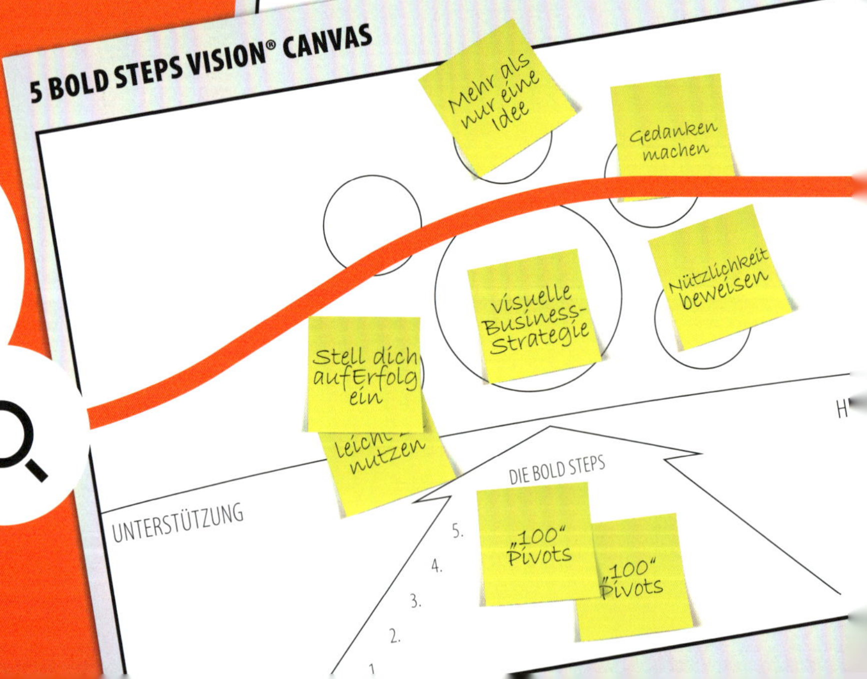

DESIGN ZUERST

Da dieses Buch von Design handelt, wollten wir das Design zu einem entscheidenden Teil des Endergebnisses machen. Wir verwendeten einen unorthodoxen Ansatz und begannen „Design-first" zu arbeiten. Jede Ausarbeitung in diesem Buch begann als leere Seite, und das ganze Team beklebte diese mit seinen Ideen für den Inhalt und das Layout. Wir arbeiteten visuell – mit allen Seiten auf einer großen Wand in unserem Büro, sodass das Team den Fluss sehen konnte. Weitere Notizen mit Bemerkungen und Ideen folgten auf Post-its. Aus diesen Skizzen entstanden später die Prototyp-Designs in InDesign. Erst dann wurde der eigentliche Text geschrieben, der so gut wie möglich auf den Platz auf der Seite zugeschnitten war. Wir wählten diese Prototypen aus, indem wir sie selbst beurteilten oder uns Feedback einholten.

„ES IST MEHR ALS NUR EINE IDEE"

DESIGN UND INHALT GEHEN HAND IN HAND

TAG 10 – Die Kapitel mit Haftnotizen an die **Wand kleben.**

TAG 15 – **Initiales Design** (Schriften, Farben, Stimmungen).

TAG 28 – **48 % abgeschlossen** Gemeinsames Korrekturlesen.

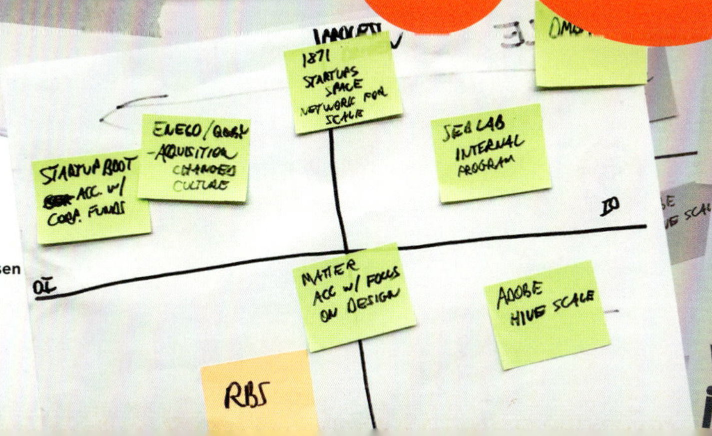

ERSTER EINDRUCK

Wir haben über 30 verschiedene Cover getestet, indem wir sie in der Buchhandlung mit anderen Büchern verglichen. Das gelbe Cover war das sichtbarste. Wir stellten auch Dummy-Bücher in echte Geschäfte, um die Reaktionen der Leute zu testen!

Hilfe! Die Inseln sind zu verspielt!

INSELN

Um die Design-Reise zu erklären, nutzten wir zunächst die Metapher einer Insel. Die Leute schienen die zu mögen, also begannen wir, Designs zu entwerfen. Doch als wir einen Dummy des Buches gemacht hatten, fanden die Korrektoren, dass die Geschichte zu komplex sei, um sie mit dieser Metapher zu erzählen.

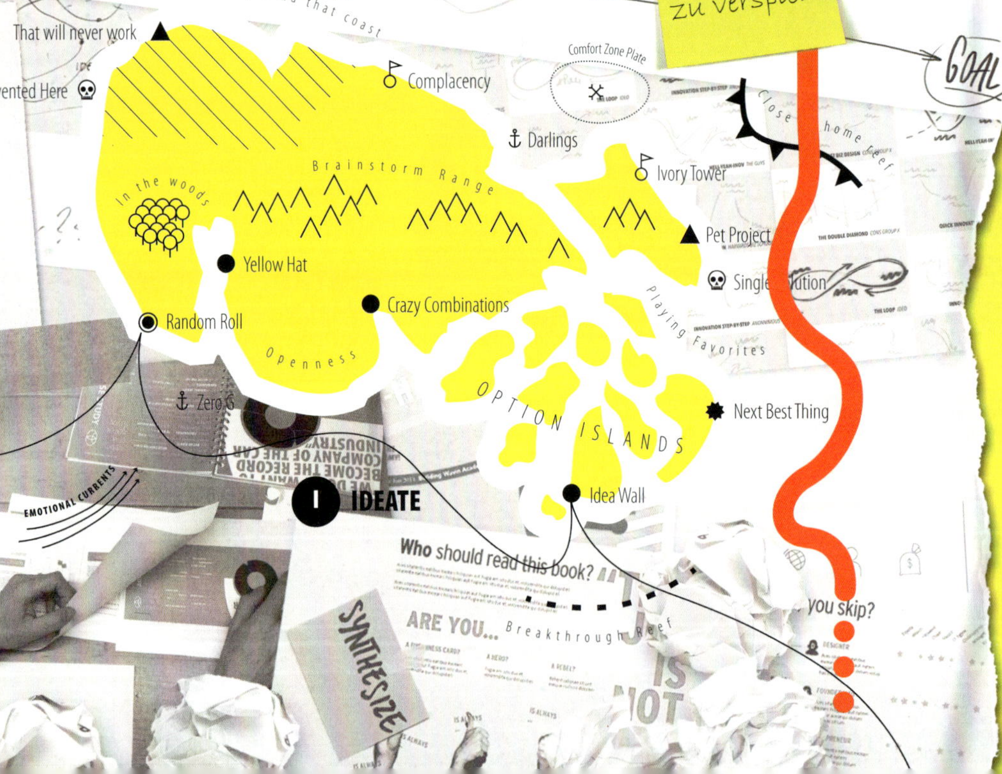

…ntscheidungs-werkzeug

TAG 29

Korrekturlesen-Session: Generalüberholung der Navigation.

VERGISS DEINE LIEBLINGSIDEEN

Wir wollten ein Buch mit einer klaren Struktur schreiben und haben viel Sorgfalt darauf gelegt, dies richtig zu machen. Das dachten wir jedenfalls. Dreimal haben uns die Korrektoren gesagt, dass sie sich im Buch gar nicht zurechtfinden. Und dreimal mussten wir das Buch komplett umstrukturieren. Jedes Mal haben wir etwas gelernt und das Produkt verbessert. Wir mussten viele gute Dinge verwerfen, um dorthin zu gelangen.

KORREKTUR-LESER FINDEN: LIVE UND AUF GOOGLE HANGOUT

TAG 67

43 % fertiggestellt
Das „Point of View"-Kapitel ist fertig.

TAG 70

72 % fertiggestellt
Alle Illustrationen erstellt.

TAG 77

82 % fertiggestellt
Die Kapitel „Validierung, Intro, und Prototypen" fertiggestellt.

TAG 82

6 Dummies gedruckt
Für die nächste Korrekturlesung.

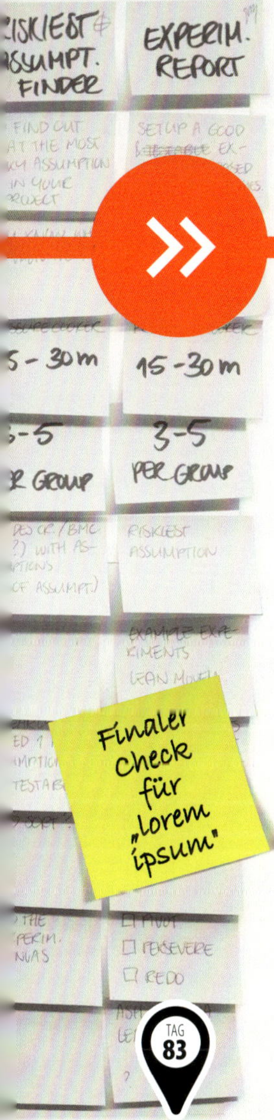

SKALIEREN
Am Schluss geht es um Details und harte Arbeit, dominiert von Checklisten, Konsistenz und dem Abschließen von Texten und Bildern, sodass jeder Pixel perfekt ist.

ES IST KEIN LINEARER PROZESS

Ein Buch zu schreiben ist kein linearer Prozess. Nicht nur in Bezug auf Inhalt und die richtige Richtung, sondern auch in Bezug auf Planung und Fortschritt. Der Fortschritt ist exponentiell: Das erste Kapitel dauerte einen ganzen Monat. Das zweite Kapitel ging doppelt so schnell, und im Zieleinlauf haben wir das ganze Buch in einer Woche überarbeitet. Am Anfang haben wir viel Zeit zum Entscheiden und Entdecken benötigt, am Ende der Planung war alles klar. Wir wussten, dass wir den Design-Prozess rechtzeitig fertigstellen konnten!

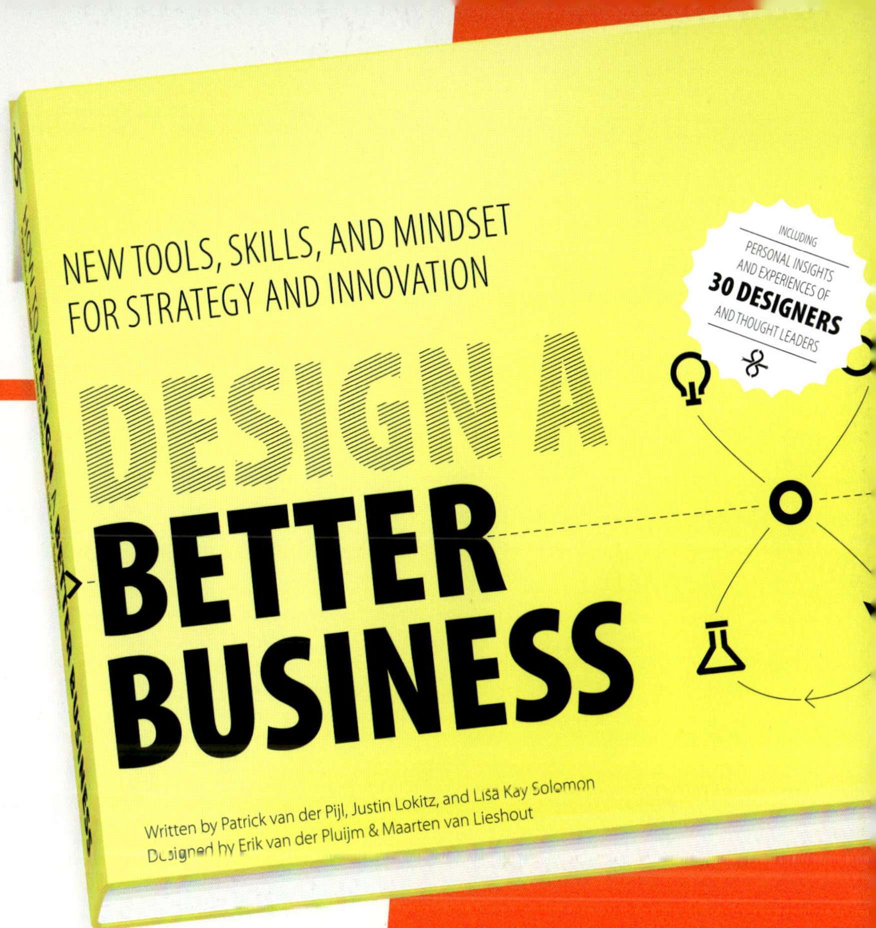

TAG 83
94 % fertiggestellt
Das Kapitel „Ideate" fertiggestellt.

TAG 92
96 % fertiggestellt
Das Kapitel „Skalierung" fertiggestellt.

TAG 93
98 % fertiggestellt
Konsolidieren oder Löschen von Seiten.

TAG 98
98,5 % fertiggestellt
Seitenreferenzen bereinigen.

TAG 100
99.9 % fertiggestellt
Letztes Kapitel fertiggestellt.

FERTIG!

ANHANG

INDEX A-F

KAPITEL
CASE STUDY ODER BEISPIEL
WERKZEUG
FÄHIGKEIT

INDEX

R-Z

R

S

T

U

V

W

VISUELLER INDEX DER WERKZEUGE

QUELLEN UND INSPIRATIONEN

A MORE BEAUTIFUL QUESTION
Warren Berger (2012)

A WHOLE NEW MIND
Daniel Pink, 2006

BUSINESS MODEL GENERATION
Alex Osterwalder and Yves Pigneur, 2008

DESIGNING FOR GROWTH
Jeanne Liedtka and Tim Ogilvie (2011)

FOUR STEPS TO THE EPIPHANY
Steve Blank, 2013, Wiley

GAMESTORMING
Dave Gray, Sunni Brown and James Macanufo (2010)

JAB, JAB, JAB, RIGHT HOOK
Gary Vaynerchuk, 2013

LEAN ANALYTICS
Alistair Croll and Benjamin Yoskovitz, 2013

MAKING IDEAS HAPPEN
Scott Belsky, 2012

MOMENTS OF IMPACT
Lisa Kay Solomon and Chris Ertel (2014)

RESONATE
Nancy Duarte, 2010

RISE OF THE DEO
Maria Guidice and Christopher Ireland (2014)

SCALING UP
Verne Harnish, 2014

THE BACK OF THE NAPKIN
Dan Roam, 2013

THE HARD THING ABOUT HARD THINGS
Ben Horowitz, 2014

THE HERO WITH A THOUSAND FACES
Joseph Campbell, 1949

THE INNOVATOR'S DILEMMA
Clayton Christensen, 2011

THE LEAN STARTUP
Eric Ries, 2011

THE MOM TEST
Rob Fitzpatrick, 2013

TRACTION
Gino Wickman, 2012

VALUE PROPOSITION DESIGN
Alex Osterwalder and Yves Pigneur, 2014

VISUAL MEETINGS
David Sibbet, 2010

UNCERTAINTY
Jonathan Fields, 2012

ZERO TO ONE
Peter Thiel and Blake Masters, 2014

HAUPTBEITRAGENDE

Joeri Lefévre (Illustration)
Marije Sluis (Marketing & Verkauf)
Moniek Tiel Groenestege (Rechtliches & Produktion)
Roland Wijnen (Test & Tool-Inhalte)
Daniel Schallmo (Deutsche Ausgabe)
Dennis Brunotte (Lektor der deutschen Ausgabe)

CASE STUDIES

Aart J. Roos
Ad van Berlo
Adam Dole
Alex Osterwalder
Andreas Søgaard
Ash Maurya
Dan Roam
David Sibbet
Dorothy Hill
Emmanuel Buttin
Emanuele Francioni
Farid Tabarki
Frits van Merode
George Borst
Kevin Finn
Maaike Doyer
Marc Wesselink
Markus Auerbach
Mattias Edström
Mohammed Bilal
Muki Hansteen-Izora
Nancy Duarte
Nathan Shedroff
Patrick de Zeeuw
Paul Wyatt
Peter De Keyzer
Rens de Jong
Richard van Delden
Rob Fitzpatrick
Ruud Hendriks
Scott Cross
Steve Blank
Sue Pollock

BEITRAGENDE

Baran Korkut
Ben Hamley
Diane Shen
Doug Morwood
Duncan Ross
Eefje Jonker
Eline Reeser
Leslie Wainwright
Maaike Doyer
Marc McLaughlin
Martine de Ridder
Matthew Kelly
Michael Eales
Steve Lin
Suhit Anantula
Tarek Fahmy
Vicky Seeley

KORREKTURLESER

Alexander Davidge
Andra Larin
Ann Rich
Arno Nienhuis
Bart de Lege
Bernard-Franck Guidoni-Tarissi
Bernardo Calderon
Boukje Vastbinder
Coen Tijhof
Colin Johnson
Daniel Schallmo
David Sibbet
Debbie Brackeen
Emmanuel Dejonckheere
Erik Prins
Ernst Houdkamp
Evan Atherton
Franzi Sessler
Freek Talsma
Geerard Beets
Gijs Mensing
Guy van Wijmeersch
Henk Nagelhoud
JP van Seventer
Jan & Renske van der Pluijm
Jappie Wietsema
Jim Louisse
Johan Star
Julian Thomas
Kevin Finn
Mandy Chooi
Marjan Visser
Matthieu Valk
Maurice Conti
Muki Hansteen-Izora
Nathan Shedroff
Lucien Wiegers
Patricia Olshan
Paul Reijnierse
Paul van der Werff
Petra Willems
Petra Wullings
Quint Zieltjens
Remo Knops
Rene Vendrig
Richard van Delden
Rik Bakker
Robert de Bruijn
Sander Nieuwenhuizen
Tako in 't Veld
Vincent Kloeth
Willem Mastenbroek
Yannick Kpodar

DIE MACHER

PATRICK VAN DER PIJL (AUTOR)

Patrick ist CEO von Business Models Inc. und Herausgeber des Bestsellers *Business Model Generation*. Er unterstützt Start-ups, Führungskräfte, Rebellen und Unternehmen, ihr Geschäftsmodell zu innovieren und eine Strategie für die Zukunft zu planen.

@patrickpijl in ppijl

JUSTIN LOKITZ (AUTOR)

Justin ist ein erfahrener Strategie-Designer und Managing Director von Business Models Inc. in San Francisco. Er untersützt Unternehmen verschiedener Branchen dabei, innovative und nachhaltige Geschäftsmodelle und Strategien zu entwickeln.

@jmlokitz in jmlokitz

LISA KAY SOLOMON (AUTORIN)

Die ambitionierte Design-Strategin lehrt Leadership im MBA-Studiengang „Design Strategy“ am California College of Arts und an der Singularity University. Lisa ist Koautorin des Bestsellers *Moments of Impact*.

@lisakaysolomon in lisakaysolomon

MAARTEN VAN LIESHOUT (DESIGN)

Maarten ist Partner bei Thirty-X. Er wendet das Werkzeug des visuellen Denkens, wo Ideen in visuellen Erfahrungen dargestellt werden, sicher an, und setzt es in Unternehmen in die Tat um. Er zeigt neue Perspektiven auf und animiert Menschen, ihre Ideen zu verwirklichen.

@maartenvl in mvlieshout

ERIK VAN DER PLUIJM (DESIGN)

Erik ist Gründer und Creative Director bei Thirty-X. Er liebt es, komplexe Probleme zu vereinfachen und versteckte Strukturen aufzudecken. Er mixt Design mit Strategie und schöpft neue Ideen aus seinen Erfahrungen aus Kunst und Design, KI, Computerspielen und aus der Start-up-Szene.

@eeevdp in erikvdpluijm

JONAS LOUISSE (DESIGN)

Jonas ist Experte im visuellen Denken. Direkt nach seinem M.Sc. in Neuropsychologie fing er an, als Gründer und Designer zu arbeiten. Er wendet seine Kenntnisse aus der Psychologie und aus dem Design-Bereich an, um komplexe Probleme zu lösen und sie den Menschen verständlich zu machen.

@jonaslouisse in jonaslouisse

DANIEL SCHALLMO (DT. VERSION)

Daniel ist Keynote-Speaker und Autor zahlreicher Publikationen. Er ist Gründer der Dr. Schallmo & Team GmbH. Als Experte für Beratung und Workshops zu den Themen Digitale Transformation, Business Model Innovation und Design Thinking unterstützt er Führungskräfte, Unternehmen und Start-ups.

@danielschallmo in danielschallmo